国家自然科学基金项目(52074171、51934004、51704184、51574158)资助

煤层分区逾裂强化注水增渗机理与应用

于岩斌　程卫民　著

应急管理出版社
·北　京·

内 容 提 要

本书对低渗煤体在地应力与孔隙水压共同作用下的增透渗流演化规律以及注水煤岩强度弱化机理进行了详细的试验研究、理论分析、数值模拟以及工程实践介绍，提出了煤层分区逾裂强化注水增渗工艺技术，革新了传统煤层注水技术工艺，提高了在深埋藏、孔/裂隙不发育煤层中的灾害防治应用效果，为解决煤炭开采，尤其是深部开采过程中存在的粉尘职业危害、冲击地压灾害等安全隐患防治工作提供了技术支持。

本书可作为高等院校矿业工程、安全科学与工程、岩土工程等相关专业的师生，科研或工程技术人员的参考书籍。

前 言

随着煤炭能源需求量的增加和开采范围的扩大，煤矿开采深度逐年增加，深部复杂的地球物理环境使矿井灾害日趋增多，而深部煤体在高地应力、高瓦斯压力、高温等地质环境作用下，蓄能较大、孔/裂隙不发育、含水量较低，造成矿压显现剧烈、煤层瓦斯难抽放、粉尘污染严重，从而使矿井尘肺病、冲击地压、煤与瓦斯突出等危害程度不断升级，对深部煤炭资源的安全高效开采造成了巨大威胁。传统的煤层注水预湿煤体是采掘工作面最基本、最有效的防尘措施。早在20世纪50年代，煤层注水作为主要的防尘措施在国内逐渐推广应用，有关学者对煤层注水进行了相关理论与试验研究，发现通过注水钻孔将压力水注入即将回采的煤层中，压力水沿煤层节理裂隙向被裂隙分割的煤基质渗透并存储于裂隙与孔隙之中，增加了煤体的水分，使煤体得到预先润湿，从而降低了采煤时产生浮游粉尘的能力。与此同时，通过注水软化煤体，改变煤体的结构和物理力学性质，进而实现煤层开采过程中矿山压力释放的均匀性和稳定性，达到防治冲击地压的功效。此外，诸多研究结果表明煤基质的含水量是影响甲烷吸附的主要因素，因此，煤层注水作为一种防治煤与瓦斯突出的措施在国内外防突工作中也得到广泛应用，并已经取得显著的成效。

正是由于煤层注水在实践应用过程中显现出对粉尘、冲击地压、煤与瓦斯突出等灾害具有较好的防治功效，国家将煤层注水作为一种煤矿井下灾害防治的综合措施写入相关规程，并推广应用。然而随着煤炭资源开采深度的逐年增加，高地应力、高地温、高瓦斯、高岩溶水压等深部地质环境对成煤过程中孔/裂隙的演变以及开采扰动下煤体孔/裂隙扩展发育、压力水在孔/裂隙中的运移流动性能均有较大影响，从而使煤层注水应用于深部煤炭资源开采灾害防治工作时面临着高地应力、裂隙闭合不发育、低孔隙率、难渗透、高瓦斯压力等新环境，导致传统注水理论与技术工艺指导深部煤层注水工作时出现水压增加、注水流量降低、湿润效果欠佳等问题，严重制约、影响了煤层注水的防灾减灾效果。因此，针对深部低透煤层，如何改善煤体渗透性能，增加煤层注水量，达到预湿煤体、弱化煤岩强度，实现煤层注水抑尘、防治冲击地压等灾害防治目标，成为深部煤炭资源安全开采急需解决的重要课题。

为了完善煤层注水在深部开采中的灾害防治理论体系，提高其防尘、防冲应用效果，本书围绕煤矿深部开采煤层注水防尘减灾中存在的问题，结合井下的现场生产实际情况，采用理论分析、实验室研究、数值模拟、现场实践与监测相结合的方法，对水力耦合作用下煤岩力学性能、渗透演化规律以及作用机制进行了详细阐述。第一，对不同含水状态及水力耦合作用下的煤岩试样进行了单轴压缩、三轴压缩以及蠕变渗流试验，分析了含水状态及孔隙水压对煤岩强度、变形等力学性质的影响作用。第二，基于有效应力原理，建立了水力耦合煤岩压缩渗流力学模型，分析了煤岩受力下不排水压缩与排水压缩渗流机制，研究了水力耦合作用下煤岩强度弱化物理力学以及化学机理。第三，分析了煤岩渗透率的变化与其应力、孔隙水压作用下的孔/裂隙损伤演化关系，在此基础上结合逾渗理论与双重介质理论，建立了煤岩孔/裂隙双重介质逾渗模型，阐释了应力、水压作用下注水过程中的逾渗机理以及煤层水力耦合增透作用机制。第四，基于数值模拟软件 ANSYS 对煤体注水渗流动态数学模型进行了用户自定义函数（UDF）的二次开发，考虑煤岩孔隙率随孔隙水压变化的动态过程，以实现应力渗流耦合的动态数值模拟计算，使模拟结果较准确地描述煤体应力渗流耦合条件下的压力、渗流速度以及密度分布等动态变化过程。第五，在上述理论与试验研究的基础上，依托煤矿综放开采工作面的实际情况，运用采动卸压增透与水力耦合弱化增透作用机理，形成了煤层分区逾裂强化注水增渗工艺技术，优化设计工艺技术参数，取得了较好的注水抑尘与弱化防冲效果。

本书的出版得到了国家自然科学基金项目“深部煤体高压注水致裂-润湿耦合机理及其细观展布研究（51574158）”“交变水压作用下煤岩宏细观结构损伤及渗流动态响应机制（51704184）”“低渗煤层水力渗流机制及强渗-增润技术基础研究（51934004）”“煤岩动载水力侵压增渗作用机理及输运特征研究（52074171）”等项目的资助。本书在编写过程中得到了山东科技大学安全与环境工程学院、矿山灾害预防控制省部共建国家重点实验室以及兖州煤业股份有限公司兴隆庄煤矿等单位的大力支持，得到了研究生柳茹林、许庆峰、姜爱伟、芮君、杨琪、辛其林、高成伟、崔文亭、邢浩等的协助，在此一并表示感谢。

煤岩是由多种矿物组合而成的，内部包含孔/裂隙、节理等缺陷，使其力学特性具有较强的各向异性。此外，煤层注水过程是煤岩在应力、孔隙水压下的复杂渗流输运行为，其宏观变形破坏与渗流研究涉及多学科理论和方法，诸多理论与实际问题仍有待深入探讨与研究，因此，受限于作者水平与时间，书中难免有不足之处，敬请广大读者批评指正。

著　者

2021 年 6 月

目　次

第一章　绪论 …… 1

第一节　煤炭资源开发与煤矿安全生产 …… 1
第二节　煤层注水抑尘理论与工艺 …… 5
第三节　水力耦合岩石物理特征研究 …… 8

第二章　水力耦合作用下煤岩力学特征试验研究 …… 15

第一节　煤岩基本物理性能测定 …… 15
第二节　含水率对煤岩基本力学性能的影响 …… 21
第三节　水力耦合作用下煤岩力学性能演化规律 …… 40

第三章　煤岩水力耦合破坏强度准则及其弱化机制 …… 51

第一节　孔隙水压对煤岩的破坏作用 …… 51
第二节　水力耦合作用下煤岩三轴强度准则及其评价指标 …… 55
第三节　水力耦合作用下煤岩破坏强度准则对比分析 …… 59
第四节　水力耦合作用下煤岩强度弱化物理力学机制 …… 63
第五节　注水煤岩强度弱化水化学作用机制 …… 75

第四章　水力耦合作用下煤岩渗流特性演化规律 …… 82

第一节　水力耦合作用下煤岩渗流特性试验 …… 82
第二节　采动应力与孔隙水压对煤岩渗流特性的影响 …… 85
第三节　水力耦合作用下煤岩孔/裂隙扩展与注水渗流特征 …… 93
第四节　应力—水压作用下煤岩孔/裂隙注水渗流分析 …… 100

第五章　煤层分区逾裂强化注水增渗机理与时间效应 …… 105

第一节　煤岩水力耦合蠕变与渗流特性演化规律 …… 105
第二节　基于逾渗理论的煤层注水渗流过程分析 …… 116

第三节　煤层分区逾裂强化注水增渗作用机理 …………………… 129

第六章　水力耦合作用下煤岩注水渗流演化规律的数值模拟研究 ………… 140

第一节　煤岩基本力学性能试验与渗透性分析 ……………………… 140
第二节　ANSYS 数值模拟软件及流固耦合数学模型 ………………… 152
第三节　煤体水力耦合变形与渗流数值模拟研究分析 ………………… 162
第四节　考虑孔隙率变化的煤体水力耦合数值模拟分析 ……………… 186

第七章　基于 UDF 的煤层注水渗流场演化规律数值模拟研究 ………… 203

第一节　渗流场模型的建立及边界条件设定 …………………………… 203
第二节　不同水压下煤层注水钻孔渗流场数值模拟分析 ……………… 204
第三节　不同采动应力下煤层注水钻孔渗流场数值模拟分析 ………… 214

第八章　煤层分区逾裂强化注水增渗抑尘技术实践应用 ……………… 221

第一节　煤层分区逾裂强化注水增渗抑尘技术 ………………………… 221
第二节　煤层分区逾裂强化注水增渗抑尘技术应用 …………………… 226
第三节　煤层高压注水快速封孔技术研究 ……………………………… 231
第四节　煤层分区逾裂强化注水增渗抑尘应用效果分析 ……………… 236
第五节　水力耦合弱化煤体应用效果分析 ……………………………… 250

参考文献 …………………………………………………………………… 259

第一章　绪　　论

第一节　煤炭资源开发与煤矿安全生产

随着新型工业化、信息化、城镇化和农业现代化的加快推进，矿产资源消费进一步增长，煤炭、石油、天然气、铁、铜等大宗矿产的需求保持旺盛态势。国家统计局于2021年公布的近20年国家能源生产、消费年度数据显示（图1－1），2000年全国能源消费总量约为1.46 Gtce，2010年全国能源消费总量约为3.6 Gtce，而2020年全国能源消费总量高达4.98 Gtce，其中原煤消费总量在能源消费结构中的占比为56.8%。巨大的能源需求背后是国家强大的能源生产与供给，2000年国家能源生产总量约为1.35 Gtce，2010年国家能源生产总量约为3.12 Gtce，2020年国家能源生产总量则高达4.08 Gtce，其中原煤生产总量在能源生产结构中仍占据主导地位，所占比例高达67.6%。

随着国家能源供给革命及结构性调整，能源消费结构不断改善。煤炭比重不断下降，2020年能源消费结构中煤炭占比56.8%，较2019年的57.7%下降了0.9%，较2018年下降了2.2%，较2010年下降了13.7%。虽然国家对能源结构进行了相关调整，但煤炭在能源消费结构中仍占据主导地位，且截至2020年底我国矿产查明资源储量中煤炭为1738583 Mt、石油为4683 Mt、天然气约为$6.6\times10^{12}\ m^3$，因此，从能源消费与储备来看，煤炭在今后相当长时间内仍占能源消费、生产的主要地位。

能源与矿产资源的有效与稳定开发、利用是国民经济持续发展的前提，然而随着煤炭能源需求量的增加和开采强度与范围的增大，煤矿开采深度逐年增加，深部复杂的地球物理环境使得矿井灾害日趋增多，而深部煤体在高地应力、高瓦斯压力、高温等地质环境的作用下蓄能较大，孔/裂隙不发育，造成矿压显现剧烈、煤层瓦斯难抽放，从而使得矿井冲击地压（图1－2）、煤与瓦斯突出等事故危害程度不断升级，对深部资源的安全高效开采造成了巨大威胁。据统计，2010—2019年全国共发生煤矿安全事故868起，仅2019年发生的各种生产安全事故就有132起，造成184人死亡，其中瓦斯事故的死亡人数最多。此外，在职

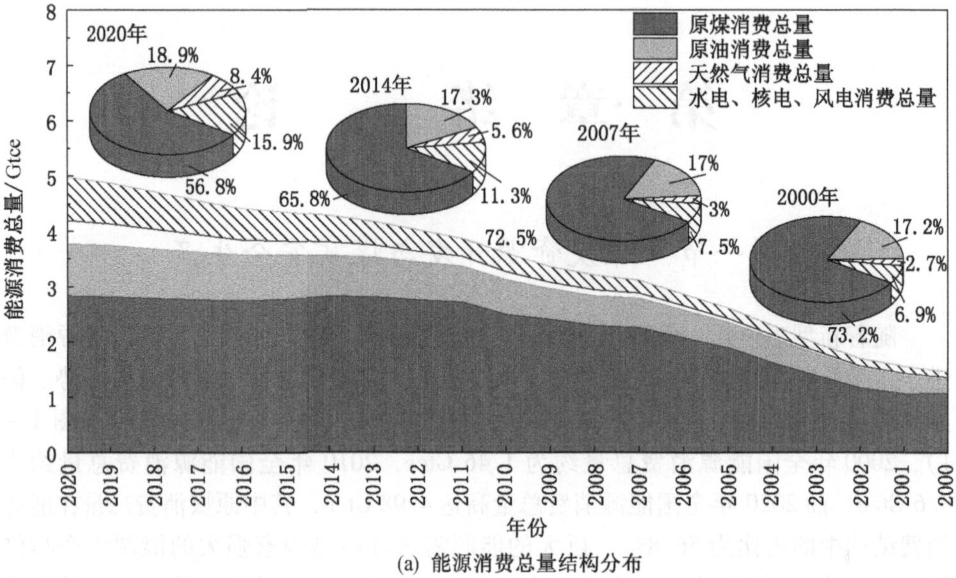

(a) 能源消费总量结构分布

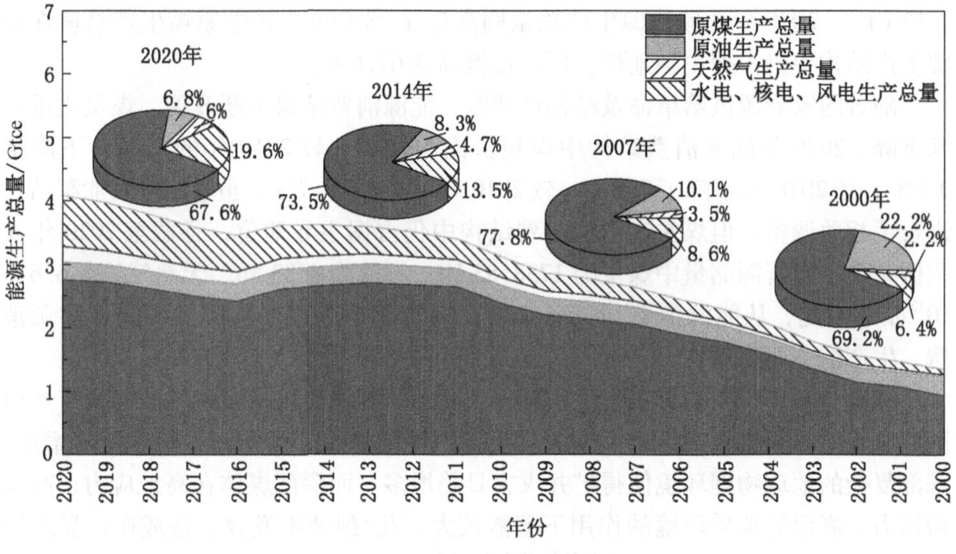

(b) 能源生产总量结构分布

图1-1 2000—2020年国家能源消费总量与生产总量结构分布

业健康方面，2019 年全国新增职业病 19428 例，其中新增尘肺病 15898 例，占职业病报告总数的 81.83%（图 1-3）。截至 2019 年全国累计报告职业病 994000 例，尘肺病累计发病 889000 例，其中，累计报告的矿工尘肺和硅肺新发病例均以煤炭行业为主，占尘肺病例的 90% 以上，由此可见，矿井粉尘对人民的生命财产安全造成了巨大损害。

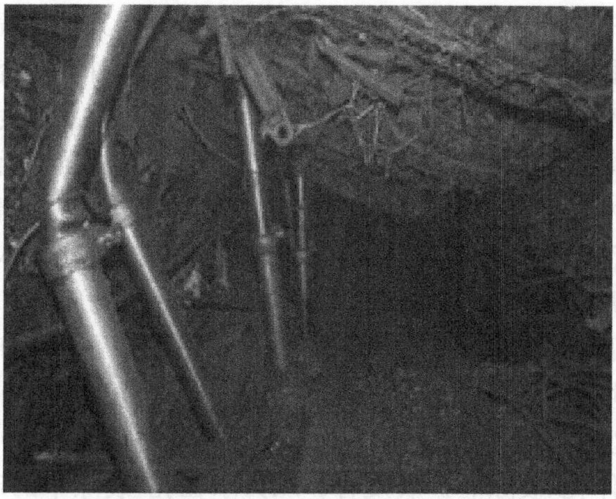

图 1-2 工作面巷道冲击地压破坏

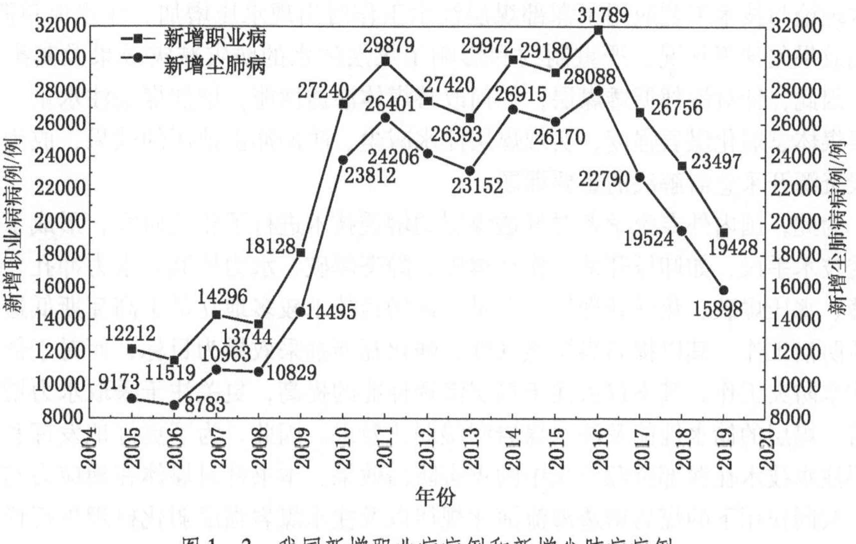

图 1-3 我国新增职业病病例和新增尘肺病病例

从19世纪90年代开始，煤层注水作为主要的防尘措施被逐渐推广应用，有关学者随之对煤层注水进行了理论与试验研究，发现煤层注水通过注水钻孔将压力水注入即将回采的煤层中，压力水沿煤层节理裂隙向被裂隙分割的煤基质渗透并存储于裂隙与孔隙中，增加了煤体的水分，使得煤体得到预先润湿，减少了采煤时产生浮游粉尘的能力。与此同时，随着煤层注水工作的不断推广应用，其在防治冲击地压方面的功效也逐渐得到广大专家学者的重视与认可。通过注水软化煤体，改变煤体的结构和物理力学性质，进而实现煤层开采过程中能量释放的均匀性、瞬时性和稳定性，达到防治冲击地压的目的。此外，研究结果表明煤基质的润湿程度是影响煤吸附甲烷的主要因素，因此，煤层注水作为一种防治煤与瓦斯突出的措施在国内外防突工作中得到广泛应用，并取得了显著的成果。

由于煤层注水在实践应用过程中对抑尘、防冲、防突等灾害显现出的防治功效，国家将煤层注水作为一种煤矿井下灾害防治的综合措施写入相关规程。然而随着煤炭开采深度的逐年增加，矿井开采所面临的地质环境日趋复杂。高地应力、高地温、高瓦斯、高岩溶水压等引起的突发性工程灾害和重大恶性事故增加，以及作业环境恶化和生产成本急剧增加等一系列问题，对深部资源的安全开采提出了严峻考验。与此同时，深部地质力学环境对成煤过程中孔/裂隙的演变及开采扰动下煤体孔/裂隙的扩展发育，压力水在孔/裂隙中的运移流动与保湿、润湿性均有较大影响。由此，深部矿井开采中煤层注水工作面临着高地应力、裂隙闭合不发育、低孔隙率难渗透、高瓦斯压力和蒸发量等新问题，进而导致传统注水理论与技术工艺应用于深部煤层注水工作时出现水压增加、注水流量降低、湿润效果欠佳等状况，严重制约和影响了煤层注水的防灾减灾效果及其推广应用。因此，针对深部低透煤层，如何改善煤体渗透性能，增加煤层注水量，达到预湿煤体、弱化煤岩强度，实现煤层注水减尘、防治冲击地压的效果，成为深部煤炭资源开采急需解决的重要课题。

为此，国内外专家学者对低透煤层的增透技术进行了相关研究，形成了诸多增透技术手段，如卸压开采、松动爆破、静态爆破、水力压裂、水力冲孔、水力割缝、水压爆破、化学处理等。但是上述增透技术较多地立足于高瓦斯低透煤层瓦斯防治工作，其以提高煤层透气性、强化瓦斯抽采效果为目标，而对于低透煤层注水防灾工作，其不仅关注于煤层渗透性能的提高，更关注于采取水力增透措施后，煤层的储水性能及注水煤岩润湿弱化效果。因此，为了更好地发挥和提高煤层注水技术在深部资源开采中的灾害防治效果，本书针对煤体在地应力与孔隙水压共同作用下的煤岩增透渗流演化规律以及注水煤岩强度弱化机理进行详细分析，提出了煤层分区逾裂强化注水增渗工艺技术，革新传统煤层注水技术工艺，提高其在深埋藏、孔/裂隙不发育煤层中的灾害防治应用效果，解决煤炭开采，尤其是深部开采过程中存在的安全隐患，为国内外煤矿灾害防治工作提供行之有效的技术支持，对改善我国煤炭安全生产形势以及煤矿行业职业健康状况具有重要意义。

第二节 煤层注水抑尘理论与工艺

煤层注水的实质是用水预先湿润尚未开采的煤体。不论是用于降尘、降温，还是用于预防冲击地压、煤与瓦斯突出，煤层注水总是通过煤体中的注水钻孔将水压入煤体，使水均匀分布于煤层中无数细微的裂隙和孔隙中，达到预先湿润煤体的目的。

一、国外煤层注水技术

在国外，煤层注水技术的产生与发展有着很长的历史。1890 年，德国首次在萨尔煤田进行试验，随后煤体预注水降尘方法逐步受到了各国的重视，尤其是 20 世纪 50 年代开始在世界各国推广应用后，注水技术得到了迅猛发展。法国从 1943 年开始短孔煤层注水的试验研究和应用。1960 年前后，德国、英国、苏联、美国和比利时等几个主要产煤国家对煤层注水做了大量的试验研究，并将试验结果在井下推广应用。1943 年，德国鲁尔煤田开始使用短钻孔注水，发现降尘效果显著，1948 年在该煤田的所有矿井推广使用。但由于短钻孔存在一些难以克服的困难，后来又改用长钻孔注水。

波兰从 1950 年开始试用煤层注水，到 1963 年已有 75% 的工作面采用了煤层注水。目前，几乎所有的矿井都采用了煤层注水，水压为 1.6 ~ 3 MPa，水中加入硫酸铜溶液，孔深 2 ~ 4 m，封孔深 1 m，注水时间为 2 ~ 15 min。这种方法不仅能降尘，而且能有效防治瓦斯突出等。

英国西南的产煤区从 1961 年开始使用煤层长钻孔注水方法，发现注水压力达到 350 kg/cm^2 方能克服煤层的原始阻力。高压注水压力为 420 kg/cm^2，注水后采煤工作面的降尘效果比较理想。

为了使煤层注水状况适应被湿润煤体的渗透特点，苏联乌克兰科学院矿山力学研究所等研制出能自动调节注水参数的注水泵，它能根据煤层的渗透性和水压自动调整注水量，实现最佳的煤层注水参数，提高了液体在煤体中分布的均匀性。法国煤炭中心研制了流量控制器和连续注水装置，使煤层注水实现了自动化。

煤层注水技术的广泛使用，有效控制了井下粉尘浓度。根据日内瓦国际防尘会议的资料，在条件合适的煤层中，正确使用煤层注水会使空气中的含尘量比综合使用所有其他防尘措施（不包括煤层注水）时低 3 ~4 倍，而且利用煤层注水时，落煤的生产效率可以提高 25% 。

二、国内煤层注水技术

虽然我国很早就开始了煤炭开采，但由于煤炭开采量小，产生的粉尘量也较少，没有引起足够大的重视。随着煤炭需求量的急剧增加，逐渐实现了采掘机械化，工作面粉尘大量增加，逐渐引起了工程技术人员的关注。因此，一些大的矿务局就用煤层注水的方法来降低工作面粉尘浓度。

我国于 1956 年在辽宁本溪的彩屯煤矿首次试验煤体预注水防尘技术，从此越来越多的采煤工作面开始采用煤层注水防尘技术。1965 年，抚顺煤科院、北票矿务局采用煤层注水防治瓦斯突出，历时 10 年，先后进行了石门煤层注水、巷道煤层注水、区域煤层注水等试验研究，并且于 1976 年进行了全面总结，自行研制了胶塞封孔器进行封孔和用水泥封孔方法进行封孔，至今仍在我国煤层注水中应用。通过试验，研究了注水时的水压、注水流量、单孔注水时间及总流量对瓦斯突出、煤体变形的影响，并得出了注水后如不能达到使煤层均匀湿润反而更有利于发生突出的结论，经鉴定认为研究是成功的。

20 世纪 80 年代后期，北京煤科院通过原煤炭部立项，将注水技术应用于坚硬顶板下煤层开采，解决了由于顶板坚硬不易冒落、形成大面积塌顶而产生的大面积顶板垮落的问题。20 世纪 90 年代，山西矿业学院在晋城煤业集团采用注水技术软化煤层，解决了放顶煤开采中煤层大块冒落影响生产甚至大块煤压死支架的问题，因而得以实现放顶煤安全高效开采。由于注水技术在煤炭开采中得到广泛应用，1992 年煤炭部制定了煤层注水的标准，用于指导煤层注水预防冲击地压、煤与瓦斯突出。

目前，注水工艺逐步完善，如专用注水泵、钻机、恒流阀、高压水表、封孔器等注水装备已基本配套，并掌握了静压注水、动压注水以及水压由低压至高压的注水技术。此外，为了监视注水情况，有些煤矿在集中泵站安装了远距离传送装置，实现了将水压、流量及漏水关闭注水水源等信号集中控制。在不断完善注水装备的同时，还对煤体注水的机理及其综合效应、注水参数、水在煤体中的渗透规律及注水中的添加剂等进行了广泛研究。

三、煤层注水相关理论

1890 年首次在德国萨尔煤田进行煤层注水减尘试验以来，采用煤层预注水减尘方法逐渐在国内外推广应用，煤层注水技术随之迅猛发展，与之相对应的有关理论也得到了发展。

卢鉴章首次系统地研究了长钻孔煤层注水防尘理论与技术，并在16个不同条件采煤工作面试验研究的基础上，探明了注水润湿煤体的机理和压力水灾煤层中渗透的规律，提出了长钻孔煤层注水均匀湿润煤体的技术途径和参数，形成了我国煤矿采煤工作面防尘治理的主体技术，使我国煤矿防尘工作取得了突破性进展。

20世纪90年代，我国学者研究了煤体含水率与产尘量的关系，结果表明煤体含水率与煤在开采时粉尘的产生量有直接关系。一般情况下，煤体含水率高，煤在开采时产尘量小，但是煤体含水率增加并不总能大幅度降低粉尘产生量。国外试验研究表明，煤体水分增量在达到4%以上时，降尘率不再提高，注水降尘时，注水量可以以此为限。研究还发现，对注水防尘而言，增加煤体内水分对防尘工作更重要，且在自然渗流过程中使用长时间小流量注水有利于内在水分增加，提高降尘效果。

针对我国的具体国情和煤层注水的重要性，国家在“八五”“九五”期间对其立项，研究了煤层注水技术的相关工艺及设备，分析了煤层注水湿润煤体的机理以及煤层注水润湿煤体的微观状态，并取得了较好的研究成果。在改进煤层注水工艺的同时研究了矿山压力观测及顶板位移规律资料，形成了利用工作面动压区次生裂隙发育这一优势进行注水，较好地解决了综放工作面厚煤层中顶层煤炭湿润，以及孔隙率较低难注水湿润煤体的问题。

1805年，T. Young提出的润湿方程为研究液体对固体表面的润湿作用奠定了理论基础。1985年，村田逞诠等详细研究了水及表面活性剂溶液对混合煤成型体表面的湿润问题，提出了确定湿润性的指标－接触角概念，并研究了动态湿润值随煤质变化的规律性。1995年，我国学者傅贵通过大量试验与研究提出了应用表面活性剂注水时煤孔隙表面润湿性敏感系数值。此外，交通部水运研究所等单位也从抑制煤炭起尘角度出发，对煤的孔/裂隙与水的毛细作用力之间的关系进行了研究，得出了煤体自然润湿时间、蒸发速度与煤体内水含量与外水含量之间的关系。

毫无疑问，前人所做的大量工作极大地提高了矿山安全生产水平，改善了井下作业环境，为我国现代化建设做出了贡献。但是在实际应用过程中，煤层注水技术还较多依靠个人经验，尤其是水压、注水流量、注水时间、钻孔间距等注水参数更加依靠实践经验操作。如上所述，以往对煤层注水理论的研究较多地集中在给定的煤体中，即在孔/裂隙一定的情况下研究注入水的流动与孔/裂隙的相互作用及润湿作用的改进，鲜有学者研究分析煤层注水过程中，煤岩在压力水、地应力以及瓦斯压力的共同作用下的煤体变形以及孔/裂隙与渗流场的耦合作用机理。而煤层孔/裂隙的发育程度是影响煤体注水难易的首要因素。因此，深入开展高压注水过程中煤岩应力、水压、裂隙动态分布特征及注入水扩张渗流特征的基础研究显得尤为重要，尤其是对于埋藏较深、变质程度较高、孔隙率较低且表面对水的润湿性较差的煤层注水工作更能发挥较好的指导作用，对于实现此类煤层高压注水工作，防治矿井灾害发生，保障矿山安全生产具有较大的实际意义。

第三节　水力耦合岩石物理特征研究

高压注水过程实为水力耦合作用下的煤岩力学与渗流行为过程，因此，明确煤层注水过程需深入揭示水力耦合作用下煤岩的物理特性与流体输运行为特征。水对岩石的物理化学以及力学作用是岩石工程最基础的研究课题之一，也是当前国际岩石力学领域最前沿的研究课题之一，具有十分重要的科学意义。当岩石遇到水作用后，其力学性质和变形特性会发生改变，而在实践工程中所遇到的岩体基本都受水的作用影响，其中包括水化腐蚀效应、渗流作用等。

一、水对岩石强度的弱化

岩石是由固体的岩石骨架和孔/裂隙系统所组成的，在自然环境中，多数情况下岩石的孔/裂隙中赋存有静止或流动的孔隙流体，而孔隙流体对岩石的力学性能有着巨大影响。水对岩石强度的影响，归纳起来有两种情况：一种是水对岩石的力学作用，包括岩石孔/裂隙静水压作用和裂隙动水压作用两个方面，水的作用可以急剧地改变岩体的受力状态；另一种是水对岩石的物理、化学作用，包括风化、软化、泥化、膨胀和溶蚀作用。两者作用的结果是使岩体性状逐渐恶化，以致发展到致使岩体变形导致失稳破坏的程度。

水与岩石之间的物理化学作用可以从微细观层面改变岩石的矿物组成与结构，使其产生空隙、溶洞及溶蚀裂隙等，增加其空隙度，影响其强度、变形及渗透性能等宏观性质。对遇水后强度降低的岩石，水是造成其损伤的一个重要原因，有时它比外在力学因素造成的损伤更严重。Vutukuri 对水、甘油、乙二醇、硝基苯、乙醇、苯甲醛、正丁基醇分别作用下的石灰岩的抗拉强度进行了试验，发现液体改变岩石的表面自由能使力学性能发生变化，随着液体介电常数、表面张力的增加，抗拉强度逐渐降低。Ojo 等对矿井水、雨水、蒸馏水等浸泡后的砂岩试样进行烘干，制得不同含水率的试样进行压缩、抗拉、点载荷、硬度等试验，发现水对岩石强度有弱化作用，含水率对抗拉强度的影响大于抗压强度。Baud 等试验发现水的出现导致三轴抗压强度降低是由岩石表面能和内摩擦系数降低导致的，并从力学机制和化学机制对水弱化岩石进行了系统分析。Wong 等通过试验发现水的出现降低了巴西劈裂试验中裂隙的扩展速度，水的存在不仅降低了抗拉强度，而且对破坏速度与形态有很大影响。Li 等对砂岩和粉砂岩在自然与饱水状态下进行三轴压缩试验，利用莫尔－库仑与霍克－布朗准则进行拟合，对弹性模量与泊松比等进行了较为系统的试验分析，并对水平与垂直节理对强度的影响进行了分析。Lebedev 等采用纳米压痕法测定浸水后的石灰岩弹性模量变化，得出浸水的弹性模量要降低。耿乃光等研究了断层泥的物理性质与含水量之间的关系，得出断层泥的黏滞系数、杨氏模量、抗压强度和残余体应变随着含水量的增加而明显降低，断层泥的韧度随着含水量的增加而增大的结论。李炳乾从4 个方面分析了地下水对岩石的物理作用，发现地下水对岩石的弹性性质、传输性质、变形过程、摩擦特性均具有明显影响。Dyke 等对 3 种单轴抗压强度为34 ~ 74 MPa 的石英砂屑岩进行了试验研究，提出了岩石强度越低，其对含水量的反应越敏感。陈钢林等研究发现，饱水状态下砂岩和花岗闪长岩的单轴抗压强度分别衰减到天然状态的 20.0% 和 33.3%，弹性模量则衰减到天然状态的64.4% 和 77.4%。康红普以山东兖州煤矿泥岩的试验结果为基础，提出岩石遇水后的强度损失率与岩石初始应力状态有关，并给出了单轴抗压强度、弹性模量损失率与应力状态及含水率的关系式。Mikhaltsevitch 等进行纳米压痕试验验证了浸水后的石灰岩体积模量增加、杨氏模量与剪切模量降低。可见，研究水对岩石弹塑性力学性质影响的物理化学作用效应与机理，可为岩体工程实践提供更符合实际的理论依据。

目前，水对岩石的物理作用主要包括润滑作用、软化和泥化作用、结合水的强化作用等，近年来，国内外学者分别就水对岩石的化学作用特性开展了大量试验研究及理论研究工作，涉及地球化学、矿物化学、岩石学等多学科领域。Knauss 通过试验分析研究了流动液体对长石的溶解作用。Fernandez 和 Quigley 通过室内试验发现了孔隙水中的氧化物溶液能够使渗透系数很低的黏土的水力传导性增加 10000 倍。Rebinder 等探讨了化学环境对钻进面上岩石力学性质的影响，比较了几种不同化学药剂的作用及机制，用 Griffith 强度理论说明了由于化学物质的吸附使得岩石矿物表面能降低、促进裂纹扩展等。Atkinson 等通过试验研究了 HCl 和 NaOH 溶液对石英的裂隙扩展速率、应力强度因子和应力强度系数的影响。Feucht 等分析讨论了 NaCl、$CaCl_2$ 和 Na_2SO_4 等溶液对摩擦系数和摩擦强度的影响。同时 Karfakis 和 Akram 探讨了化学环境对断裂韧性等方面的影响。Rhett

等试验分析了水与岩石基质的化学反应是水弱化岩石强度的基础，毛细管力对水弱化岩石的贡献作用相对较小。Mallet 等利用硼硅酸盐玻璃试样，对其在不同水环境下的力学与裂纹扩展声学特征行为进行研究。冯夏庭、陈四利、丁梧秀、崔强、姚华彦等对不同化学溶液作用下的砂岩、花岗岩、灰岩的力学特性进行了系统的试验研究，分析了在蠕变、应力增加和松弛过程中的时间分形特征，得出岩石试样变形特征及裂隙萌生、扩展和贯通的方式及破坏时岩桥不同的搭接方式。王建秀等研究发现了石灰岩的原生渗透性很小，其良好的渗透性主要由次生渗透性决定，地下水对石灰岩裂隙的化学改造会使其渗透性发生演化。周翠英等进行了软岩与水相互作用方面的研究，指出水岩相互作用的焦点应着眼于特殊软岩－水相互作用的基本规律，应重视水岩相互作用的矿物损伤和化学损伤所导致的力学损伤及其变异性规律性研究。汤连生等对水－岩相互作用下的力学与环境效应进行了较为系统的研究，进行了不同化学溶液作用下不同岩石的抗压强度试验及断裂效应试验，对水岩反应的力学效应的机理及定量化方法进行了探讨，并将水－岩土化学作用与地质灾害等岩土体稳定性联系起来。乔丽苹等通过试验研究，分析了砂岩在水物理化学作用下的细观损伤机制，提出了砂岩水物理化学损伤变量表达式。

水－岩之间的力学作用反映水对岩石的强度、变形和渗透性的影响。岩体内部孔隙水渗透过程及其孔隙水压的存在使得岩体的力学性质异常复杂。大量的岩土、大坝工程灾害大多与岩体内部原生裂纹扩展及裂隙水压密切相关。Terzaghi 等针对饱和土提出的有效应力原理一直被认为是描述孔隙水压作用机制的基本方程。Biot 进一步研究了三向变形材料与孔隙压力的相互作用，并建立了比较完善的三维固结理论。近年来，流固耦合问题越来越受到人们的重视，在研究流固耦合问题时，岩石在某种环境条件下表现的基本性质，如强度、变形等性质是研究的重要方面。然而，目前研究流固耦合问题所涉及的基本方程一般将材料物理力学参数作为常数，并未考虑孔隙水压作用下的岩石力学特性的劣化，其结果并不能完全反映水和岩石的相互作用。

实际上，孔隙水压、渗透压作用下的岩石力学性质的影响也相当明显，一些学者注意并进行了这方面的研究。Handin 等总结了大量试验结果，认为岩石强度取决于有效应力，在高孔隙压力作用下的岩石内摩擦力减小。李建国等研究了孔隙水压对大理岩破坏和失稳形式的影响。邢福东等进行了高围压、高水压作用下的脆性岩石强度及变形特性试验，表明高孔隙水压加速了岩石的脆性破坏，降低了岩石强度。郑少河等基于 Betti 能量互易定理推导了含水裂隙岩体初始损伤柔度张量和损伤演化方程，建立了考虑渗透压力的裂隙岩体脆弹性断裂损伤本构模型。李术才、简浩等对含裂隙水压的单裂纹岩石进行了单轴压缩破坏的 CT 实时试验，从细观上探讨了试样在不同复杂应力状态和原生裂纹处于不同地下水压情况下，其裂纹的萌生、演化、发展及最终破坏形式。朱珍德等运用断裂力学从理论上详细推导了含裂隙水压岩体的初始开裂强度公式。汤连生等推导给出了考虑水压和水化学损伤等不同作用下含闭合或张开裂纹的岩体强度新准则，并基于最大轴向正应力理论，研究并给出了有水压作用的复合型裂纹在不同应力状态下的应力强度因子和扩展方向角。王学滨等解析得出了考虑围压和孔隙压力的岩石试样的应力与应变关系，并模拟研究了孔隙水压对平面应变岩样破坏过程、模式及全部变形特征的影响。梁冰等考虑了孔隙水压在岩石蠕变过程中对岩体变形的影响。Bruno 和 Nakagawa 通过现场试验发现孔隙水压对裂纹扩展和贯通的作用效果是双向的。孔隙水压的作用效果取决于孔隙水压的大小和梯度，裂纹尖端孔隙水压的增加可以促使裂纹扩展，而孔隙水压的梯度变化则可能阻碍裂纹扩展。Chang 等通过没有套筒包裹岩石、流体直接作用在岩石侧面的真三轴试验研究表明，由于流体在岩石微破裂发生阶段进入岩石形成的孔隙水压更容易破坏岩石。

综上所述，长期以来，水 - 岩相互作用的研究主要集中在岩体渗流场与应力场的耦合作用方面，对孔隙水压作用的力学效应方面的研究并未得到足够重视，因此，开展孔隙水压作用下的相关力学试验研究有利于进一步认识水力耦合作用下的岩石破裂机制。

二、水对岩石蠕变性质的影响作用

岩石在恒定外力作用下，变形随时间不断增长的过程称为岩石的“蠕变”。在岩石力学领域，对岩石蠕变特性的研究一直被大家所关注。由于大量实际工程处于长期与水（地下水或库区水等）相互作用的环境中，因此一些学者在传统流变试验的基础上加入了对水的考虑，在理论研究中加入了对渗流场的耦合研究。Wawersik 和 Brown 通过试验发现花岗岩和砂岩的时效应变会随着含水量的升高而增大，在单轴应力状态下，其干试样和饱水试样的稳态蠕变率可以相差约两个数量级；饱水状态下黏性红砂岩的长期抗压强度仅为干燥状态下的46.3%。孙钧研究了水对三峡花岗岩拉伸蠕变特性的影响。朱合华等通过干燥和饱水两种状态下凝灰岩蠕变试验结果的对比，探讨了岩石蠕变受含水状态影响的规律性：含水量对岩石瞬时弹性变形模量的影响很小，但对岩石的极限蠕变变形量的影响极其显著，干燥试样和饱和试样两者的相应值可以相差 5 ~ 6 倍；含水量还会影响岩石达到稳态蠕变阶段的时间，干燥试样在较短时间内就进入了稳态蠕变阶段，而饱和试样进入稳态蠕变阶段则需要很长一段时间。李铀等进行了风干与饱水状态下花岗岩单轴流变特性试验研究，结果表明：花岗岩饱水后的强度与风干状态相比有大幅度降低。饱水后流变速率大幅度增加，长期强度明显降低。孙钧等通过电磁辐射试验研究了长江三峡船闸工程边坡岩体在不同含水状态（饱水、自然、干燥）、不同受载大小和不同应力水平条件下，闪云斜长花岗岩流变属性与其电磁辐射脉冲强度之间的依附关系，以及岩石破碎、断裂程度与其电磁辐射脉冲之间的关系；较深入地探究了在各个不同加载环境下岩石蠕变变形孕育、发生和发展过程中的电磁辐射效应及其现象规律，以获得岩石蠕变断裂的电磁辐射信息特征。通过电磁辐射与声发射信息试验研究，确定了不同含水状态及应力变化与电磁辐射强度间的关系。叶源新、刘光廷等通过对软弱砾岩进行单、双轴流变试验，对比分析了干燥和泡水试样两者流变变形的差异，试验结果显示相同应力条件下，泡水砾岩流变变形相当于干燥状态的 10 倍。王芝银等基于岩体等效连续介质模型和流变力学的基本理论，建立了岩体应力场与渗流场耦合作用下的流变分析模型，导出了相应的直接耦合总体控制方程。白国良、梁冰等在原有岩土流变理论的基础上，与渗流力学原理相结合，考虑孔隙压力及孔隙度在岩石蠕变过程中对岩体变形的影响，在弹性解答的基础上，通过 Laplace 变换得出解析解，在一定的假设条件下，利用弹性力学基本方程、蠕变方程及有效应力原理，采用 H－K 体模型作为本构方程，将孔隙压力引入围岩蠕变方程，给出了在孔隙压力作用下的蠕变曲线，并与不考虑孔隙压力和定孔隙压力条件下的蠕变曲线相比，其更接近于实际。

三、水力耦合岩石渗流特性

随着国内大量水利工程和地下渗流隧道的兴建，越来越多的国内研究学者愈发重视岩石的水力耦合渗流过程，尽管起步较晚，但成果颇丰。

关于岩体中的水力渗流现象，国外研究学者起步较早，积累了一定的可供借鉴的理论和试验分析成果。例如关于岩体的渗透系数特性方面，Snow 根据多组平行裂隙的渗流试验结果，分析得出不同法向应力分布的渗透系数函数关系。Louis 根据大量的钻孔压水试验，回归分析得出呈负指数关系的岩体渗透系数与法向应力的经验公式。Jones 分别推导出了花岗岩的裂隙渗透系数和应力呈幂函数的经验公式。Barton 等利用平行板窄缝法向变形经验公式，根据等效力隙宽与力学隙宽之间的关系建立了渗透－应力的关系式。Walsh 等提出了能够解释单裂隙面渗流、力学及其亲和特征的洞穴模型。Tsang 等基于对岩体裂隙张度和岩桥的认识，发现并解释了裂隙渗流的偏流现象。

国内刘继山等通过回归分析不同深度下渗透系数与法向应力的关系，得到岩体各渗透主值随深度呈负指数规律递减，但递减速率不同，垂直方向上递减速率大于水平方向上渗透主值的递减速率，由此推导出应力对渗透张量的影响。仵彦卿、柴军瑞等通过某实际工程岩体渗流与应力关系试验，推导出岩体渗透系数与有效应力的幂指数关系，建立了在渗流场和应力场的耦合模型。陈祖安等通过砂岩渗透率的静压力试验，推导出岩体渗透系数与压力的关系函数。对于贯通裂隙，赵坚、速宝玉、王媛等用人工粗糙面缝隙模拟天然岩体裂隙进行物理模型试验，对天然岩体裂隙渗流机理及其规律进行了初步探讨，并通过试验发现水力隙宽与应力呈负指数的函数关系。赵延林等基于双重介质的渗流损伤断裂的本构模型，合理地揭示了水力劈裂的有效性，在某煤矿得到了推广和应用。彭苏萍、姜振泉、王环玲、徐卫亚、王金安、李世平、朱珍德等为了探讨岩石变形过程中渗透性变化的特点，对软、硬岩进行了不同压力条件的全应力－应变过程渗透性对比试验。张金才、张玉卓研究了应力变化对裂隙岩体渗流特征的影响，得出了裂隙岩体渗透系数及渗流量与应力的关系式和裂隙岩体渗透系数随应力的变化值。贺玉龙等通过试验研究了围压升降过程中砂岩和单裂隙花岗岩岩样渗透率的变化特性。邓广哲通过压水试验详细研究了应力控制下煤体中开放型裂隙渗流特征与毛细管力、裂隙开度、应力水平及水压的关系，建立了应力场中裂隙渗透性规律，探讨了水压与开放型裂隙开度及隙流状态参数的影响关系。赵阳升提出了煤层水渗流的固结数学模型及数值解法，介绍了水压对煤体变形特性的影响，孔隙水压引起的煤体变形及煤体导水系数与孔隙水压、岩体应力的关系的试验方法与结论。缪协兴、陈占清等针对煤矿采动破碎岩体高渗透、非 Darcy 流等特性，利用自行研制的渗流试验装置进行了渗透性测试，并在此基础上建立了能够描述采动岩体渗流非线性和随机性特征的渗流理论。何峰、王来贵等基于煤岩瞬态渗透法，对煤岩试样进行了蠕变－渗流耦合试验；在不同的围压、孔压条件下，通过蠕变破裂过程中的渗透性试验，拟合出相应蠕变－渗透率曲线，揭示出渗透率的变化和煤岩试样的蠕变损伤的一致性。曹树刚等利用自主研制的自压式三轴渗流装置对型煤和原煤试样进行了三轴压缩渗流试验，得出不同围压条件下两种煤样的全应力－应变曲线，并利用流量计和环向引伸计自动采集整个试验过程中煤样的渗流速度和横向变形，从细观损伤力学的观点分析两种煤样不同的破坏形式以及煤样的变形破坏对渗流速度的影响。杨永杰、孟召平、李树刚等采用 MTS815 岩石伺服试验系统进行了煤样全应力－应变过程的渗透性试验，揭示了煤岩在变形破坏过程中的渗透率变化规律，表明渗透率的变化与其损伤演化过程密切相关。李玉寿、马占国等基于 MTS815.02 型岩石伺服渗透试验系统，应用两种试验方法测定了岩石的渗透特性，给出了煤系地层中多种岩石全应力－应变过程中渗透率的变化范围，对几种岩石的渗透特征进行了分析和讨论。郭红玉、苏现波等为评估煤储层整体的渗透性，引入了岩体力学中的地质强度指标（GSI）来表征煤体结构，并测试相应的渗透率，发现地质强度指标（GSI）与渗透率相关性明显。

随着地下采矿的日益深部化，地下水的渗透压作用对煤岩的作用越来越明显，对矿井安全生产产生重要影响。另外，对于深部难渗透煤层，如何利用高孔隙水压对煤岩的力学性质及渗透性能的影响作用，达到更好的煤层注水效果，增加煤体注水量，提高煤体含水率，降低采煤截割产尘；注水软化煤体，缓解区域开采扰动造成的应力集中现象，降低冲击地压危险性，成为急需解决的重要课题。此外，一般认为静水压时，渗透压对煤岩产生的损伤断裂效应不明显，此时应考虑水对煤的软化效应，可以利用水软化效应开采，提高生产效率。但是目前的研究集中在渗透压的作用导致岩体损伤开裂从而诱发灾害，但是井下煤层开采遇到的工程地质条件复杂，有时也需要考虑水力耦合效应对于煤岩稳定以及渗透性能变化的影响，因此，有必要对煤岩水力耦合效应进行深入研究。

第二章　水力耦合作用下煤岩力学特征试验研究

岩石的破坏与其赋存条件有关，其中地应力、地下水环境的作用是影响岩石性能变化的重要因素。因此，研究岩体在不同应力及水力环境下的力学性能，探明不同赋存条件下岩石力学性能的变化规律，对地下岩体工程设计、施工具有重要意义。本章以深部矿井煤岩试样为代表，研究不同水力耦合作用下煤岩力学性能及其相关变化规律，为煤层注水区域弱化煤岩强度，防治冲击地压灾害提供依据。

第一节　煤岩基本物理性能测定

煤岩具有典型的双重孔隙介质特性，煤层中的裂隙将煤体分割成很多基质块体，煤岩基质中存在原生孔隙。在煤层注水过程中，孔/裂隙系统具有使水通过并使之储存的作用，裂隙起了一种渠道作用，水由它进入各种煤基质孔隙，因此，煤体的孔/裂隙分布对煤层注水效果具有重要影响。因此，利用压汞仪对试验煤岩的孔隙分布及其大小以及煤岩含水状态与自然吸水率进行测定。

一、煤岩含水率测定

为了确定煤岩试样的原有水分及其吸水性，按照《煤和岩石物理力学性质测定方法　第5部分：煤和岩石吸水性测定方法》（GB/T 23561.5—2009）以及《煤和岩石物理力学性质测定方法　第6部分：煤和岩石含水率测定方法》（GB/T 23561.6—2009）的相关要求，对兴隆庄煤矿10303工作面的煤岩试样进行含水率测定分析。

为了能够准确测定煤岩的含水率，分别从兴隆庄煤矿10303工作面煤岩试样中选取6个具有代表性的边长为40～50 mm的近似立方体煤块作为原始水分测定试样，分别标记为1～6号。

试验时，首先将各煤样进行称量（称量选用 FA1004A 万分之一电子天平），在不制造人为裂隙的前提下，清除表面上的黏着物和易掉落的煤屑，称取试样质量 M，并记入表 2－1，然后将其放入真空干燥箱（105～110 ℃）中连续干燥 24 h。干燥完成后，将煤样取出，待自然冷却至室温，再次称量干燥后的煤样质量 M_1，并记入表 2－1。根据式（2－1）计算试样含水率：

$$\omega=\left(\frac{M}{M_1}-1\right)\times100\% \tag{2-1}$$

式中　ω——煤的天然含水率；

M——保持天然水分的试样质量，g；

M_1——烘干的试样质量，g。

表 2－1　煤岩试样自然含水率

试样编号	天然含水质量 M/g	烘干质量 M_1/g	含水率 ω/%	平均含水率 ω_p/%
1 号	112.36	109.99	2.15	2.35
2 号	98.73	96.74	2.06	
3 号	104.31	101.37	2.90	
4 号	97.42	94.98	2.57	
5 号	99.79	97.58	2.26	
6 号	79.99	78.31	2.15	

通过测量结果分析得出，兴隆庄煤矿 10303 工作面煤岩平均含水率为 2.35%，原始含水率较低。

二、煤岩自然吸水率测定

同样，从兴隆庄煤矿 10303 工作面煤岩试样中分别选取若干个具有代表性的边长为 40～50 mm 的近似立方体岩块作为试样，分别标记为 7～11 号，清除表面上的黏着物和易掉落的岩屑。将试样烘干后称重，得质量 M_1，自然冷却后将试样用纱布包裹后放入容器中，向容器中注水至试样的 1/4 高度处，以后每隔 2 h 注水一次，每次加水量均为试样高度的 1/4，直至最后液面高出试样 1～2 cm 为止。进行煤样吸水率测定时，将不同质量的煤样按时间为 0.5 d、1 d、2 d、3 d、4 d、5 d、6 d、7 d 进行浸泡，浸泡到达设计时间后再进行称量，最后一次的称重结果即为试样吸水后的质量 M，并利用式（2－2）进行计算：

$$\omega_g = \left(\frac{M_2}{M_1} - 1\right) \times 100\% \tag{2-2}$$

式中　ω_g——煤的自然吸水率；

M_2——试样自然饱和吸水后的质量，g；

M_1——烘干后的试样质量，g。

试验数据取两位小数并记录，见表2-2。

表2-2　煤岩试样自然吸水率测定结果

浸水时间/d	试样编号					平均吸水率/%
	7号	8号	9号	10号	11号	
0.5	3.65%	3.75%	3.73%	3.32%	3.50%	3.59
1	3.78%	4.00%	3.93%	4.15%	3.81%	3.93
2	4.17%	4.49%	4.09%	4.72%	4.07%	4.31
3	4.63%	4.76%	4.32%	5.03%	4.57%	4.66
4	4.68%	4.79%	4.39%	5.09%	4.59%	4.71
5	4.70%	4.82%	4.39%	5.09%	4.60%	4.72
6	4.71%	4.82%	4.40%	5.11%	4.61%	4.73
7	4.70%	4.82%	4.39%	5.10%	4.61%	4.72

兴隆庄煤矿煤岩自然吸水率变化，如图2-1所示。由图2-1可以看出，10303工作面煤岩试样的吸水率随着时间的增加而增加，且可以分为3个阶段。烘干煤样浸泡初期，水迅速渗入煤样内部孔/裂隙中，吸水率较大，约48 h后浸水煤样吸水速率明显放缓，当试样浸泡4~5 d后其两类煤样吸水率基本保持不变，即试样达到自然吸水饱和状态。试验中，部分试样在浸泡3~4 d之后开始出现软化破碎的情况，即造成试样的含水率测定数据降低。总体而言，兴隆庄煤矿10303工作面在浸泡4 d后其自然吸水率达到饱和状态，平均为4.72%左右。从浸泡时间与吸水率的变化趋势可以看出，要使煤岩达到吸水饱和状态，其浸泡时间应不少于4~5 d，为此，所做的饱水煤岩力学及渗透试验均自然浸泡7 d，使得试验煤样达到充分饱和状态。

三、煤岩孔隙率及其分布测定

煤层注水的难易程度主要是指水是否容易进入煤体的孔/裂隙，影响煤层注水工作与效果的因素很多，主要因素有地应力、煤体孔隙率、坚固性系数、瓦斯压力以及煤体湿润性能等。在某些情况下，还包括水是否容易从煤体的部分裂隙中泄漏流失。《煤层注水可注性鉴定方法》（MT/T 1023—2006）、《煤矿安全规程》规定，原有水分含量大于4%、孔隙率小于4%、吸水率小于1%、坚固性系数小于0.4的煤层可不采用煤层注水。因此，掌握煤岩体孔/裂隙及其分布等相关特征，有利于鉴别和指导现场煤层注水工作的开展以及有关注水参数的设计、确定。

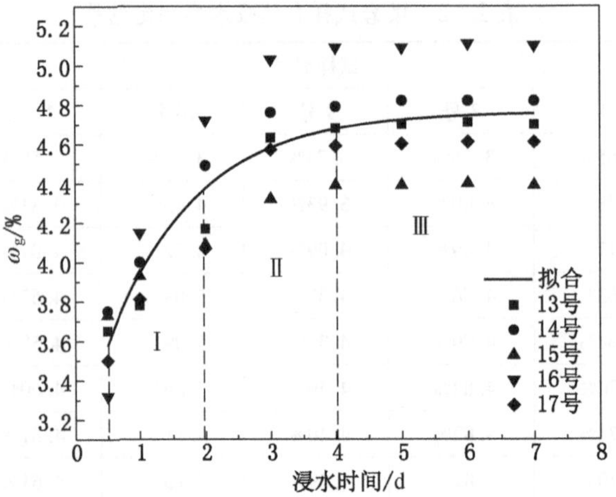

Ⅰ—快速吸水期；Ⅱ—缓慢吸水期；Ⅲ—饱水稳定期

图2-1　兴隆庄煤矿煤岩自然吸水率变化图

根据水在煤岩体各类孔隙中的流动特性可将煤层孔隙分成五类，见表2-3。

表2-3　煤层孔隙分类

孔隙类型	直径/m	水在孔隙中的流动特性
大微孔隙	$>10^{-4}$	层流或紊流
微孔隙	$10^{-6}\sim10^{-4}$	层流
半微孔隙	$10^{-7}\sim10^{-6}$	毛细运动或缓慢的层流运动
中微孔隙	$10^{-8}\sim10^{-7}$	扩散和毛细运动
细微孔隙	$<10^{-8}$	扩散运动

煤体中各类裂隙都居于可见的大微孔隙。孔径小于 10^{-9}m 的超细微孔，因水

分子难以进入不应包括在煤层注水的讨论范围之内（水分子直径 $d=2.6\times10^{-10}$m）。

压汞法是测量煤岩体孔隙结构的常用方法，通常汞不会浸润、平铺于物料表面，只有在外力的作用下，汞才能进入多孔物料的孔隙中，孔径越小所需要的压力越大。在一定压力的条件下，汞只能渗入相应既定大小的孔中，压入汞的量就代表内部孔的体积，逐渐增加压力，同时计算汞的压入量，可测出多孔材料孔隙容积的分布状态。压汞法得出了累计孔隙体积与所加压力的关系函数。压汞试验采用美国麦克仪器公司生产的 AutoPore Ⅳ 9500 V1.05 压汞仪。假定煤中孔隙为圆柱形，根据毛细管束孔隙模型理论，即 Washburn 方程，施加的压力 p（r）和半径 r 之间满足：

$$p(r)=\frac{-2\delta\cos\theta}{r} \tag{2-3}$$

式中　δ——已知的汞表面张力；

θ——已知的汞表面张力与煤岩体之间的夹角。

压汞试验煤岩试样采自兴隆庄煤矿 10303 工作面两巷道原岩应力区，分上、中、下于煤帮内各取 6 块，尺寸约为 20 mm×10 mm×10 mm。煤样选取后，用塑料袋塑封好，以便于实验室采用压汞法测定不同压力下进入煤样中的汞量，根据压力与孔隙（径）的关系，利用式（2-3）求出煤岩试样孔隙率及其分布。

如图 2-2 所示，进汞曲线表示汞体积随压力逐渐增加的变化情况，退汞曲线表示汞体积随压力逐渐减小的变化情况。当进汞压力小于 10 MPa 时，进汞体积增长速度非常缓慢，之后，随着进汞压力不断增加，累计进汞体积增加较快，根据进汞压力与孔隙（径）成反比的关系，可知该试样孔隙以细微孔隙为主。随着进汞压力的增加，累计进汞体积不断增加，当退汞时，随着压力减小，汞慢慢克服煤岩孔隙表面张力从孔隙中退出，但是进汞曲线和退汞曲线并不闭合，说明有部分汞永久地滞留在样品孔隙空间中，这主要是由于在进汞过程中，在较大的进汞压力下，有部分孔隙喉道被压力破坏，导致形成部分小的封闭区域，退汞时，这部分汞就被滞留在孔隙空间内。

煤岩试样累计进汞增量与孔径的关系曲线如图 2-3 所示，在试样孔径为 3～10 nm 的范围内累计进汞量增加幅度较大，而在其余区间范围内，累计进汞量增加幅度比较均匀，均呈现缓慢增加趋势，说明试验所用的兴隆庄煤矿煤岩孔隙均以细微孔为主。对比图 2-4 可以看出，兴隆庄煤矿煤样孔径在大于 100 μm 范围内出现幅度较小的峰值，而孔径分布主要峰值出现在 3～7 nm 范围内，说明其煤样孔径较多的为细微孔隙，具有少量的中微孔隙，因此，根据式（2-3）求出煤岩试样孔隙率及其分布情况，见表 2-4。

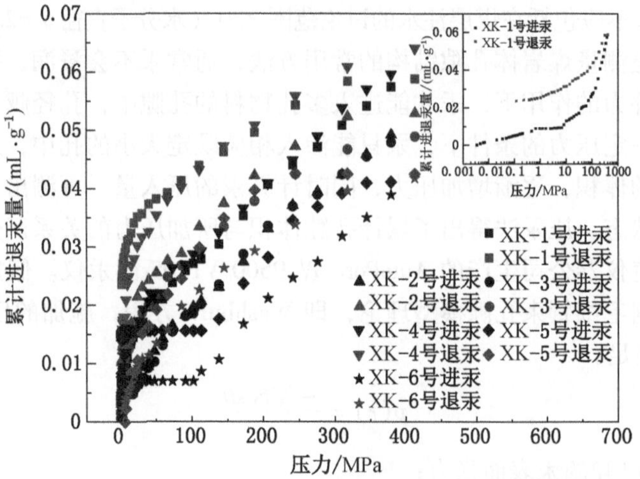

图 2-2　煤岩试样的累计进退汞量与压力的关系曲线

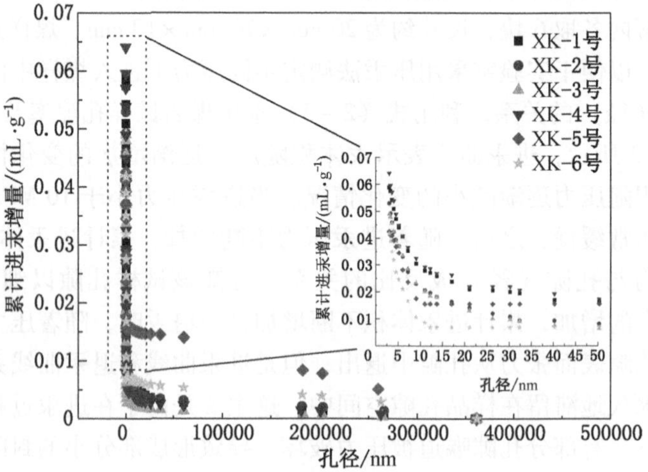

图 2-3　煤岩试样累计进汞增量与孔径的关系曲线

综上所述，从孔隙率分析结果来看，兴隆庄煤矿 10303 工作面平均孔隙率为 6.60%，总体满足《煤层注水可注性鉴定方法》（MT/T 1023—2006）、《煤矿安全规程》对可注水煤层关于孔隙率的要求。但由煤岩试验的孔隙度分布状况可知，工作面煤样孔径大于 0.01 μm 的孔隙占总孔隙的比例仅在 9% ~30% 之间，大部分孔隙为细微孔隙，具有少量的中微孔隙与半微孔隙，从而使煤的可注水孔隙占整个孔隙的比例相对较小，属于难注水煤层，从而造成工作面难注水，注水效果差。

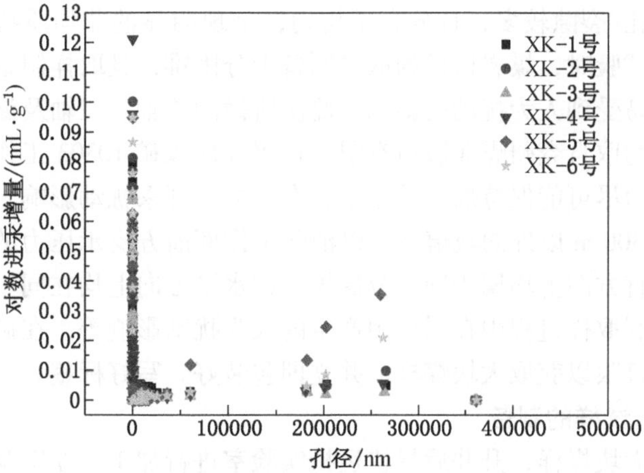

图2-4　煤岩试样的对数进汞增量与孔径的关系

表2-4　煤样孔隙率测定数据

煤样名称	孔隙率/%	孔径				
		<0.01 μm	0.01～0.1 μm	0.1～1.0 μm	1.0～10 μm	>10 μm
XK-1号	7.81	55.2%	26.56%	9.47%	6.47%	2.30%
XK-2号	6.48	64.81%	24.97%	0.33%	4.97%	4.92%
XK-3号	6.31	70.54%	22.15%	3.00%	2.59%	1.72%
XK-4号	7.49	56.43%	22.17%	13.32%	6.09%	1.99%
XK-5号	5.97	84.47%	0	0	1.82%	13.71%
XK-6号	5.51	87.98%	4.61%	0	1.41%	6.00%
平均值	6.60	69.91%	16.74%	4.35%	3.89%	5.11%

第二节　含水率对煤岩基本力学性能的影响

一、煤岩试样的制备与选取

（一）煤岩试样的现场选取

作为典型的沉积岩，受赋存环境与覆岩应力的作用，煤体的层理、节理较为发育，各种微孔/裂隙较多，且分布不均匀，呈现明显的非均质特性。在进行力学性质及渗透试验时，煤岩试样的取样制备十分困难，且取样制备过程中煤所受的原始状态极易受到人为扰动的影响。此次所做的单轴、三轴及渗透特性等试验所用煤岩试样均取自兖州煤业股份有限公司兴隆庄煤矿 10303 工作面。在取样制备的过程中，为尽可能保持煤样的原始状态，减少开采扰动影响，大块煤样均取自工作面前方 300 m 以外的轨道巷，以消除工作面前方支承压力的扰动影响，所取大块煤在垂直方向上均属于同一分层煤，在水平方向上均在同一位置附近。为最大限度地控制取样过程中在煤块中产生的人为扰动影响等，在矿井井下采用打眼机定向密集打眼以获取大块煤样，并立即包装好，写好标签。

（二）煤岩试样的制备

现场选取大块煤样，升井后尽快运抵实验室进行加工，在实验室对大块煤样进行钻、切、磨过程中，尽可能采用干钻、干切、干磨，在加工过程中，尽可能降低机床转速，以减少人为扰动的影响；在井下各取 10 余块大块煤样，加工后剔除表面有明显宏观裂隙的煤样，单轴、三轴及渗透特性等试验用标准煤样 60 余个；加工后煤样的高度、直径、平整度、光洁度、平行度均能达到岩石力学试验规范标准。图 2－5 为试验制取得到的部分煤岩试样。

(a)

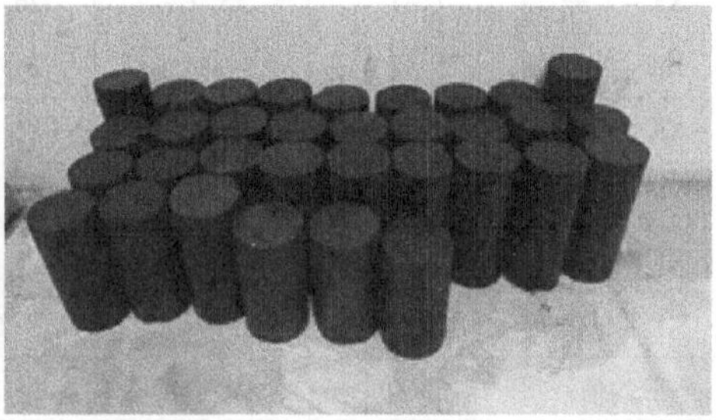

(b)

图 2－5　煤岩试样

（三）试验用煤岩试样的选取

由于煤岩的矿物组成及内部结构复杂多样，沉积环境千差万别，因此其强度等力学参数差别较大，在进行煤岩力学性质及相关试验研究时，经常需要对不同煤样在不同应力状态下的性能参数及变形特征进行对比分析，因为试样试验过程的不可重复性，在进行相关力学试验时应选择物理性状相一致的煤岩进行对比试验分析。超声波测速法通过测定超声波在岩石内的传播速度反映岩石工程质量的好坏、岩石材料的损伤程度、岩石的各向异性特征及其受力状态。由于声波速度测量过程不会对煤岩体造成损伤，因此制取试样后，根据需要在试验前采用超声波测速法对制备的煤岩试样进行筛选，采用声波速度、波形相近的试样进行试验。

超声波速度测量采用多功能超声波检测仪，煤样与传感器之间采用黄油作耦合，自动计算超声波检测数据，记录超声波传播波形，并自动检测、计算超声波在试样中的穿透时间与波速。波速测量示意如图2-6所示。

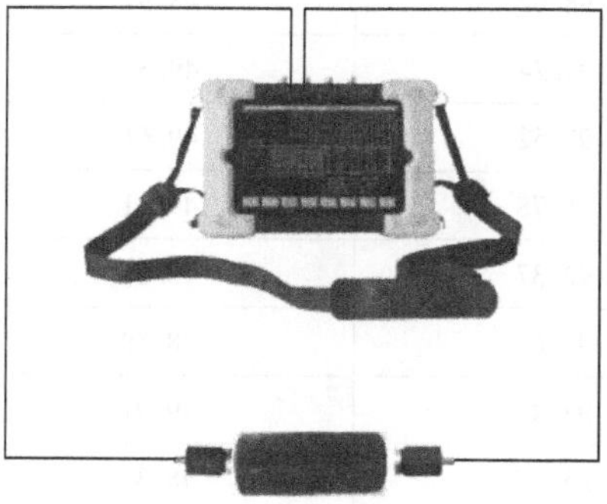

图2-6 波速测量示意图

对于煤等力学参数离散性较大的软岩。采取合理的采样制样方法，试验前采用超声波速度测试，选取纵波速度相近的试样进行强度等对比性试验。试验分为常规单轴压缩与三轴压缩力学试验、水力耦合作用下三轴压缩与渗流试验、煤岩蠕变特性试验，依据超声波速度测量结果，选取波速、波形相近的煤岩试样进行相关的试验研究。因此，根据试验方案设计，将XL-1～XL-6号试样用于单轴压缩力学试验，将XL-7～XL-22号试样用于三轴压缩力学试验，将XL-23～XL-30号试样用于水力耦合作用下三轴压缩力学试验，将XL-31～XL-34号试样用于水力耦合作用下渗流特性试验，将XL-35～XL-37号试样用于水力耦合作用下蠕变特性试验，以降低因强度离散性大而带来的盲目性。表2-5为兴隆庄煤矿试样波速测定结果。

表2-5 兴隆庄煤矿试样波速测定结果

试样编号	直径/mm	高度/mm	波速/(km·min^{-1})
XL-1号	101.78	49.50	1.00
XL-2号	99.62	49.24	1.06

表2-5（续）

试样编号	直径/mm	高度/mm	波速/(km·min^{-1})
XL-3号	99.81	49.82	1.07
XL-4号	101.92	49.38	1.14
XL-5号	98.79	50.01	1.14
XL-6号	100.70	49.86	1.14
XL-7号	98.62	48.97	1.20
XL-8号	94.24	49.31	1.24
XL-9号	97.52	49.61	1.27
XL-10号	96.78	49.11	1.30
XL-11号	92.37	48.86	1.32
XL-12号	97.65	48.58	1.33
XL-13号	93.42	49.91	1.33
XL-14号	95.27	48.37	1.37
XL-15号	94.32	48.95	1.40
XL-16号	95.18	49.61	1.43
XL-17号	97.37	49.26	1.44
XL-18号	94.85	49.78	1.45
XL-19号	91.22	49.51	1.48
XL-20号	97.73	48.95	1.50
XL-21号	89.87	49.83	1.50
XL-22号	100.65	49.18	1.52
XL-23号	97.58	49.83	1.53
XL-24号	100.80	49.85	1.53
XL-25号	99.77	49.08	1.55
XL-26号	98.60	50.00	1.60
XL-27号	97.95	49.79	1.62
XL-28号	97.89	49.80	1.67
XL-29号	101.07	50.00	1.69
XL-30号	98.93	49.39	1.71

表2-5（续）

试样编号	直径/mm	高度/mm	波速/($km \cdot min^{-1}$)
XL-31号	99.17	49.73	1.73
XL-32号	98.82	49.82	1.76
XL-33号	98.75	49.14	1.82
XL-34号	100.13	49.23	1.89
XL-35号	97.43	49.56	1.97
XL-36号	97.87	49.83	2.03
XL-37号	98.83	49.73	2.15

二、不同含水率煤岩基本力学性能试验与分析

对煤岩试样进行不同含水与浸泡状态下单轴压缩及三轴压缩试验，得出含水煤岩试样的单轴抗压强度、三轴压缩强度、弹性模量等基本力学参数以及相应的全应力-应变曲线随含水率增加的变化情况。通过煤岩基本力学性能试验，测定6种含水与浸泡状态下煤岩试样的基本力学参数，对比分析得出不同注水润湿条件下煤岩的力学性能变化规律。

（一）煤岩基本力学性能测定试验系统

采用RLJW-2000型岩石伺服压力试验机进行兴隆庄煤矿煤岩单轴、三轴压缩基本力学性能测定试验。RLJW-2000型岩石伺服压力试验机如图2-7所示，由轴向加载系统、围压系统、控制系统、计算机系统等组成，可以实现煤岩单轴、三轴、蠕变、应力松弛等多种试验。轴向加载系统包括轴向加载框架、压力室提升装置、伺服加载装置等。

RLJW-2000型岩石伺服压力试验机主要技术参数：

最大轴向力　2000 kN

试验力精度　±1%

位移精度　±1%

轴向变形测量范围　0~10 mm

径向变形测量范围　0~5 mm

变形测量精度　±1%

最大围压　60 MPa

围压精度　±2%

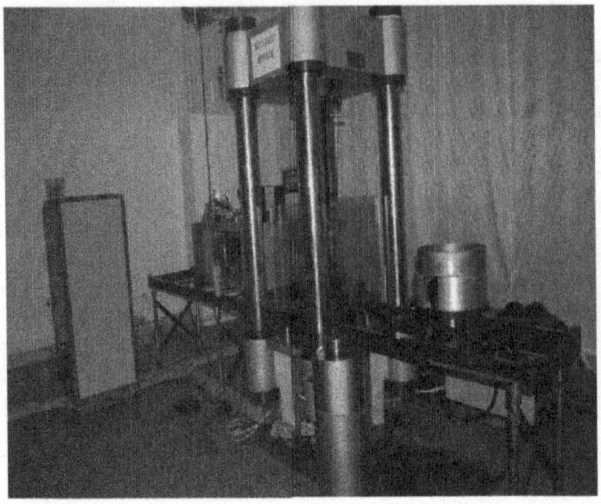

(a)

(b)

图 2-7　RLJW-2000 型岩石伺服压力试验机

（二）试验试样及试验方案

水对煤岩的强度有着重要的影响作用，为了探究不同含水状态及浸水时间对煤岩强度的影响作用，采用兴隆庄煤矿煤岩试样进行干燥、自然、浸泡 12 h、7 d 饱水及 14 d、21 d 浸泡处理，并利用 RLJW-2000 型岩石伺服压力试验机进行煤岩单轴、三轴压缩试验，以获取不同水环境下煤岩的力学性能变化情况。

利用真空干燥箱对试验煤岩试样进行干燥处理，同时按照《煤和岩石物理力学性质测定方法　第 5 部分：煤和岩石吸水性测定方法》（GB/T 23561.5—2009）以及《煤和岩石物理力学性质测定方法　第 6 部分：煤和岩石含水率测定方法》（GB/T 23561.6—2009）的相关要求对浸泡 12 h、7 d 饱水及 14 d、21 d 浸泡处理的试样含水率进行测定。测定过程中为了避免干燥处理对煤岩细观结构造成损伤，试验依据本章第二节的试验结果，取自然煤岩含水率为定值，仅测定浸泡 12 h、7 d 饱水及 14 d、21 d 浸泡处理的试样自然吸水率，其与原始含水率叠加为该试样的最终含水率。

对兴隆庄煤矿干燥、自然、12 h 浸泡、7 d 饱水及 14 d、21 d 浸泡 6 种含水状态的煤样分别进行单轴、围压为 5 MPa 下三轴压缩试验及围压 8 MPa、10 MPa、12 MPa、15 MPa、25 MPa 下自然与 7 d 饱水煤样三轴压缩试验。试样参数及试验条件见表 2-6。

表2-6　试样参数及试验条件

试验类型	试样编号	高度/mm	直径/mm	含水状态	含水率/%	围压/MPa
单轴压缩	XL-1号	101.78	49.50	干燥	0	0
	XL-2号	99.62	49.24	自然	2.35	
	XL-3号	99.81	49.82	0.5 d	3.77	
	XL-4号	101.92	49.38	7 d	4.83	
	XL-5号	98.79	50.01	14 d	4.86	
	XL-6号	100.70	49.86	21 d	4.87	
三轴压缩	XL-7号	98.62	48.97	干燥	0	5
	XL-8号	94.24	49.31	自然	2.35	
	XL-9号	97.52	49.61	0.5 d	3.57	
	XL-10号	96.78	49.11	7 d	4.92	
	XL-11号	92.37	48.86	14 d	4.94	
	XL-12号	97.65	48.58	21 d	4.95	
	XL-13号	93.42	49.91	自然	2.35	8
	XL-14号	95.27	48.37	7 d	4.87	
	XL-15号	94.32	48.95	自然	2.35	10
	XL-16号	95.18	49.61	7 d	4.91	
	XL-17号	97.37	49.26	自然	2.35	12
	XL-18号	94.85	49.78	7 d	4.69	
	XL-19号	91.22	49.51	自然	2.35	15
	XL-20号	97.73	48.95	7 d	5.02	
	XL-21号	89.87	49.83	自然	2.35	25
	XL-22号	100.65	49.18	7 d	4.89	

（三）不同含水煤岩试样单轴压缩基本力学性能试验与分析

在煤岩试样单轴压缩试验过程中，先将试样对准上下承压板，然后用耐油热缩橡胶保护套将试样套住，加装引伸计，并调整好试样的位置（图2-8），将其一起放入试验台，调整试样、承压板位置，使其精确对准，保持在同一轴线上，利用主油缸加载提升试验台，使得试样与承压板充分接触，其以0.1 mm/min的位移加载速度施加轴向载荷，直至试样破坏，记录破坏载荷。

图 2-8　煤样单轴压缩试验试样及引伸计

在单轴压缩应力下，从逐步发展的裂隙和累计变形来说，煤体产生纵向压缩和横向扩张，当应力达到某一量级时，体积开始膨胀出现初裂，然后裂隙继续发展，最后导致破坏。图 2-9 为煤岩试样单轴压缩全应力-应变曲线，煤体在单轴压缩载荷下的应力-应变响应经历了 4 个阶段：第一阶段，*OA* 段曲线向上凹，应变速率大于应力速率，为原生裂隙压密闭合阶段；第二阶段，*AB* 段近似直线，为弹性变形阶段；第三阶段，*BC* 段曲线向下凹，应变速度增长很快，伴随着新裂隙产生、扩展贯通，为塑性变形段，*C* 为强度极限；第四阶段，*CD* 段应力降低，变形增大，裂隙加密贯通，呈现不稳定增长，为应变软化阶段。可见煤岩的这种变形特征与其内部孔/裂隙的加密、扩展、动态演化过程密切相关。

在试验加载过程中，煤样的轴向弹性模量随着加载过程的变化而发生改变，因此，煤岩的弹性模量并不是一个唯一确定的常数。目前，计算岩石试样弹性模量的方法很多，最常用的有以下 3 种方法（图 2-9）：

（1）切线弹性模量（E_t）：在达到峰值强度的某一数值（通常为 50%）时轴向应力-应变曲线的斜率。

（2）割线弹性模量（E_s）：连接坐标原点和轴向应力-应变曲线上某一点的直线斜率，此点为峰值强度的某一数值。

（3）平均弹性模量（E_{av}）：轴向应力-应变曲线中近似直线区段的平均斜率。

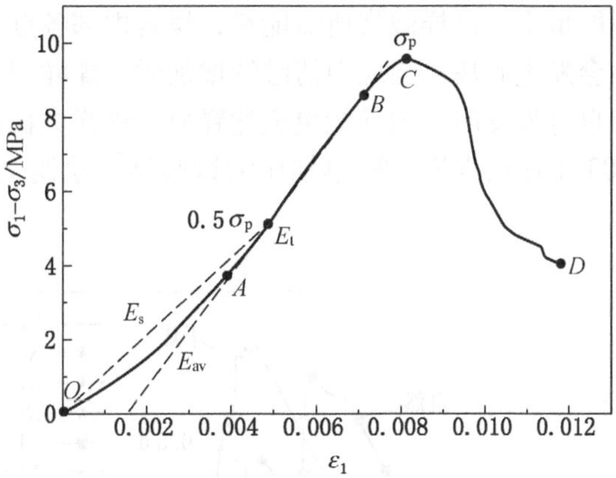

图2-9　煤岩试样单轴压缩全应力-应变曲线（XL-6号）

切线弹性模量实际上是微小割线的斜率，计算时涉及应力、应变两个量的比值，其精度须仔细判断，因而应用较少。割线弹性模量多采用应力为试样强度的50%时的应力、应变比值，而平均弹性模量受试验条件的影响较小，表示应力与应变的变化关系，因此较多采用平均弹性模量来表征岩石变形特性。为此，在确定试样煤岩力学参数时，取全应力-应变曲线中峰前直线弹性段的平均弹性模量为试样的弹性模量，取应力-应变变化曲线峰值强度为该煤样的强度极限（σ_p）；根据经验，取强度极限65%处的泊松比为试样的泊松比。煤岩试样单轴压缩试验测试结果见表2-7。

表2-7　煤岩试样单轴压缩试验测试结果

试样状态	试样编号	高度/mm	直径/mm	强度极限/MPa	弹性模量/MPa	泊松比
干燥	XL-1号	101.78	49.50	18.02	2303.15	0.30
自然	XL-2号	99.62	49.24	16.68	2320.47	0.29
0.5 d	XL-3号	99.81	49.82	13.33	2173.93	0.30
7 d	XL-4号	101.92	49.38	11.10	1836.97	0.33
14 d	XL-5号	98.79	50.01	10.38	1510.26	0.44
21 d	XL-6号	100.70	49.86	9.59	1392.65	0.43

1. 煤岩试样单轴压缩试验分析

煤岩的失稳破坏过程是一个时间与能量的积累过程。当煤样处在稳定状态时，煤样内部蓄积能量小于试样破裂所需能量，煤岩内部各点所受的应力总和小于其强度极限，不会发生破坏。当应力值继续增加时，煤样变形能缓慢积累，当煤岩内部应力大于自身强度时，内部能量突然释放，煤样失稳破坏就会发生。根据兴隆庄煤矿 10303 工作面煤岩试样单轴压缩试验结果绘制全应力－应变曲线，如图 2－10 所示。

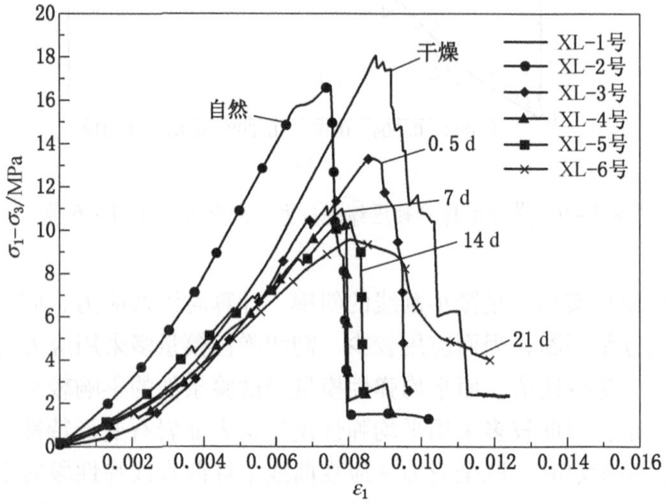

图 2－10　煤岩试样单轴压缩试验

煤岩试样单轴压缩试验全应力－应变曲线与一般岩石的全应力－应变曲线相类似，由于煤体是典型的双重孔隙介质，其内部含有孔/裂隙等微细结构，孔/裂隙在受到轴向载荷作用下，逐渐被压实闭合，在应力－应变曲线上呈现向上凹的态势，应变速率大于应力速率。此外，实测曲线呈现锯齿状，从宏观上讲，应力－应变曲线呈连续变化现象，但从微观上看，煤体的变形和破裂是非连续的、阵发性的，只有当煤体中的变形能积聚到一定程度时才能引起破裂，而每次的破裂均会引起弹性能释放，当煤体中裂纹尖端附近的能量不足以引起微裂纹继续扩展时，裂纹扩展中止，煤体中继续积累能量。因此，在煤岩试样发生主要失稳破裂之前，在试验的全过程中还伴随能量的积聚与局部区域阵发性的微小破坏。随着煤体载荷的增加，微小裂纹也不断萌生贯通，当煤体中产生的大量微裂纹逐渐汇合、贯通时，煤体的整体承载能力开始下降，并最终发生失稳破坏。在兴隆庄煤矿 10303 工作面煤岩试样单轴压缩试验过程中，煤样从稳定状态过渡到非稳定状态，除浸泡时间较长的 XL－6 号煤样外，失稳破坏均瞬间发生，表现为图 2－

10 中应力达到强度极限峰值后曲线出现急剧突变下降现象，并带有明显破裂声，呈现脆性断裂。

2. 不同含水状态对煤岩试样单轴压缩力学性质的影响分析

国内外研究结果表明岩石强度与其容重、孔隙率、含水率、煤体结构以及煤岩变质程度等有关，在煤炭地下开采过程中，由于受到煤层赋存环境的影响，煤体多处于不同程度的水环境中，此外，水分以内水与外水的形式存在于煤体的细观结构中，均对煤岩的物理力学性质产生影响。上述单轴压缩试验结果也表明处于不同水环境下的煤岩力学性质将发生不同程度的改变，煤岩试样的强度极限与弹性模量均随着含水率的增加而降低，泊松比随着含水率的增加呈现增大的趋势，如图 2－11 所示。较自然煤样而言，干燥试样的强度极限提高了 8%，而浸泡 0.5 d、7 d、14 d、21 d 的试样强度极限分别降低了 20%、33%、38%、43%；干燥试样的弹性模量与自然煤岩的弹性模量基本相同，而浸泡 0.5 d、7 d、14 d、21 d 的试样强度分别降低了 6%、21%、35%、40%。由此，水分的存在对煤岩的强度与变形具有重要影响，其强度极限与弹性模量随着含水率与浸泡时间的增加呈非线性降低，煤岩吸水饱和后，其强度极限与弹性模量的降低幅度逐渐趋于平缓。水对煤岩有软化作用，水使得煤岩颗粒间自由水增加，结合水膜变厚，分子引力减小，从而使得颗粒之间更容易发生相对错动，宏观上表现为强度降低、易变形。在相同的载荷下，饱水状态煤样的强度极限和弹性模量小于干燥与自然状态下的煤样，且饱水状态下破碎后的小煤岩体较易填充到孔隙中，因此，在相同的应力下，饱水状态下的破碎煤岩变形量比干燥、自然状态下的大。

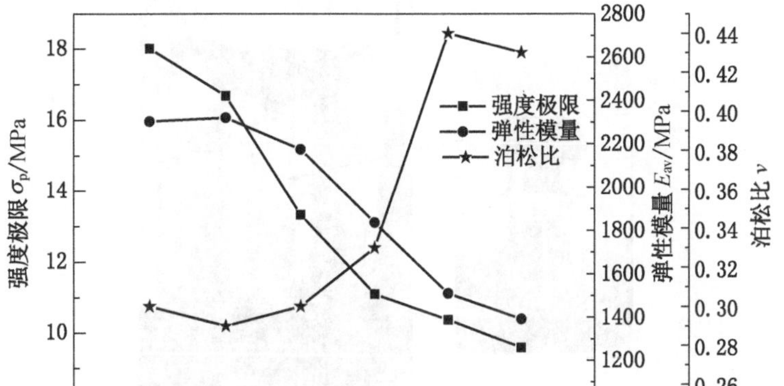

图 2－11 不同水环境对煤岩试样单轴压缩力学性质的影响

（四）不同含水状态下煤岩试样三轴压缩力学性能试验与分析

在煤矿井下采动过程中，煤层及其顶底板岩石总处于一定地应力作用下，受单轴载荷作用的情况极少，大多数处于二向或三向受力状态，因此，为了研究不同含水状态对煤岩力学性能的影响，尚需对不同地应力作用下不同含水状态的煤岩进行三轴压缩试验。岩石力学试验机对岩石试样进行三轴压缩试验是研究岩石强度和变形特性及岩石破裂发展过程的基本手段之一，已取得了丰硕成果。在解决矿井工程地质和技术问题方面，对煤岩体质量和稳定性做出评价时，必须了解煤岩在不同围压作用下的变形及强度特征，为此，利用 RLJW－2000 型岩石伺服压力试验机对兴隆庄煤矿 10303 工作面干燥、自然、浸泡 0.5 d、7 d 饱和与 14 d、21 d 6 种不同含水状态下的煤岩试样进行围压 5 MPa 下的三轴压缩试验。同时为了考察地应力环境对煤岩力学性质的影响作用，选取自然、浸泡 7 d 饱水煤岩试样分别进行围压 8 MPa、10 MPa、12 MPa、15 MPa、25 MPa 下的三轴压缩试验，以考察地应力对煤岩的强度、变形等影响作用。

1. 不同含水状态下煤岩试样三轴压缩试验

在煤岩试样三轴压缩试验过程中，先将试样对准上下承压板，然后用耐油橡胶或乳胶质保护套将试样套住，将试样放入引伸计，并调整好试样的位置，一起放入三轴压力室内（图 2－12），调整试样、承压板与球座的位置，使三者精确对准，保持在同一轴线上，连通油压管路，向压力室注油，同时打开压力室排气阀，排除压力室空气，直至油液达到预定的位置为止，关闭排气阀密闭压力室。

图 2－12　煤岩试样三轴压缩试验测试装置

试验时，先将围压与轴压分别以 50 N/s、100 N/s 的速度加载到预定静水压力水平，然后以 0.1 mm/min 的位移加载速度施加轴向载荷，直至试样破坏，记录破坏载荷。

如图 2－9、图 2－13 所示，煤岩试样三轴压缩试验应力－应变曲线基本与单轴压缩形式类似，但煤岩试样三轴压缩试验时，预先将试样加载至静水压力水平，从而使得煤岩内部原生孔/裂隙被压密闭合，造成三轴压缩应力－应变曲线中未出现单轴压缩应力－应变曲线中的 *OA* 原生裂隙压密闭合阶段，而直接呈现 *AB* 近似直线段。此外，煤岩试样三轴压缩弹性模量仍采用平均弹性模量来表征岩石变形特性，煤岩试样三轴压缩试验结果见表 2－8。

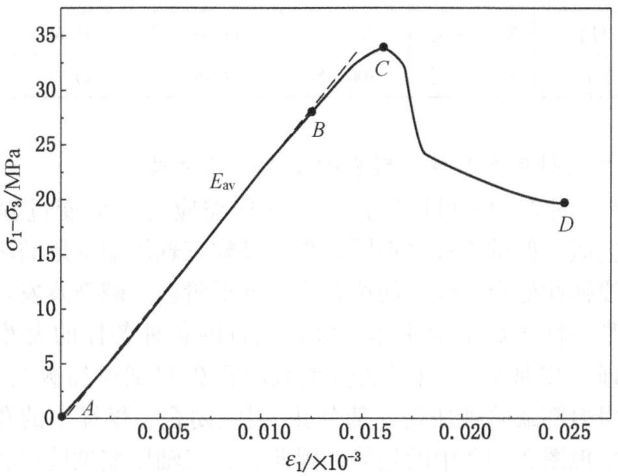

图 2－13　煤岩试样三轴压缩全应力－应变曲线（XL－12 号）

表 2－8　煤岩试样三轴压缩试验结果

围压/MPa	试样状态	试样编号	高度/mm	直径/mm	强度极限/MPa	弹性模量/MPa
5	干燥	XL－7 号	98.62	48.97	46.67	3743.79
	自然	XL－8 号	94.24	49.31	43.74	3345.37
	0.5 d	XL－9 号	97.52	49.61	41.52	3253.64
	7 d	XL－10 号	96.78	49.11	40.69	2078.69
	14 d	XL－11 号	92.37	48.86	39.76	1437.58
	21 d	XL－12 号	97.65	48.58	38.85	1350.78

表2-8（续）

围压/MPa	试样状态	试样编号	高度/mm	直径/mm	强度极限/MPa	弹性模量/MPa
8	自然	XL-13号	93.42	49.91	50.29	4110.72
	7 d	XL-14号	95.27	48.37	43.49	2697.89
10	自然	XL-15号	94.32	48.95	62.76	4703.47
	7 d	XL-16号	95.18	49.61	50.59	3070.29
12	自然	XL-17号	97.37	49.26	71.28	5620.84
	7 d	XL-18号	94.85	49.78	59.51	3488.15
15	自然	XL-19号	91.22	49.51	78.57	6169.27
	7 d	XL-20号	97.73	48.95	65.83	3944.43
25	自然	XL-21号	89.87	49.83	91.64	6578.23
	7 d	XL-22号	100.65	49.18	80.71	4578.23

2. 煤岩试样三轴压缩条件下煤岩的变形破坏过程

由图2-10、图2-14可以看出，三轴压缩应力-应变过程同单轴压缩应力-应变过程类似，但试验程序不同，煤岩试样三轴压缩变形破坏过程分为4个阶段，即表观线弹性变形阶段、加速非弹性变形阶段、破裂及发展阶段、塑性流动阶段。煤岩是一种微观不均质体，含有大量的各种各样的天然缺陷（如微孔隙、裂隙、层理、节理等），由于试验加载时预先将试样加载至静水压力水平，而在此阶段煤岩内部缺陷被压密，部分孔/裂隙闭合，煤样中的孔隙比减小，应力-应变曲线呈现图2-10中的趋势，因此，在三轴压缩试验过程中，在较大的围压作用下，煤样中的微缺陷已在很大程度上被压密闭合，轴向加载时初始压密阶段显得不明显。继续增加轴向载荷，煤样稳定承载，表现为相对明显的线弹性，如前所述，该阶段并非严格意义上的线弹性，也称为表观线弹性变形阶段。之后，增加轴向应力，变形继续增加，煤样中开始出现新的裂隙，并随着应力增加，裂隙的数量及尺度逐步增加，大量裂隙开始连接贯通，最终使煤样承载结构失稳，并沿一定结构面发生剪切滑移，产生贯通的宏观裂隙，煤样失去承载能力，应力-应变曲线转为下降趋势，进入破裂及发展阶段，裂隙加密贯通，并逐渐发展到煤体残余破碎或破碎块体挤压变形阶段。在三轴压缩试验中，由于受到侧向围压的限制作用，虽然随着塑性变形的持续发展，煤岩承载能力持续下降，但下降趋势趋于平缓，在围压的作用下，煤岩最终达到松动、破碎的残余强度，尤其是在高围压的作用下，图2-14中XL-21号试样达到峰值强度之后，在25 MPa高围压的作用下破碎煤岩承载能力呈现上升趋势。

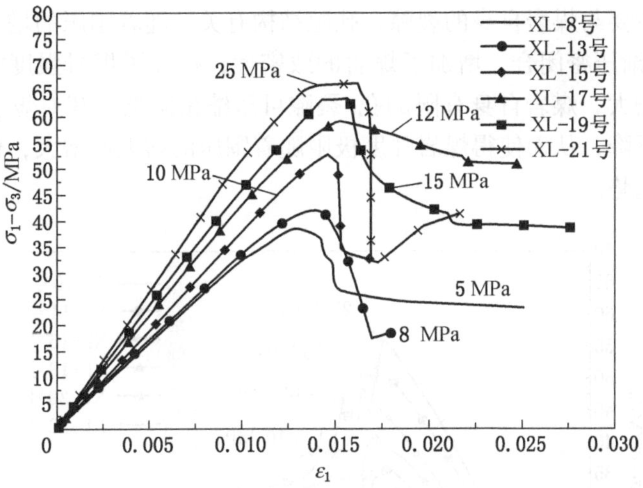

图2-14　不同围压下自然煤岩试样三轴压缩应力-应变曲线

3. 围压对煤岩力学性能的影响

通过大量的岩石试验证明：随着围压的增大，大部分岩石表现出由线弹性材料转变为弹塑性材料，其延性变形逐渐增大的现象。在临界围压条件下，岩石出现屈服平台，呈现塑性流动现象，达到临界围压以后，即使继续增大围压，也不再出现峰值，应力-应变呈单调增长趋势。由图2-14、图2-15可以看出，随着围压的增大，煤岩试样的延性变形逐渐增大，但均未出现屈服平台。同其他坚硬岩石一样，围压对煤的强度影响非常明显，随着围压的增大，煤的强度极限随之增大，煤的强度极限随围压的增大而增大，呈非线性关系。当围压较小时，轴向强度极限随围压的增大而增大的幅度较大；当围压增加到一定程度后，轴向强度极限随围压的增大而增大的幅度变小。具体而言，与围压为5 MPa条件下煤岩强度极限相比，自然含水煤岩在围压为8 MPa、10 MPa、12 MPa、15 MPa、25 MPa时，强度极限分别提高了14.99%、43.5%、62.96%、79.65%、100.95%，可见，煤岩的强度极限随着围压的增大得到了不同程度的提高，且5种围压应力状态下1 MPa的围压增幅使得强度极限分别增大了2.198 MPa、3.808 MPa、3.938 MPa、3.488 MPa、2.398 MPa。同自然含水煤岩相类似，饱水煤岩在围压为8 MPa、10 MPa、12 MPa、15 MPa、25 MPa时，强度极限分别提高了6.89%、24.34%、46.27%、61.79%、98.36%，且5种围压应力状态下1 MPa的围压增幅使得强度极限分别增大了0.93 MPa、1.98 MPa、2.69 MPa、2.51 MPa、2.00 MPa。可见，不同围压作用下，煤岩的强度极限提高情况各不相同，呈现出先增大后降低的趋势，这主要与煤岩自身的裂隙、孔隙结构有关。随着围压的增大，煤岩原生孔/裂隙被逐渐压密闭合，增加了煤岩的致密性，提高了煤岩强度极限，但随着围压的继续增大，煤岩自身有限的孔/裂隙可压缩量降低，其对煤岩强度极限的贡献量也将下降，从而使得煤岩强度极限随着围压的增大而增大，但呈现出增幅逐渐变缓的趋势。

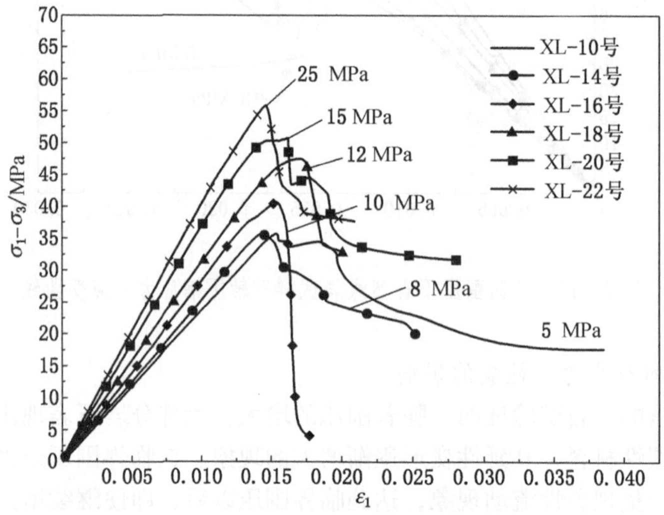

图2-15　不同围压下饱水煤岩三轴压缩应力-应变曲线

因此，随着围压条件的增大，煤岩试样的破坏主应力差以及强度极限也随之增加，即破坏煤岩试样所需要的最大轴向力随之增大。

图2-16为不同状态下煤岩试样强度极限与围压变化曲线，可以看出自然与饱和含水状态下煤岩强度极限与围压之间均呈非线性关系，二者的拟合关系分别为

$$\sigma_p = -0.1137\sigma_3^2 + 5.932\sigma_3 + 14.64 \tag{2-4}$$

$$\sigma_p = -0.04712\sigma_3^2 + 3.558\sigma_3 + 21.62 \tag{2-5}$$

拟合相关系数分别为0.9816、0.9748（单轴压缩试验数据不参与拟合）。

图2-17为不同状态下煤岩试样弹性模量与围压变化曲线。由于煤中存在大量的原生孔/裂隙，孔隙结构发育，在围压的作用下，孔/裂隙被压密闭合，使煤岩刚度增大，弹性模量随之增大。但煤的弹性模量与围压之间并非呈线性关系，在围压较小时，弹性模量随围压的增大而增大的幅度较大，当围压增大到一定程度后，弹性模量随围压的增大而增大的幅度逐渐变小，围压对弹性模量的影响在一定程度上体现了煤岩内部的原生损伤状况。具体而言，自然含水状态下，与围压

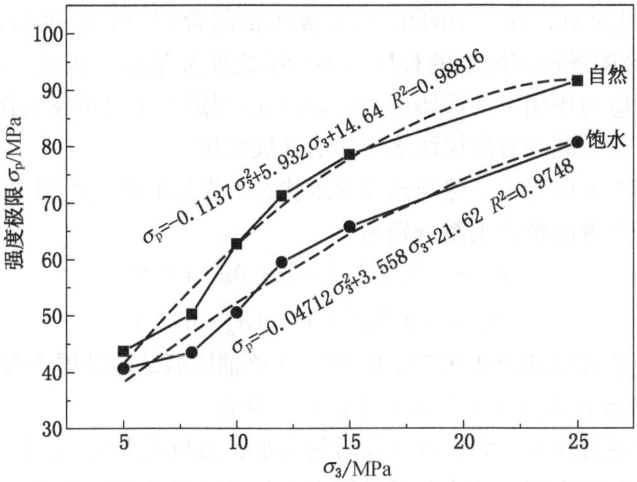

图 2-16 不同状态下煤岩试样围压与强度极限变化曲线

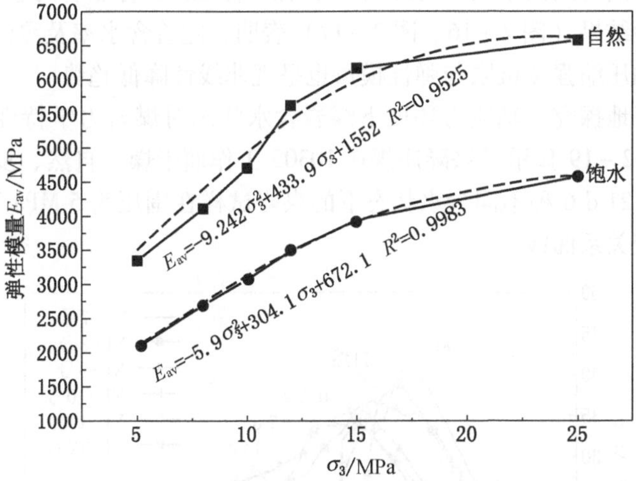

图 2-17 不同状态下煤岩试样弹性模量与围压变化曲线

为 5 MPa 时相比，围压为 8 MPa、10 MPa、12 MPa、15 MPa、25 MPa 时，弹性模量分别提高了 9.80%、25.63%、50.14%、64.79%、75.71%。对于饱水状态下具有同样的性质，在围压为 5 MPa 时，与单轴压缩时相比，煤岩试样弹性模量增加了 65.48%，与围压为 5 MPa 时相比，在围压为 8 MPa、10 MPa、12 MPa、15 MPa、25 MPa 时，弹性模量分别提高了 20.79%、47.70%、67.81%、89.76%、

120.25%。由此可见，煤岩中的孔/裂隙被压密闭合到一定程度后，即使继续增大围压，孔/裂隙被压密闭合的程度也不会随之明显增加。因此，在深部开采阶段，处于高地应力作用下的原始应力区煤层孔/裂隙处于高度密实闭合状态，孔/裂隙不发育，严重制约着煤层注水工作的开展应用。

由图2-17可以看出自然与饱和含水状态下煤岩的弹性模量与围压之间均呈非线性关系，二者的拟合关系分别为

$$E_{av} = -9.242\sigma_3^2 + 433.9\sigma_3 + 1552 \tag{2-6}$$

$$E_{av} = -5.9\sigma_3^2 + 304.1\sigma_3 + 672.1 \tag{2-7}$$

拟合相关系数分别为0.9525、0.9983（单轴压缩试验数据不参与拟合）。

4. 不同含水状态对煤岩三轴力学性质的影响

煤层注水通过注入压力水改变煤岩的含水状态与浸水时间，使得煤岩强度弱化，起到卸压防冲作用，其主要通过压力水与煤体间的相互作用，改变煤体自身的物理、化学及力学性质。不同含水状态煤岩试样单轴压缩试验结果证明，煤岩含水状态及浸泡时间的不同，对煤岩的单轴压缩强度有着显著的影响。煤岩试样三轴压缩试验结果（图2-16、图2-17）表明，随着含水率及浸泡时间的增加，煤岩试样三轴压缩强度极限与弹性模量也呈现非线性降低趋势。

为了更好地探究三轴应力环境下煤岩含水状态对煤岩力学特性的影响作用，图2-18、图2-19显示了兴隆庄煤矿10303工作面干燥、自然、浸泡0.5 d、7 d饱和与14 d、21 d 6种不同含水状态下的煤岩试样在围压为5 MPa下三轴压缩试验应力-应变关系曲线。

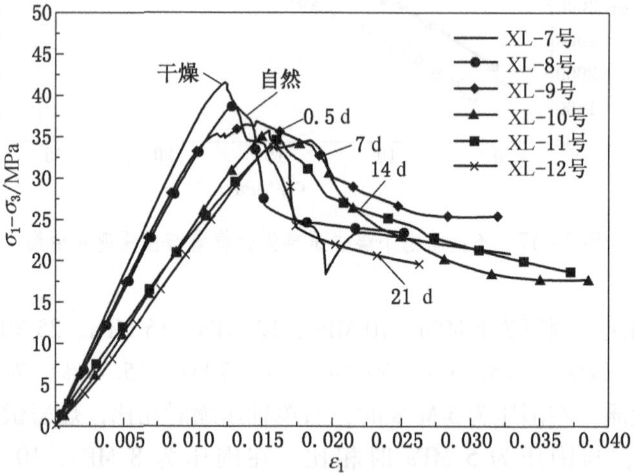

图2-18　不同含水状态下煤岩试样三轴压缩应力-应变曲线

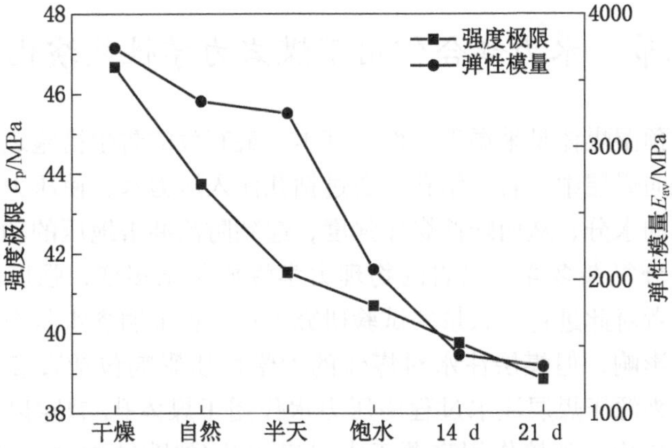

图 2－19　不同含水状态下煤岩试样三轴强度与弹性模量变化曲线

由图 2－18、图 2－19 可以看出，在相同围压条件下，煤岩强度极限与弹性模量随着含水率的增加不断降低。较自然煤样而言，干燥试样的强度极限提高了 6.71%，浸泡 0.5 d、7 d、14 d、21 d 的试样强度极限分别降低了 5.08%、6.98%、9.11%、11.17%；干燥试样的弹性模量比自然煤岩的弹性模量提高了 11.91%，而浸泡 0.5 d、7 d、14 d、21 d 试样的强度极限分别降低了 2.74%、37.86%、57.03%、59.62%。因此，水分的存在对煤岩的强度极限与变形具有重要影响，其强度极限与弹性模量随着含水率与浸泡时间的增加呈非线性降低，煤岩吸水饱和后，其强度极限与弹性模量的降低幅度逐渐趋于平缓。

煤岩浸水后，水进入微裂隙和孔隙中，在外部应力场的作用下，以孔隙水压的方式叠加到外部应力场，对煤岩产生力的作用，水对受力煤岩产生力学效应，受煤岩中含水量的制约。在煤岩变形过程中，水以应力腐蚀方式对岩石内部微裂隙的发生和发展起着极其重要的作用。已有研究结果表明，应力腐蚀是水对受力煤岩作用的一种主要方式，其作用包括作用应力的迁移和被吸收、裂隙面发生作用、作用产物的排出和迁移等过程。具体而言，水对煤岩的应力腐蚀主要表现在孔隙水压作用下使煤岩的黏结力减小、内摩擦因数降低和孔隙水压作用。煤岩受压过程中，孔隙体积的减少会引起孔隙水压增加，对裂隙附近煤岩产生附加应力，触发裂隙扩展，显著影响煤岩试样单轴压缩破坏，使煤岩的强度极限降低。同时在加载过程中，水在煤岩颗粒间充当润滑剂作用，使煤岩颗粒间更易发生滑动，水的作用减弱了颗粒内部的分子间作用力，使煤岩更易破碎。在煤岩承受拉伸载荷、产生拉伸变形时，孔隙水对强度的影响主要体现为黏结力弱化。

第三节 水力耦合作用下煤岩力学性能演化规律

煤层注水预湿煤体是采掘工作面最基本、最有效的防尘措施之一，其在生产作业之前预先向煤层中打若干钻孔，通过钻孔注入压力水，使压力水渗入煤体内部，增加煤体的水分，从而降低煤体强度，起到防治冲击地压的功效。由于煤岩微结构及微组分复杂多样，煤岩的物理力学性质复杂多变，强度较低，离散性大，国内外学者对此进行了大量的试验研究工作，也证明含水状态不同会对煤岩力学产生明显影响，但煤层注水对煤体的力学性质影响包括直接与间接两个方面。直接作用来源于煤层注水过程中压力水作用于煤体孔/裂隙以及节理面的静水压力和动水压力；间接作用来源于水对煤体孔/裂隙结构的溶蚀损伤。因此，为了系统地研究煤层注水压力对煤岩力学性质的影响作用，采用 TAW－2000 型岩石力学试验机对兴隆庄煤矿煤岩试样进行孔隙水压作用下的煤岩试样三轴力学性能试验，以研究围压与孔隙水压对煤岩力学性质的影响。

一、水力耦合煤岩力学性能测定试验装置

由于 RLJW－2000 型岩石伺服压力试验机不能实现对煤岩试样进行孔隙水压的加载，因此，水力耦合煤岩力学性能测定试验采用 TAW－2000 型电液伺服岩石三轴仪进行试验，如图 2－20 所示。TAW－2000 型电液伺服岩石三轴仪是可用于研究煤和岩石在多种环境下力学性质的试验设备，可自动完成煤或岩石的单轴压缩试验、三轴压缩试验、循环载荷试验、渗流试验以及流变试验等多种形式的长时间变形试验。

TAW－2000 型电液伺服岩石三轴仪采用高刚度加载主机，最大围压可达 60 MPa，轴向载荷为 2000 kN。该试验系统由轴向加载系统、围压加载系统、伺服系统、控制系统、数据采集和自动绘图系统等组成。轴向加载框架具有较高的刚度。稳压系统采用先进的伺服电机、滚轴丝杠和液压等技术组合，具有新颖独特的结构形式。该试验系统配置德国 DOLI 公司全数字伺服控制器（EDC），并提供了功能很强的控制软件，具有以下突出特点。

（1）轴向、围压加载系统的控制部分采用德国 DOLI 公司全数字伺服控制器，具有加载分辨率高、加载平稳、控制波动度较小等优点；可采用力控制或变形控制，也可在试验过程中进行控制方式的平滑切换；在长时间的试验过程中，可进行间断控制，控制方式和间隔时间可根据需要设置。

（2）稳压系统采用交流伺服电机进行自动稳压，不受环境温度、湿度的影

响，长时间稳定性能良好。数据采集系统软件在 Windows 操作平台上运行，可自动进行数据处理。

（3）试验过程中断电对试验影响较小。断电 7 h 以内，在不进行手动补偿的情况下，压力下降不到 1%；如进行手动补偿，则可保持稳压值。

（4）配置了可工作 16 h 的不间断电源，可保证试验数据的连续采集和存储。

（5）全方位的保护系统，包括超载保护、限位保护、过流过压超温保护；过载停机和液压油状态提示等安全保护功能保证了仪器可长时间无人自动工作。

图 2－20　TAW－2000 型电液伺服岩石三轴仪

设备可测的性能参数：

轴向最大载荷　　2000 kN

测力分辨率　　20 N

最大围压　　60 MPa

围压测量精度　　±1%

围压分辨率　　0.1 MPa

岩样尺寸　　ϕ50 mm×100 mm、ϕ75 mm×150 mm、ϕ100 mm×200 mm

变形测控范围　　轴向 0～10 mm，径向 0～5 mm

测量分辨率　　0.0001 mm

变形速度控制范围　　0.01～50 mm/min

最大孔隙水压　　50 MPa

水压测控精度　　±2%

水压分辨率　　0.1 MPa

二、试验试样及试验方案

为了研究注水压对煤岩力学性质的影响，试验前先将试验煤样置于水中自然浸泡7 d，使其达到自然浸泡饱和状态，并在试验时将处于静水压力水平的煤岩试样加载预定孔隙水压，直至试样达到该孔隙水压下的饱和状态，如图2-21所示。

(a)　　(b)

图2-21　试验煤样

试验采用恒定水压与动水压两种孔隙水压加载方式，恒定水压分别为3.5 MPa、6 MPa、8 MPa，动水压采取2~6 MPa交变循环水压与2~8 MPa交变循环水压。此外，为了进一步考察围压对水力耦合作用下煤岩力学性能的影响作用，分别进行孔隙水压（P_1）为3.5 MPa、围压（σ_3）分别为5 MPa、8 MPa、10 MPa、12 MPa条件下的煤岩试样三轴压缩试验，试验应力路径如图2-22所示。

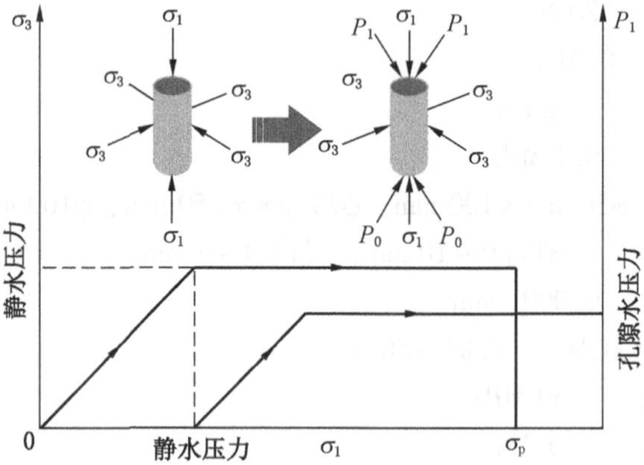

(a)

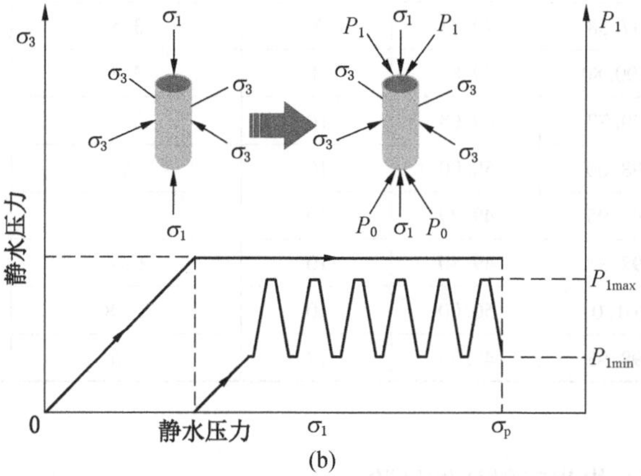

(b)

P_0—大气压力；σ_1—轴向应力；σ_p—峰值应力

图 2－22 水力耦合三轴压缩试验应力路径

其中，交变循环水压以梯形加载方式进行，如图 2－23 所示。水压上限为 P_{1max}，水压下限为 P_{1min}，水压循环增幅为 ΔP，水压循环加载速率为 2 MPa/min，T 为循环加载周期，水压恒定作用时间（Δt）为 2 min。

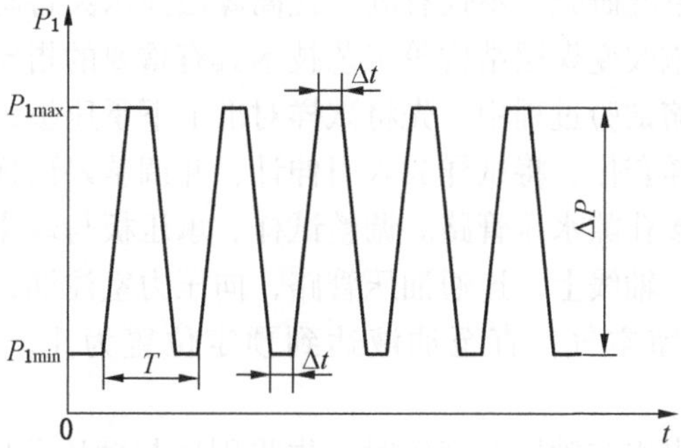

图 2－23 孔隙水压循环加载方式示意图

水力耦合三轴压缩试验试样参数及试验条件见表 2－9。

表2-9 水力耦合三轴压缩试验试样参数与试验条件

煤样编号	高度/mm	直径/mm	围压/MPa	孔隙水压 P_1/MPa	孔隙水压 P_0/MPa
XL-23号	97.58	49.83	5	3.5	大气压力
XL-24号	100.80	49.85	8	3.5	
XL-25号	99.77	49.08	10	3.5	
XL-26号	98.60	50.00	10	6	
XL-27号	97.95	49.79	10	8	
XL-28号	97.89	49.80	10	2~6	
XL-29号	101.07	50.00	10	2~8	
XL-30号	98.93	49.39	12	3.5	

三、水力耦合煤岩三轴压缩试验

水力耦合作用下岩石的力学特性和破坏机制研究是岩土力学领域的前沿课题之一，这是一个力学过程与渗流过程相互作用的物理过程，水压在刺激岩石裂纹产生和加速岩石破裂的过程中，对岩石的变形破坏特征和破坏机制有显著的影响。煤层注水过程即为典型的水力耦合作用下的煤层物理、力学性能变化过程，煤体在一定的静水或动水渗透压力作用下所产生的化学、物理和力学作用往往改变煤体的承载能力，进而影响煤层覆岩应力的分布，因此，对不同孔隙水压作用下的煤岩强度进行系统研究，不仅有利于提高煤层注水灾害防治工作的功效，而且对其他水力化措施改变煤层结构等工艺技术具有重要的指导作用。

在煤岩三轴压缩试验过程中，先将试样对准上下承压板，然后用耐油橡胶或乳胶质保护套将试样套住，将试样放入引伸计，并调整好试样的位置，一起放入三轴压力室内，连接孔隙水压管路。调整试样、承压板与球座的位置，使三者精确对准，保持在同一轴线上，连通油压管路，向压力室注油，同时，打开压力室排气阀，排出压力室空气，直至油液达到预定位置为止，关闭气阀，关闭压力室。

进行水力耦合煤岩三轴压缩试验时，先将围压与轴压分别以50N/s、100N/s的速度加载到预定静水压力水平，然后以100N/s的速度加载进水端孔隙水压（P_1）达到试验预定值，出水端与大气相通，因此，出水端孔隙水压（P_0）即为大气压，然后以0.1 mm/min的位移加载速度施加轴向载荷，直至试样破坏，记录破坏载荷。依据试验监测数据绘制典型水力耦合煤岩三轴压缩应力-应变曲线，如图2-24所示。

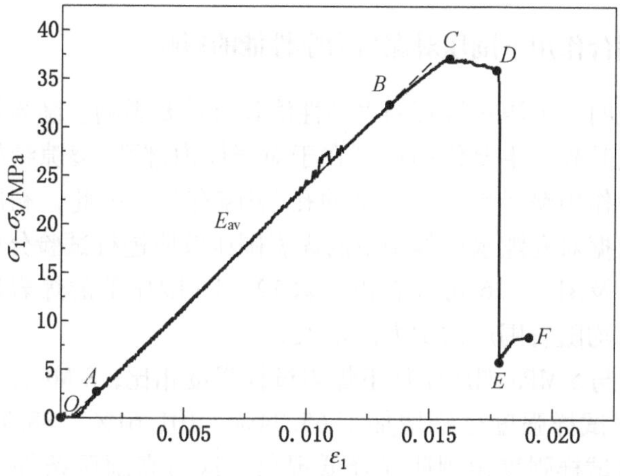

图 2－24　水力耦合煤岩三轴压缩应力－应变曲线（XL－24 号）

由图 2－24 可以看出，在常规三轴压缩试验时，受加载初期静水压力水平的影响，其应力－应变曲线中缺失孔/裂隙压密阶段，直接进入表观线弹性阶段，虽然同常规三轴压缩试验初始加载过程一致，但在水力耦合作用下的煤岩三轴压缩应力－应变曲线中，存在较为明显的孔/裂隙压密阶段（*OA* 段）。孔隙水压的存在使得煤岩试样的原生孔/裂隙在静水压力水平时受到的压密作用减弱，由此可见，三轴压缩过程中，孔隙水压对煤岩的孔/裂隙结构具有重要影响，进而更容易使得煤岩的力学性能发生改变。水力耦合煤岩三轴压缩试验结果见表 2－10。

表 2－10　水力耦合煤岩三轴压缩试验结果

试样编号	高度/mm	直径/mm	围压/MPa	孔隙水压 P_1/MPa	强度极限/MPa	弹性模量/MPa
XL－23 号	97.58	49.83	5	3.5	27.35	1609.78
XL－24 号	100.80	49.85	8	3.5	45.23	2821.33
XL－25 号	99.77	49.08	10	3.5	55.15	3431.99
XL－26 号	98.60	50.00	10	6	49.10	3380.87
XL－27 号	97.95	49.79	10	8	41.37	3319.68
XL－28 号	97.89	49.80	10	2～6	46.04	3363.22
XL－29 号	101.07	50.00	10	2～8	33.44	3206.70
XL－30 号	98.93	49.39	12	3.5	51.62	3598.15

四、水力耦合作用下围压对煤岩力学性能的影响

诸多研究表明，围压对岩石的力学性能具有重要影响，随着围压的增大，岩石的强度也随之升高，主要作用机制在于对岩体内部孔/裂隙结构的改变，而孔隙水压对岩体的作用路径也与其内部的孔/裂隙有关，因此，利用水力耦合煤岩三轴压缩试验数据对孔隙水压作用下的煤岩围压效应进行试验分析。

由图 2 -25 及图 2 -26 可以看出，除 12 MPa 围压下的煤岩试样强度外，其余煤岩试样强度均随着围压的增大而增大。

具体而言，与 5 MPa 围压条件下煤岩试样强度相比，8 MPa、10 MPa、12 MPa 围压条件下煤岩试样强度分别增加了 65.34%、101.61%、88.71%，而 12 MPa 围压条件下煤岩试样强度出现明显降低现象，这与高围压条件下孔隙水压的作用密切相关。在一定的应力条件下，受浸泡饱水及孔隙水压作用，煤体内吸附有较多的水分，而在应力加载过程中，尤其是在高围压条件下，煤体孔/裂隙所吸收的水分并没有消散，而是在应力的作用下孔隙水压逐渐上升，在局部区域孔隙水压甚至超过初始值，从而使得高围压 12 MPa 条件下的煤岩试样强度降低，小于 10 MPa 围压条件下的煤岩试样强度，这一现象称为 Mandel - Cryer 效应。

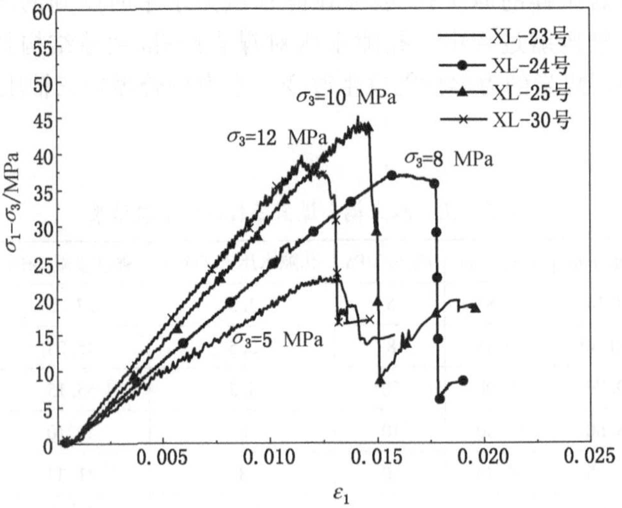

图 2 -25　3.5 MPa 孔隙水压及不同围压条件下煤岩试样应力 - 应变曲线

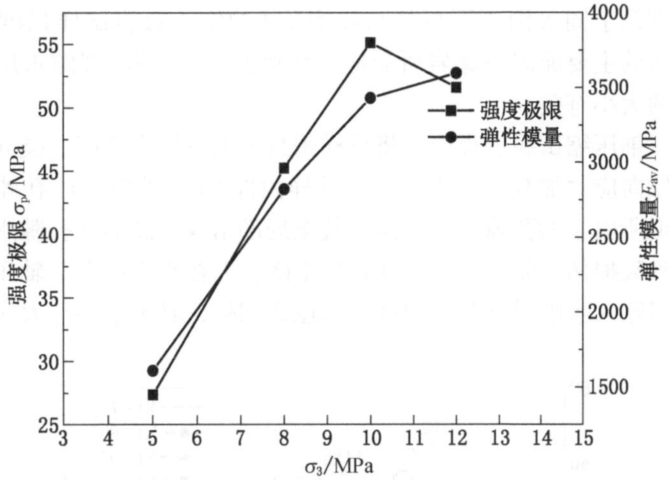

图 2-26　3.5 MPa 孔隙水压条件下煤岩试样强度与围压的关系

五、孔隙水压对煤岩力学性能的影响

煤体具有双重作用性质，既是一种重要的能源材料，也是一种复杂的地质载体，内部由节理、孔/裂隙、断层等诸多缺陷构成，而这些缺陷使得煤体在外部载荷作用下，其宏观变形与强度均表现出明显的非均匀性、不连续性、各向异性与非弹性等特点。迄今为止，虽然诸多学者对煤岩等岩石在单轴、三轴等多种应力环境与路径下进行了力学特性的试验、理论、数值模拟研究，也取得了丰硕的研究成果，但是煤矿井下开采中的煤体不仅自身含有水分，而且地下水乃至顶底板承压水的存在使得煤层处于不同的压力水作用下，因此，对水力耦合作用下的煤岩力学性能进行系统研究，明确孔隙水压对煤岩强度、变形等性能的影响作用，有利于保障煤炭能源的安全高效开采。

结合不同含水状态下煤岩试样三轴压缩试验结果，图 2-27 给出了围压分别为 5 MPa、8 MPa、12 MPa 时水力耦合煤岩三轴压缩与不同含水状态下煤岩试样三轴压缩应力-应变曲线。由图 2-27 可以看出，当围压为 5 MPa 时，3.5 MPa 孔隙水压对煤岩试样强度有较明显的降低作用，较自然状态煤岩试样强度降低了 37.46%，即使与同等围压下浸泡 21 d 的煤岩试样强度相比，仍有 29.59% 的降低值；当围压为 8 MPa 时，3.5 MPa 孔隙水压作用下煤岩试样强度为 45.23 MPa，低于同等围压下自然状态煤岩试样强度 50.29 MPa，却略高于浸泡 7 d 的饱水煤岩试样强度 43.49 MPa，然而当围压为 12 MPa 时，3.5 MPa 孔隙水压作用下煤岩试样强度分别低于同等围压下自然与浸泡 7 d 的饱水煤岩试样强度 51.62 MPa。上述不同结果的主要原因与煤岩所受应力环境及其自身孔/裂隙水压随应力状态变化而改变的大小有关。

在常规三轴压缩试验过程中，将试样密封于上下压头之间，类同于不排水加载过程。在轴向应力加载过程中，煤岩试样内部孔/裂隙吸收的孔隙水受到煤岩基质骨架变形所引起的孔隙水压升高，甚至局部出现较高的超孔隙水压作用，产生局部水压致裂损伤，使得煤岩试样强度下降。而在水力耦合三轴压缩试验过程中，煤岩试样除入水端受试验设定孔隙水压作用外，其出水端与大气连通，该三

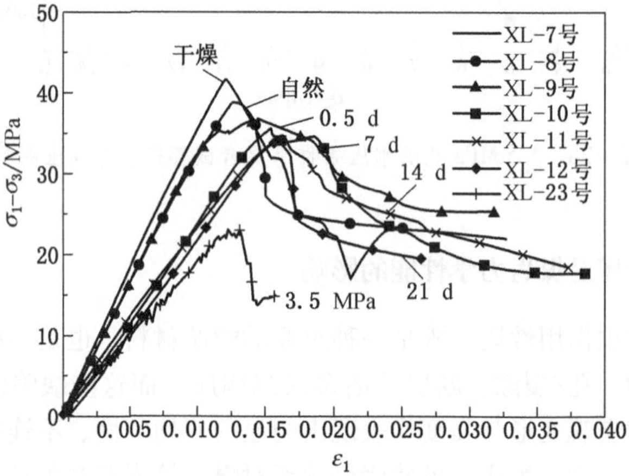

(a) σ_3=5 MPa

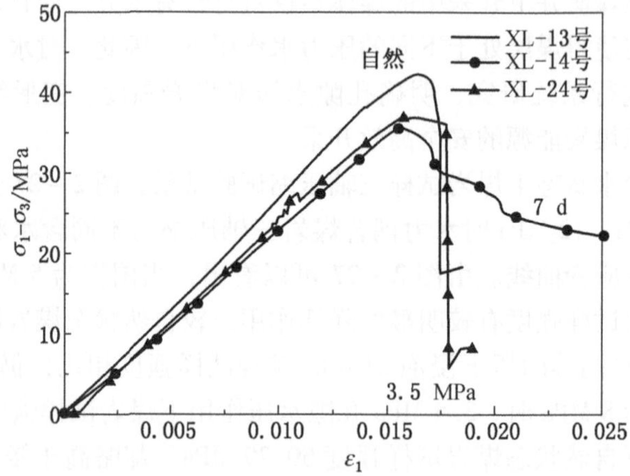

(b) σ_3=8 MPa

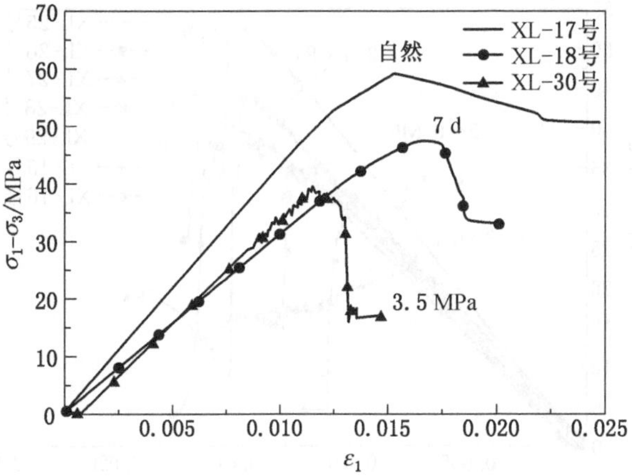

(c) σ_3=12 MPa

图 2-27　不同含水状态对煤岩试样强度的影响

轴压缩试验过程可类同于排水加载试验过程。在轴向应力加载过程中，煤岩试样内部孔/裂隙吸收的孔隙水与入水端加载的孔隙水可沿煤体内部渗流通道排出，使其内部的孔隙水压并未出现不排水加载过程中的超孔隙水压，从而使得其煤岩试样强度高于不排水加载试验过程。在高围压作用下，由于煤岩试样渗透率较低，其内部容易产生 Mandel - Cryer 效应，使得排水加载过程中煤岩基质骨架受到端部孔隙水压与其内部超孔隙水压的双重作用，造成煤岩试样强度大幅度降低，从而出现上述试验现象。如图 2-28 所示，当围压为 10 MPa 时，3.5 MPa 孔隙水压作用下煤岩试样强度也出现上述现象。

为了进一步研究孔隙水压对煤岩力学性能的影响作用，对恒定水压与动水压两种孔隙水压加载方式下的试验结果进行分析，如图 2-29 所示。同等围压条件下（10 MPa）煤岩试样强度随着孔隙水压的增加逐渐降低，且孔隙水压的作用形式对煤岩力学性能具有重要的影响作用。循环动水压对煤岩力学性能具有明显的降低作用，2～6 MPa 循环水压作用下煤岩试样强度较 6 MPa 恒定水压作用下降低了 6.23%，但其煤岩试样强度高于 8 MPa 恒定水压作用下的煤岩试样强度，而 2～8 MPa 循环水压作用下煤岩试样强度较 8 MPa 恒定水压作用下降低了 19.17%。煤岩试样弹性模量的变化趋势与强度的变化趋势类似，因此，孔隙水压对煤岩力学性能的影响不仅与孔隙水压的大小有关，而且与孔隙水压的作用形式有密切联系。

自然界中的煤体是各向异性体，内部被微裂隙、节理和层理等弱面分割，这

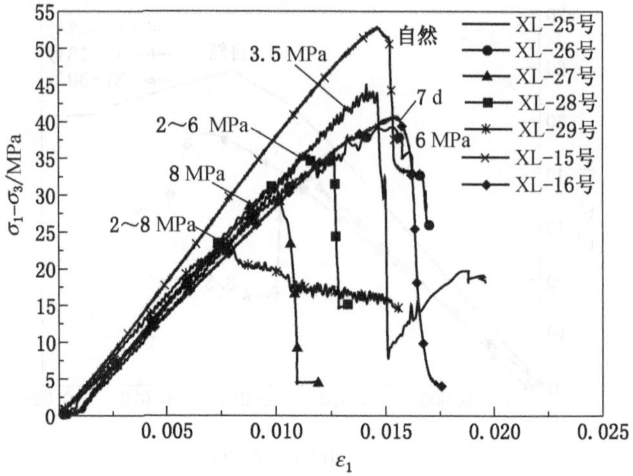

图 2-28　同等围压、不同孔隙水压对煤岩试样强度的影响

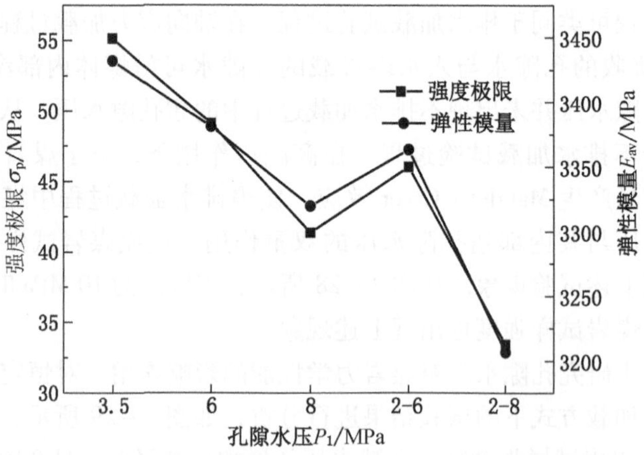

图 2-29　同等围压、孔隙水压作用下煤岩试样强度与弹性模量变化曲线

些内部的不连续缺陷对岩石的破坏将产生极大的影响。煤岩受外部载荷作用，抵抗破坏能力逐步丧失，内部微裂隙的重新生成与侵入使岩石原生裂纹再度扩展，煤岩伴随这种状况不断发展，最终使试样断裂破坏。在此过程中，煤岩不断受损，宏观上原生裂纹进一步扩展，次生裂纹的产生、发展及贯通不仅与外部载荷作用有关，而且与其自身含水状态、孔隙水压及其作用方式有重要关系，更与其内部孔/裂隙结构及分布状态有密切关系。

第三章　煤岩水力耦合破坏强度准则及其弱化机制

岩石的破坏准则或强度理论问题是岩石力学的基本问题之一，在采矿工程与相关灾害防治技术设计中，需要确定煤岩处于某种应力状态下是否会发生破坏，但是实验室仅能确定几种特殊应力状态下的岩石强度，试验结果不能满足实际需要。因此需要将试验结果进行适当推广，如 Mohr－Coulomb 准则，或者从理论上推导出强度公式，再利用有限的试验结果进行验证，如 Griffith 准则。由于岩石材料的复杂性，普遍适用的强度理论尚没有发现。本章利用水力耦合作用下煤岩力学性能试验研究成果，对不同强度准则的适用性进行分析，并在此基础上系统分析煤岩水力耦合强度弱化机理，为利用煤层注水实现防治冲击地压提供依据。

第一节　孔隙水压对煤岩的破坏作用

水在孔/裂隙煤岩内的渗流过程中，不仅作为流体介质冲刷孔/裂隙中的充填物，造成孔/裂隙宽度增加，而且还作为一种力对岩体产生破坏作用，影响岩体的稳定程度。煤层注水对煤岩的破坏主要表现在两个方面：一是对软弱煤岩及结构面的物理化学作用，减弱了煤岩体的物理力学性质，如使煤岩产生膨胀变形，造成部分煤岩泥化，对煤岩产生软化作用；二是煤层注水压作为一种力，对煤岩体产生挤压破坏，对煤岩体中的孔/裂隙产生扩展劈裂破坏。

一、水压对煤岩孔/裂隙的劈裂破坏

以单一孔/裂隙为研究对象，在孔/裂隙的内侧作用有水压 P，孔/裂隙远方作用有围岩应力 σ，孔/裂隙长度为 $2a$，如图 3－1 所示。此问题可采用 Dugdale 模型求解。

作用于孔/裂隙中的水压使孔/裂隙尖端发生扩展，而在扩展区上下两裂纹面形成均匀屈服应力 σ_s，使扩展区上下两面闭合。在均匀应力 $P-\sigma$ 和屈服区应力 $-\sigma_s$ 的作用下，裂隙尖端（$\pm c$ 处）的应力不可能为无限大值，即应力无奇异

性，则在该点的应力强度因子必为零。据此条件，可以求出屈服区宽度 R 为

$$R = c - a \tag{3-1}$$

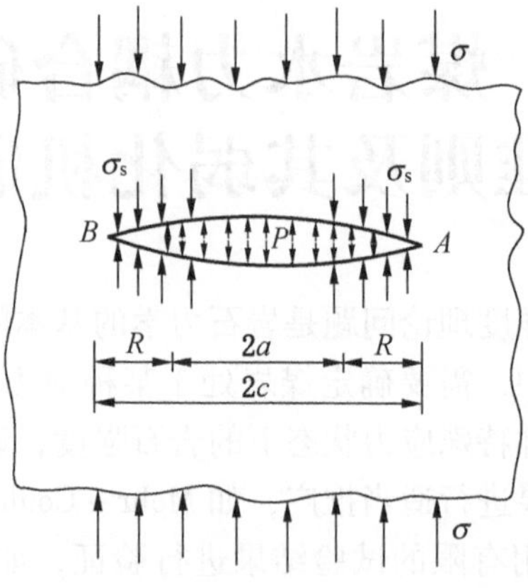

图 3-1　水压作用下的孔/裂隙力学模型

孔/裂隙尖端任意一点（A 点或 B 点）的 K_{I} 由两部分组成：一部分是均匀水压及围岩应力引起的 $K_{\mathrm{I}1}$ 值，由线弹性断裂力学可得

$$K_{\mathrm{I}1} = (P - \sigma)\sqrt{\pi c} \tag{3-2}$$

另一部分是在 R 上的分布力 $-\sigma_s$ 引起的 $K_{\mathrm{I}2}$：

$$K_{\mathrm{I}2} = \int_a^c \frac{-2c\sigma_{bs}}{\sqrt{\pi c}\,\sqrt{c^2 - b^2}}\,\mathrm{d}b \tag{3-3}$$

积分后式（3-3）变为

$$K_{\mathrm{I}2} = -2\sqrt{\frac{c}{\pi}}\sigma_s \cos^{-1}\frac{a}{c}$$

则孔/裂隙尖端处的应力强度因子为

$$K_{\mathrm{I}} = K_{\mathrm{I}1} + K_{\mathrm{I}2} = (P - \sigma)\sqrt{\pi c} - 2\sqrt{\frac{c}{\pi}}\sigma_s \cos^{-1}\frac{a}{c} \tag{3-4}$$

由于屈服区端部 A 点和 B 点应力无奇异性，则 $K_{\mathrm{I}} = 0$，所以

$$(P - \sigma)\sqrt{\pi c} - 2\sqrt{\frac{c}{\pi}}\sigma_s \cos^{-1}\frac{a}{c} = 0 \Rightarrow \frac{a}{c} = \cos\frac{\pi(P - \sigma)}{2\sigma_s} \tag{3-5}$$

所以，水压作用下孔/裂隙两端劈裂区的长度为

$$R = c - a = a\left(\frac{c}{a} - 1\right) \Rightarrow R = a\left[\sec\frac{\pi(P \pm \sigma)}{2\sigma_s} - 1\right] \tag{3-6}$$

式中　a——孔/裂隙长度

P——水压；

σ_s——岩体的屈服应力；

σ——围岩应力，当其为拉应力时，取正号；当其为压应力时，取负号。

由式（3-6）可以看出，水压造成孔/裂隙劈裂长度随着孔/裂隙长度的增加而呈线性增加，随着水压的增加而增大。当围岩处于拉应力状态时，有利于孔/裂隙扩展，而当围岩处于压应力状态时，水压必须克服围岩应力及煤体强度后孔/裂隙才能扩展破裂。因此，煤层采动后，卸压区煤岩受力状态由压应力状态变为拉应力状态，煤岩内孔/裂隙扩展，形成采动孔/裂隙，渗透性升高；正常应力区煤岩仍处于压应力状态，孔/裂隙闭合，渗透性较低。

二、水压对煤岩孔/裂隙的挤入破坏

设承压水挤入煤岩体的过程为一维流动，x 为孔/裂隙的发展方向（图 3-2），令水流方向上任一点处的压力为 P，则孔/裂隙壁面上的阻力与该点的压力成正比，其比例系数为孔/裂隙面的粗糙系数 K。因为，在小单元的中点处水压为 $P+\frac{1}{2}\frac{\partial P}{\partial x}\mathrm{d}x$，所以，孔/裂隙面的阻力为 $K\left(P+\frac{1}{2}\frac{\partial P}{\partial x}\mathrm{d}x\right)$。如果该点的宽度为 B，取单元体厚度为 1，根据水流运动定律，考虑 θ 很小，则在 x 方向上有

$$\left(P+\frac{\partial P}{\partial x}\mathrm{d}x\right)(B-\mathrm{d}B)-PB+2\left(P+\frac{1}{2}\frac{\partial P}{\partial x}\mathrm{d}x\right)K\mathrm{d}x=\left[\rho\,\frac{1}{2}(B+B-\mathrm{d}B)\,\mathrm{d}x\right]\frac{\partial^2 V}{\partial t^2}$$

式中　V——水的流速；

ρ——水的密度。

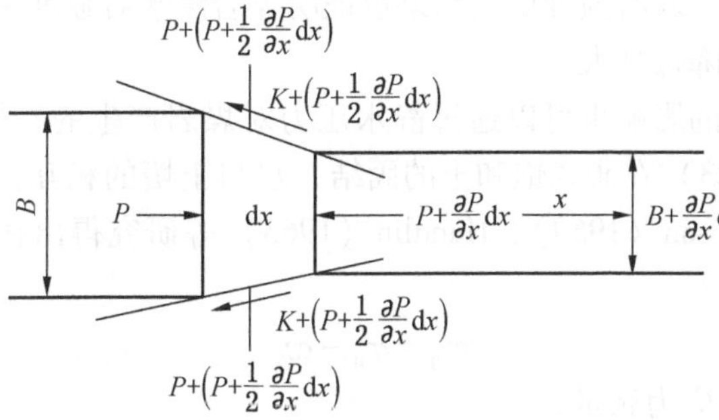

图 3-2　承压水挤入煤岩体模型

因为水流速度随时间变化 $\partial V/\partial t$ 很小，可忽略不计，则上式右端为零。而 $\mathrm{d}B=$

θdx，θ 为孔/裂隙夹角，为微小量，所以 dB 为二阶微量，忽略所有二阶微量后得

$$B\frac{\partial p}{\partial x}+2pK=0$$

解得

$$p=p_0e^{-Kx/B} \tag{3-7}$$

式中 p_0——承压水开始时的静水压力。

式（3-7）即为承压水挤入煤岩体内部时压力与孔/裂隙参数的关系式。由式（3-7）可知，挤入煤岩体的水压随着进入孔/裂隙的深度及孔/裂隙的粗糙度的增大而衰减。

由式（3-7）可以得到承压水挤入孔/裂隙的深度：

$$x=\frac{B}{K}\ln\frac{p_0}{p} \tag{3-8}$$

由式（3-8）可知，原始水压越大，则挤入孔/裂隙的深度越大；孔/裂隙的宽度越大，粗糙度越小，则孔/裂隙的深度越大。研究表明，仅凭水压挤入作用使煤岩产生裂缝的深度较小，压力水沿完整煤体的流通很有限。而当煤岩中存在构造孔/裂隙且当孔/裂隙的宽度较大时，或工作面开采后形成导水孔/裂隙时，则压力水沿孔/裂隙挤入煤体的深度增加。

三、水压煤岩强度的影响

煤岩是由多种矿物成分组成的，不同煤体所含的矿物成分不同，因而遇水软化的性态也不同。大部分煤岩中含有黏土质矿物，遇水软化、泥化，降低了煤岩骨架的结合力。当煤岩中含有硅酸盐时，受水的作用 SiO_2 键因水化作用而削弱，致使岩石强度降低。岩石强度试验结果也证明煤岩浸水后强度明显降低，并且浸水时间越长，强度降低越大。

水对煤岩强度的影响也可以通过静水压力对煤岩产生的有效应力进行解释。K. V. Terzaghi（1923）在研究饱和土的固结、水与土壤的相互作用时，提出了有效应力理论。Robinson（1959）、Handlin（1963）等研究得出在水压作用下岩石的有效应力为

$$\sigma'_{ij}=\sigma_{ij}-\alpha p \tag{3-9}$$

式中 σ'_{ij}——有效应力张量；

σ_{ij}——总应力张量；

α——等效孔隙压力系数，取决于岩石的孔/裂隙发育程度，$0\leqslant\alpha\leqslant1$。

表征岩石破坏准则的 Mohr－Coulomb 公式为

$$\tau = \sigma\tan\varphi + C$$

当煤岩孔/裂隙上作用有水压时，其有效正应力为 $\sigma' = \sigma - \alpha p$，则此时煤岩强度公式为

$$\tau = (\sigma - \alpha p)\sigma\tan\varphi + C = \sigma\tan\varphi + (C - \alpha p\tan\varphi)$$

上式可写为

$$\tau = \sigma\tan\varphi + C_W \tag{3-10}$$

式中　C_W——水影响后煤岩的内聚力。

$$C_W = C - \alpha p\tan\varphi \tag{3-11}$$

同样可得由于水的影响煤岩的抗压强度（R_W）为

$$R_W = R_C - \frac{2\alpha p\sin\varphi}{1 - \sin\varphi} \tag{3-12}$$

式（3-10）即为水压作用下的莫尔-库仑强度准则，可以看出有孔隙水压作用使得煤岩内聚力减少了 $\alpha P\tan\varphi$，抗压强度比干燥状态下的 R_c 减小了 $\frac{2\alpha P\sin\alpha}{1 - \sin\varphi}$。

图 3-3 说明了水压对莫尔-库仑强度准则的影响，可以看出正常条件下不会发生破坏的煤岩有孔隙水压作用时发生了破坏。

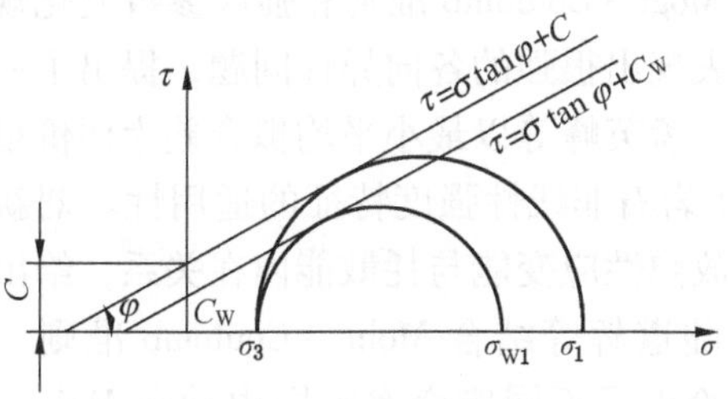

图 3-3　水压对煤岩强度的影响

第二节　水力耦合作用下煤岩三轴强度准则及其评价指标

一、岩石强度准则表达式

Coulomb 抗剪强度准则自 1776 年提出以来，已发展成为岩土工程中应用最广泛的强度准则之一。Mohr 于 1900 年将 Coulomb 抗剪强度准则推广到考虑三相应

力状态，发展成为 M－C 准则。针对裂隙和破裂岩体的破坏，依据大量岩石三轴试验数据和岩体原位测量结果，Hoek Evert 与 Brown Edwin T 于1980 年提出 Hoek－Brown 经验强度准则，该准则经过试验测定与实践不断应用发展，已经在岩石力学和工程中得到广泛应用。此外，国内外学者分别从试验结果、理论分析等方面对岩石强度准则进行推广和推导，如 Drucker－Prager 强度准则、Griffith 强度准则及其 Murrell 三维推广、Mogi 强度准则、幂函数型强度准则、指数强度准则、统一强度理论等。

随着强度准则在工程实际中的不断应用与发展，国内相关学者基于不同岩石类型的试样进行了多种应力路径下的强度准则试验与分析，取得了诸多成果。其中，尤明庆、华安增等讨论了完整、缺陷岩样的应力－应变全程曲线，确定了围压对岩样三轴强度的影响，并对各类岩石强度准则进行了系统分析。赵坚、李海波基于对新加坡 Bukit Timah 花岗岩进行的一系列动力试验及数据分析，检验了莫尔－库仑准则和霍克－布朗准则对评估岩石动态强度的适用性。于远忠、朱合华等对 Hoek－Brown 经验强度准则及其经验参数进行了系统阐述与分析。陈景涛、冯夏庭在对各类强度准则分析的基础上，提出了一个有关高地应力下硬岩的三剪强度准则。吕颖慧、刘泉声等进行了高应力条件下卸围压并增大轴压的花岗岩卸荷试验，分析了 Mogi－Coulomb 准则和强度参数变化规律。高智伟、赵吉东等针对岩土材料强度表现出很强的各向异性问题，提出了一个岩土材料的各向异性强度准则。石祥超、孟英峰等以最小平均拟合差为评价指标，定量地对比分析5 种强度准则，描述了岩石非线性强度特征的适用性。刘新荣、郭建强等讨论了盐岩变形过程中可释放弹性应变能与耗散能内在关系，给出了基于弹性应变能的破坏准则。宫凤强、陆道辉等结合 Mohr－Coulomb 准则、Hoek－Brown 准则和 Griffith 准则的原理，给出了不同应变率范围内动态 Mohr－Coulomb 准则和动态 Hoek－Brown 准则的具体表达形式。郭力群、蔡奇鹏等通过总结 5 种平面应变状态下强度准则的统一表达式，探究了条带煤柱设计的强度准则效应。虽然国内外学者关于岩石强度准则的研究取得了很多成果，但均有一定的适用范围和条件，并未形成普适性的强度准则，因此，对于不同条件下的岩石强度准则仍需要进行系统的研究。

（一）直线型强度准则

Coulomb 强度准则认为，岩石是剪切破坏，承载的最大剪切应力（τ_{max}）由黏聚力（c）和内摩擦力确定，即

$$\tau_{max} = c + \mu\sigma \tag{3-13}$$

式中 μ——内摩擦系数；

σ——正应力。

利用主应力，式（3－13）可以表示为

$$\sigma_{1\max}=\frac{2c\cos\varphi}{1-\sin\varphi}+\frac{1+\sin\varphi}{1-\sin\varphi}\sigma_3 \tag{3-14}$$

式中　$\sigma_{1\max}$——最大主应力；

σ_3——最小主应力；

φ——内摩擦角。

（二）抛物线型强度准则

考虑对称性，抛物线 Mohr 准则可以表示为

$$\sigma=\frac{\tau_{\max}^2}{aT_0}-T_0 \tag{3-15}$$

式中　T_0——岩石的单轴抗拉强度；

a——参数，与岩石的压拉强度比 R 有关，可由下式定义。

$$a=\frac{R^2}{(1+\sqrt{1+R})^2} \tag{3-16}$$

相应的主应力关系表达式为

$$(\sigma_{1\max}-\sigma_3)^2=2aT_0(\sigma_{1\max}+\sigma_3)+4aT_0^2-a^2T_0^2 \tag{3-17}$$

将式（3－17）记为

$$(\sigma_{1\max}-\sigma_3)^2=A(\sigma_{1\max}+\sigma_3)+C \tag{3-18}$$

式中，A、C 为待定参数，可利用其进行线性回归得到强度准则参数。将式（3－18）写成等价的显式形式，如下：

$$\sigma_{1\max}=\sigma_3+\sigma_c-\sigma_D+\sqrt{4(\sigma_c-\sigma_D)\sigma_3+\sigma_D^2} \tag{3-19}$$

式中　σ_c——完整岩石的单轴抗压强度；

σ_D——待定参数。

（三）Hoek－Brown 强度准则

Hoek 与 Brown 在岩石强度试验成果的基础上，提出了岩体经验强度准则，其广义强度表达式为

$$\sigma_{1\max}=\sigma_3+\sigma_c\left(\frac{m\sigma_3}{\sigma_c}+s\right)^n \tag{3-20}$$

式中　σ_c——完整岩石的单轴抗压强度；

m、s、n——取决于岩体特征的常数，一般对于完整岩石，$s=1$、$n=0.5$。

对于组成岩体的完整岩石而言，式（3－19）可简化为

$$\sigma_{1\max}=\sigma_3+\sigma_c\left(\frac{m\sigma_3}{\sigma_c}+1\right)^{0.5} \tag{3-21}$$

式（3－21）也称为狭义 Hoek－Brown 准则，可改写为

$$(\sigma_{1\max}-\sigma_3)^2=m\sigma_c\sigma_3+\sigma_c^2 \tag{3-22}$$

主应力差的平方与最小主应力呈线性关系，可利用试验数据线性回归分析得到参数 m、σ_c。

（四）二次多项式准则

为了达到更好的试验数据拟合效果，可通过增加公式中的待定参数数量，对已有的强度准则进行修正，且对于同一强度准则可以进行不同的修正。对于一般形式的抛物线型强度准则可改写为二次多项式强度准则：

$$(\sigma_{1\max}-\sigma_3)^2=A\sigma_{1\max}+B\sigma_3+C \tag{3-23}$$

式中，A、B、C 为待定参数，当 $A=B$ 时，即为式（3－18），而狭义 Hoek－Brown 准则可看为 $A=0$ 时的特例。将式（3－23）写成等价的显式形式：

$$\sigma_{1\max}=\sigma_3+\sigma_c-\sigma_D+\sqrt{m\sigma_c\sigma_3+\sigma_D^2} \tag{3-24}$$

（五）指数强度准则

M. You 基于岩石材料的非均质性和黏结、摩擦力不能同时存在的观点，认为随着最小主应力的增加岩石内最大剪切力或主应力差将趋于常数，构造了含 3 个材料参数的指数型强度准则：

$$\sigma_{1\max}-\sigma_3=Q_\infty-(Q_\infty-Q_0)\exp\left[-\frac{(K_0-1)\sigma_3}{Q_\infty-Q_0}\right] \tag{3-25}$$

式中 Q_0——单轴压缩强度；

Q_∞——极限主应力差；

K_0——围压为 0 时对强度的影响系数。

二、分析比较岩石强度准则

由强度准则公式可以看出，抛物线 Mohr 准则、Hoek－Brown 强度准则、二次多项式准则具有较一致的表达形式，鉴于 Hoek－Brown 强度准则应用较广，利用不同含水状态以及孔隙水压作用下的煤岩三轴压缩试验数据，对比分析以下 3 种强度准则的适用性：①Coulomb 强度准则，式（3－14）；②Hoek－Brown 强度准则，式（3－21）和式（3－22）；③指数强度准则，式（3－25）。

三、强度准则拟合评价指标

利用最小二乘法确定公式中的待定参数，可以简便地求得未知数据，并使求得的数据与实际数据之间误差的平方和最小。

$$\delta_1=\sum[\sigma_s-f(\sigma_3)]^2 \tag{3-26}$$

文献［206］对试验数据按照偏差平方和最小与偏差绝对值之和最小进行拟合的不同进行了分析，得出以偏差绝对值之和最小为目标的拟合方式能过凸显异常点，保证试验点等量分布在两侧，且能靠近大量的正常试验点。

$$\delta_2 = \sum abs[\sigma_s - f(\sigma_3)] \tag{3-27}$$

为此，采用偏差绝对值之和最小为目标进行拟合求解待定参数值，并以 δ_{2m} 表示平均拟合偏差。

$$\delta_{2m} = \frac{\sum abs[\sigma_s - f(\sigma_3)]}{N} = \frac{\delta_2}{N} \tag{3-28}$$

式中 N——数据组数。

第三节 水力耦合作用下煤岩破坏强度准则对比分析

通过诸多工程实践发现，岩体在地壳中并非仅仅受到应力场的作用，其往往较多地处于不同程度的水环境中，甚至是高渗透水压的复杂水环境中。为了探究地下水对岩石强度的影响作用，周翠英、郭富利等对几种不同类型的软岩在不同饱水状态下的力学性质进行了测试，探讨了软岩软化的力学规律。邓华锋、朱敏等基于干燥和饱水状态下的砂岩试样强度试验，统计分析了砂岩Ⅰ型断裂韧度与抗压强度、黏聚力、内摩擦角等之间的关系。而针对地下采矿工程实际情况，孟召平、熊德国等通过试验和统计分析系统研究了不同含水条件下煤系沉积岩石力学性质。杨永杰、苏承东等基于在伺服试验机进行煤样的常规三轴压缩和三轴卸围压试验，分析了煤样在不同应力条件下的强度和变形特征，但没有考虑地下水对煤岩强度的影响作用。唐书恒、李玉寿对孔隙水作用下的煤岩力学进行了试验研究，但没有考虑渗流作用对煤岩力学性能的影响。此外，上述大部分学者虽然考虑了地下水环境对岩石力学性能的影响，并以此为试验条件进行了多种岩石强度试验，但针对试验结果较多地利用 Coulomb 强度准则分析煤岩等岩石在不同应力条件下的强度和变形特征。然而，在地下采矿工程实践中，在地应力场、渗流场等多场耦合作用下，煤岩等岩石强度特征更为复杂，经典的强度准则能否真实反映井下不同应力条件下的强度特征，尚需进一步研究分析，进而保障煤矿的安全生产设计。为此，通过 MTS815 型电液伺服岩石力学试验系统，获得不同围压下自然与饱水煤岩的常规三轴压缩强度特性，以及孔隙水压渗流作用下的煤岩全应力－应变强度特性，利用 Coulomb 强度准则、Hoek－Brown 强度准则以及指数强度准则深入分析不同应力、水力环境下试验煤岩的强度特征及各强度准则的适用性，为煤矿井下安全生产设计提供参考。

利用拟合方法对自然、饱和以及孔隙水压作用下的不同含水煤岩试样三轴压缩试验数据分别进行 Coulomb 强度准则、Hoek－Brown 强度准则以及指数强度准则 3 种强度准则参数计算，得到拟合参数，见表 3－1。

表 3－1　基于偏差绝对值之和最小的 3 种煤岩三轴强度准则拟合参数

类别	σ_c/MPa	Coulomb 强度准则			Hoek－Brown 强度准则			指数强度准则			
		c/MPa	φ/(°)	δ_{2m}/MPa	m	σ_c/MPa	δ_{2m}/MPa	K_0	Q_0/MPa	Q_∞/MPa	δ_{2m}/MPa
自然	16.68	7.053	33.63	5.72	15.01	16.68	3.16	7.006	16.68	70.15	1.95
饱水	11.10	24.36	8.56	4.73	13.73	11.10	2.74	6.911	11.10	57.66	1.73
孔隙水压		43.86	2.224×10^{-14}	3.97	10.00	14.57	2.75	187.30	2.903×10^{-4}	42.50	1.99

自然含水煤岩条件下不同强度准则的拟合曲线如图 3－4 所示。为了便于比较分析，将 3 种强度准则拟合偏差结果以柱状图形式表示在图 3－5 中。由图 3－5 可以看出，对于自然含水状态煤岩试样而言，Coulomb 强度准则表现出较大的拟合偏差，而对于 Hoek－Brow 强度准则以及指数强度准则而言，其对试验煤岩拟合强度偏差均优于直线型强度准则，对自然煤岩单轴抗压强度的拟合数值与试验实测数据基本相符，尤其是指数强度准则更能较好地反映自然状态的三轴压缩强度试验变化。

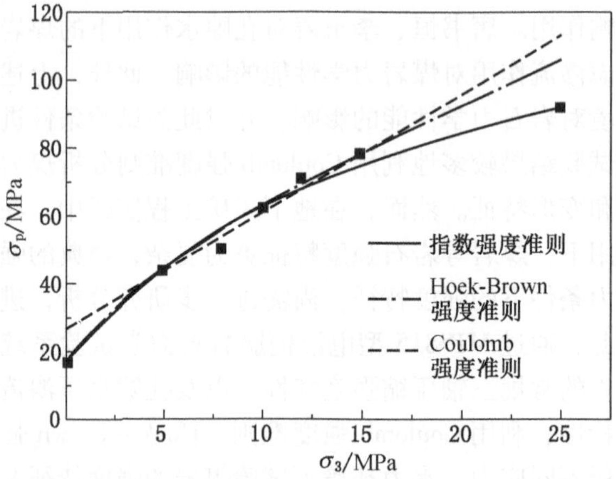

图 3－4　自然含水煤岩不同强度准则的拟合曲线

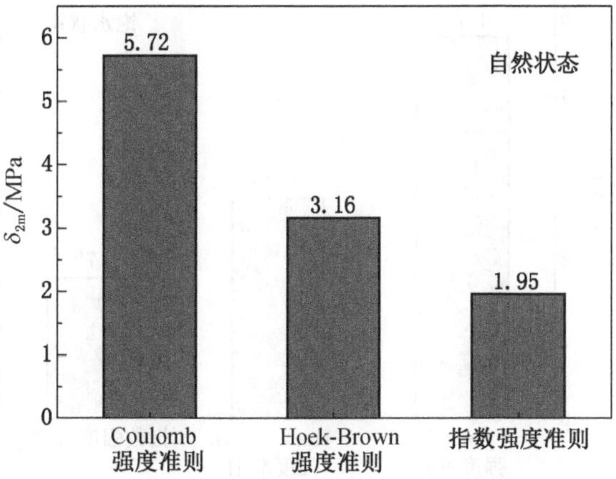

图3-5　自然煤岩不同强度准则的平均拟合偏差

如图3-6、图3-7所示，对于饱和含水煤岩，直线型强度准则对试验数据拟合仍存在较大的拟合偏差，且由Coulomb强度准则确定的饱水、孔隙水压作用下的煤岩黏聚力均大于自然煤岩，而饱水、孔隙水压作用下的煤岩内摩擦角均小于自然状态。由于煤岩的细观节理、孔/裂隙等结构分布较为复杂，直线型强度准则不能完全体现实测的煤岩强度变化，由此利用其确定的内摩擦角等参数对相关煤岩力学性质的变化进行解释，并有待进一步分析验证。

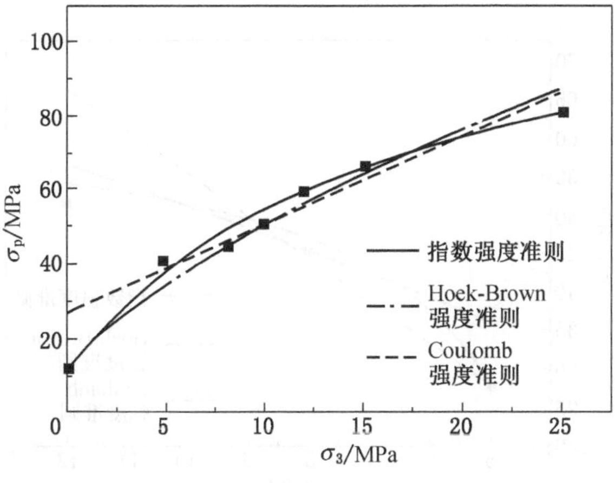

图3-6　饱和含水煤岩不同强度准则的拟合曲线

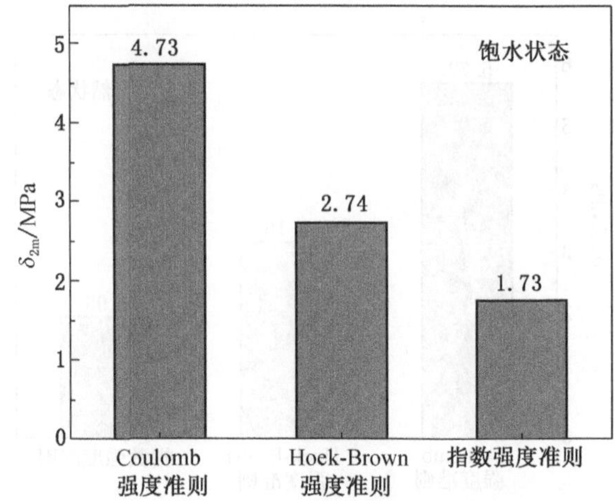

图 3-7　孔隙水压作用下不同强度准则的平均拟合偏差

如图 3-8、图 3-9 所示，通过对孔隙水压作用下的煤岩强度进行拟合分析，可知 Hoek-Brown 强度准则与指数强度准则对孔隙水压作用下的煤岩强度也有较好的拟合结果，尤其是指数强度准则。从 Hoek-Brown 准则构建的力学意义而言，反映岩石软硬程度的经验系数（m）随着含水状态的升高而不断降低，与试验结果一致，而对于单轴抗压强度的理论计算值，孔隙水压作用下的煤岩强度值低于自然含水煤岩的强度值，但是高于饱水煤岩的强度值。由于对于孔隙水压作用下的煤岩单轴压缩试验较难实现，因此，尚无法对上述理论计算值进行试验数据验证。

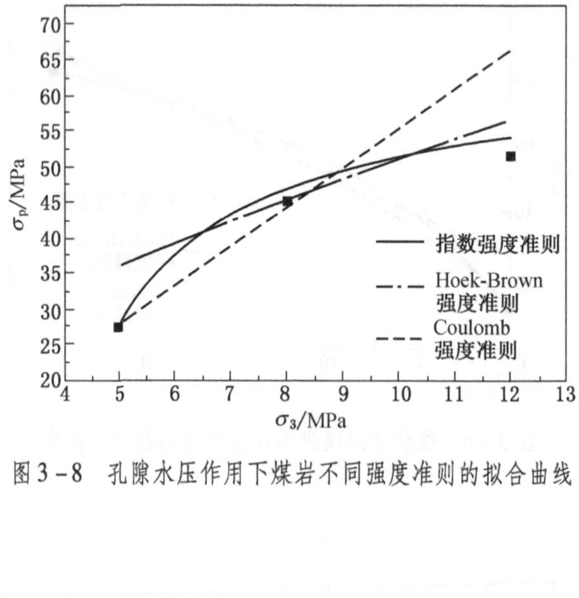

图 3-8　孔隙水压作用下煤岩不同强度准则的拟合曲线

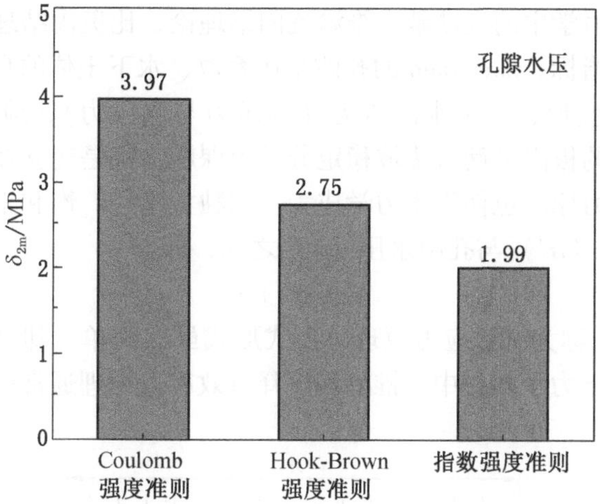

图3-9　自然含水煤岩不同强度准则的平均拟合偏差

由不同含水状态的煤岩强度拟合结果可知，无论自然与饱水煤岩，抑或孔隙水压作用下的煤岩强度，指数强度准则均具有较低的拟合偏差，能够真实反映煤岩力学强度变化。从构建的力学意义而言，指数强度准则能够较准确地反映不同含水状态下的煤岩单轴抗压强度，虽然其直观形式上对渗流煤岩强度拟合具有显著的偏差优势，但指数强度准则拟合参数的极限主应力差（Q_∞）较实测值偏低。

综上所述，随着围压的升高，煤岩强度表现出非线性特征，直线型强度准则不能很好地描述这一特征，表现出较大的拟合偏差，而利用其确定的内摩擦角、黏聚力等参数解释相关力学特征变化的做法须谨慎求证。Hoek - Brown 强度准则及指数强度准则具有较好的拟合效果，尤其是指数强度准则具有较低的拟合偏差值，能够反映水力耦合作用下的煤岩强度特征，能够真实地反映煤岩单轴抗压强度，但其对煤岩的强度极限预估值低于实测值，为此，利用 Hoek - Brown 强度准则与指数强度准则对不同状态下的煤岩强度进行分析仍需进一步试验验证。

第四节　水力耦合作用下煤岩强度弱化物理力学机制

一、有效应力原理

1923 年，太沙基（Terzaghi）提出的有效应力原理是土力学中一个十分重要的原理。经典土力学中的太沙基一维渗流固结理论、比奥固结理论、土的排水与不排水强度及其指标、Skempton 的孔隙水压系数、水下土体的自重应力与附加应力的计算、渗透变形、土中水的压力（扬压力与侧压力）、地基的预压渗流固结、有水情况下的极限平衡法边坡稳定分析等课题，都是建立在有效应力原理基础上的。有效应力原理也使得土力学成为一门独立学科。饱和土体承受的总应力（σ）为有效应力（σ'）与孔隙水压（u）之和，即

$$\sigma = \sigma' + u \tag{3-29}$$

式（3－29）称为有效应力原理，公式形式虽然简单，却具有重要的工程实践应用价值。在土力学教材中，推导和解释有效应力原理通常用图 3－10 表示。

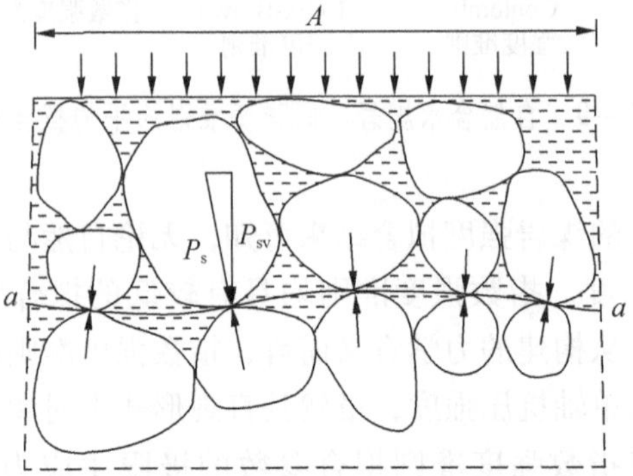

图 3－10　推导和解释有效应力原理示意图

在饱和土体中，总面积为 A，总载荷为 σA，竖向总应力为 σ。取 $a-a$ 曲面通过各颗粒间接触点，在各接触点处的接触力 P_s 的作用力大小和方向是随机的，都可以分解为水平和竖向两个分量，竖向分量为 P_{sv}。考虑 $a-a$ 曲面上的竖向力平衡：

$$\sigma = \frac{\sum P_{svi}}{A} + (1-\alpha_c)u \tag{3-30}$$

有效应力 σ' 是所有土颗粒间接触点力在平面法向上分量之和除以土体总面积，即为式（3－30）的第一项，而由图 3－10 可以看出，土颗粒接触面积 A_c 很小，因此接触面积比 $\alpha_c = \sum A_{ci}/A$ 也可以忽略，即可得到式（3－29）。

由于深部岩石与浅层岩土在组成结构及所处环境上的差异，造成有效应力计算存在一定差别。因此，饱和煤岩中太沙基的有效应力原理是否适用已被许多学者所研究。图 3－11 为兴隆庄煤矿工作面煤样扫描电镜图片，煤样中虽然含有节

理、孔隙、裂隙等缺陷结构，但由于煤基质的固相是连通的而非散体材料，所以固体间接触面积 A 是不可忽略的。为此，诸多学者在太沙基提出有效应力计算公式后的数十年又做了大量的理论分析，一维的地层内部应力处理方法后来被 Biot 所总结，并用相容性理论阐明了扩散与变形耦合作用的一体过程。对岩石、土壤和混凝土等做了系统的试验研究，也对式（3-29）进行了修正，提出了若干个修正式，且修正方式大都一致，只是修正程度有所不同。1963 年，Handin 等引入校正因子，改进公式为

$$\sigma = \alpha\sigma' + (1-\alpha)u \tag{3-31}$$

式中　α——有效应力系数，或 Biot 系数。

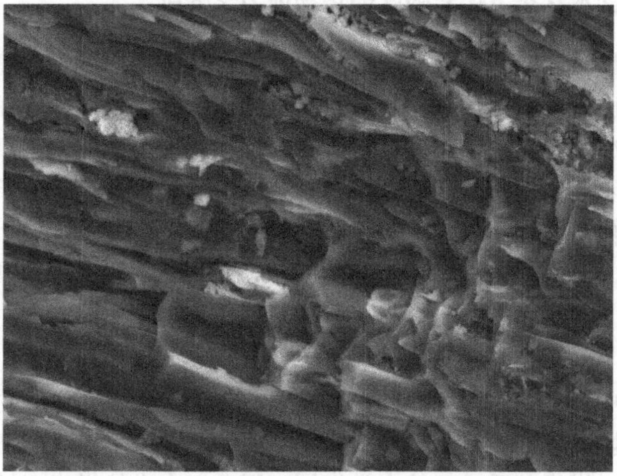

图 3-11　兴隆庄煤矿工作面煤样扫描电镜图片

李传亮等对孔隙介质的有效应力理论进行了系统研究，进一步发展了有效应力理论，将孔隙介质有效应力分为决定岩石本体变形的本体有效应力和决定岩石结构变形（包括破坏）的结构有效应力，并从本体有效应力和结构有效应力两个方面阐述了孔隙介质所受的应力关系，并得出了本体有效应力的表达式：

$$\sigma_{\text{eff}}^{\text{P}} = \sigma - \phi u \tag{3-32}$$

结构有效应力计算公式为

$$\sigma_{\text{eff}}^{\text{s}} = \sigma - \phi_{\text{c}} u \tag{3-33}$$

根据有效应力原理，土中总应力等于有效应力与孔隙水压之和，只有有效应力的变化才会引起强度的变化。而在岩体工程中，复杂的地下水环境以及由此带

来的巨大工程损失，促使人们将有效应力原理引入岩石力学进行岩石强度分析，并被广泛应用于地基处理、岩土工程、地质、石油采矿工程等诸多领域。

对于矿井煤层注水而言，通过煤层钻孔将压力水注入承载一定覆岩应力的煤体中，并驱使压力水在煤体中润湿、流动，其工艺过程为典型的水力耦合过程，而将有效应力原理引入注水过程中压力水对煤岩强度的影响分析，对于更好地研究、利用煤层注水工艺，实现对煤岩强度的弱化，防冲减灾具有重要意义。为此，基于煤岩水力耦合力学性能试验结果，利用有效应力原理，对不同含水状态下的煤岩强度以及孔隙水压作用下的煤岩强度试验结果进行分析，研究煤岩水力耦合弱化力学机理。

二、不同含水状态下煤岩强度弱化物理力学分析

岩石的破坏强度除受所赋存的地应力环境影响外，地下水环境对其也有重要的影响作用。已有研究结果表明，处于地下水环境中的岩石在水的润滑、软化、泥化、干湿、冻融等物理作用过程与溶解、水化、水解、酸化、氧化等化学作用过程以及孔隙水压作用下，其强度等力学性能参数均出现下降现象。煤岩虽然结构、组分与其他岩石不同，但研究表明，煤岩的强度极限与其含水饱和程度以及所受孔隙压力等条件也有关系。为此，通过设置不同的含水煤岩试验条件，并利用有效应力原理对试验进行分析，研究水力耦合对煤岩有效强度的影响作用。

由于煤岩中存在较多的孔/裂隙等细观结构，处于自然状态的煤岩，其内部孔/裂隙较多地被气体所占据，而气体的压缩性、流动性相对较高，在加载过程中可忽略气体对煤岩基质骨架的力学作用，因此，在自然煤岩三轴受载压缩过程中，轴向应力主要作用于煤基质骨架。由于常规三轴压缩试验中围压一般设为定值，为此主要考虑轴向应力在压缩过程中的力学作用，将自然煤岩常规压缩试验过程简化为如图 3－12 所示的力学模型。将煤体固体骨架视为弹性体，其弹性系数设为 k_s，将孔/裂隙体积简化为体积可变的容器，则煤岩受载压缩准静态平衡方程可表示为

$$F = k_s \Delta l \tag{3-34}$$

对于不同含水状态的煤岩，其内部孔/裂隙充斥着不同程度的液态自由水，而液体的压缩性非常小，可将其视为体积不可压缩。在含水煤岩的常规三轴力学试验过程中，试验煤样被严格地密封包裹，置于围压应力环境下，应力加载过程中，存在于孔/裂隙的自由水被密闭于煤体细观结构内部，其过程可视为不排水压缩过程。伴随着轴向应力的增加，煤岩基质骨架发生变形，位于孔/裂隙的自

由水也随体积压缩而受压，从而产生孔隙水压，甚至出现超静水压力。含水状态的煤岩在不排水压缩试验中，位于固体骨架间的孔隙水压在固体骨架受力压缩时也随之增加，孔隙水压大小与煤岩骨架所受体积应力有关，因此，在含水条件下煤岩三轴压缩试验过程中，煤岩固体骨架及固体颗粒之间的孔/裂隙在压缩过程中将受到轴压、围压与孔隙水压共同作用。为此，同样不考虑围压在压缩过程中的力学作用，可以将含水状态下的煤岩三轴压缩（不排水）试验过程简化为如图 3 - 13 所示的力学模型。

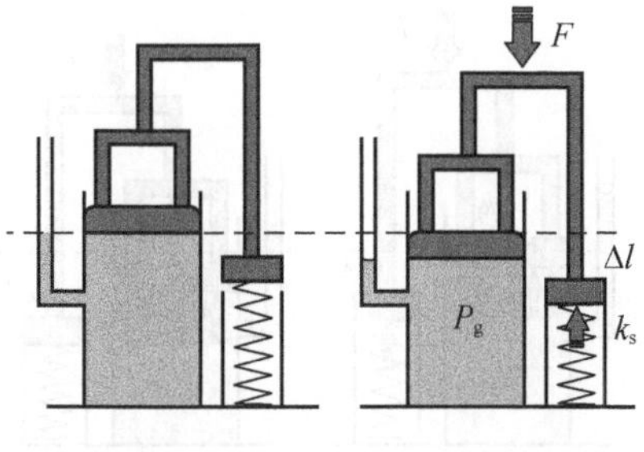

图 3 - 12　自然煤岩压缩力学模型

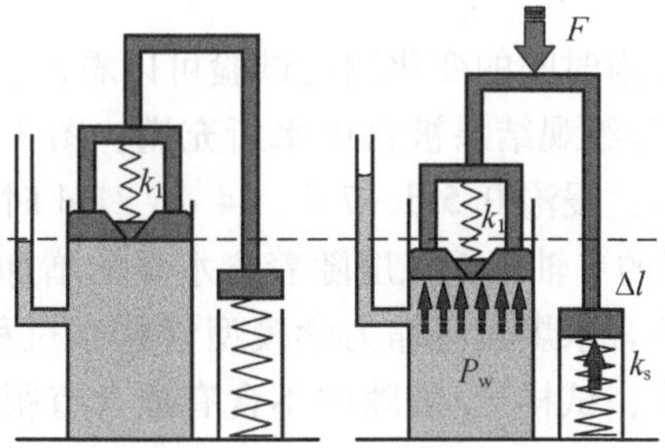

图 3 - 13　含水煤岩压缩力学模型（不排水过程）

将煤体固体骨架视为弹性体，将孔/裂隙体积简化为体积可变的容器，则煤岩受载压缩准静态平衡方程可表示为

$$F = k_s \Delta l + AP_w \tag{3-35}$$

式中　A——液体容器横截面积；

P_w——自由水受体积变形所产生的孔隙水压。

对于含水煤岩三轴压缩（排水）试验过程而言，煤岩内部赋存的自由水在煤岩加载所产生的体积变形的作用下，也对煤体基质骨架产生孔隙水压作用，其孔隙水压作用大小与煤岩自身的渗透性能（k_1）有关，渗透性能（k_1）随着煤体所受应力状态的变化而改变。如图 3-14 所示，煤岩试样受到轴向载荷作用，发生体积变形，从而产生孔隙水压（P_w），并随着体积变形的增加而增大，当孔隙水压（P_w）增大到足以克服煤体孔隙介质的渗流阻力时，煤体内部赋存的自由水开始向开放端渗透，从而使得煤岩内部的孔隙水压降低。上述过程在含水煤岩三轴压缩（排水）试验中不断周而复始，直到煤岩受载应力超过强度极限，发生破坏。

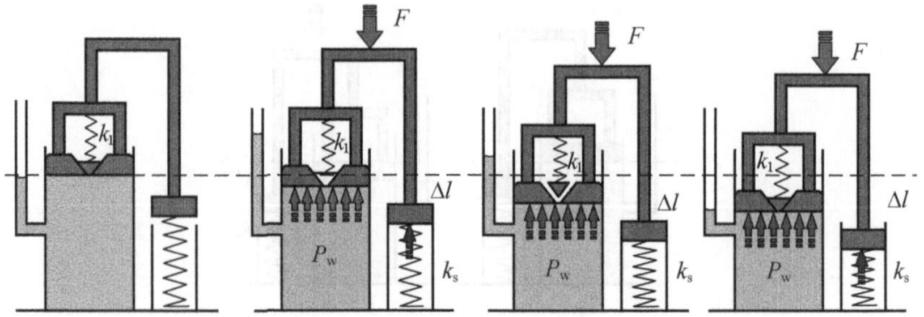

图 3-14　含水煤岩压缩力学模型（排水过程）

通过对含水率随浸泡时间的变化测定试验可以看出，当煤样浸泡 7 d 以上即可认为其内部孔/裂隙等细观结果被自由水所充满。图 3-15 给出了兴隆庄煤矿煤岩试样在干燥，自然，浸泡 0.5 d、7 d、14 d、21 d 时的强度极限分布，由图 3-15 可以看出，煤岩的单轴压缩强度随着含水量的增加逐渐降低。而煤岩单轴压缩试验过程可类比于含水煤岩压缩力学模型（排水过程），因此，在干燥、自然煤岩受力加载过程中，试样孔/裂隙中不含有或含有很少的自由水，煤岩基质骨架承载了全部的轴向力。而在浸泡 0.5 d、7 d、14 d、21 d 受压变形过程中，由于试样孔/裂隙中含有甚至充满饱和状态的自由水，其加载变形过程中，煤岩内部孔/裂隙发生体积变形，使得煤体内部自由水产生孔隙水压（P_w）。处于排水状态的煤岩试样，虽然孔隙水压（P_w）随着体积变形的增加而增大，但当孔隙水压（P_w）增大到足以克服煤岩孔隙介质渗透阻力时，便发生排水，使得煤岩内部孔隙水压降低，因此煤岩受压排水过程中所产生的孔隙水压（P_w）具有极限最大值，其大小与煤岩的自身渗透性能有关。该过程中煤岩所受有效应力可以表示为

$$\sigma' = \sigma - P_w \tag{3-36}$$

其中，$P_w = \alpha u$，α 为有效应力系数或 Biot 系数；u 为孔隙水压。

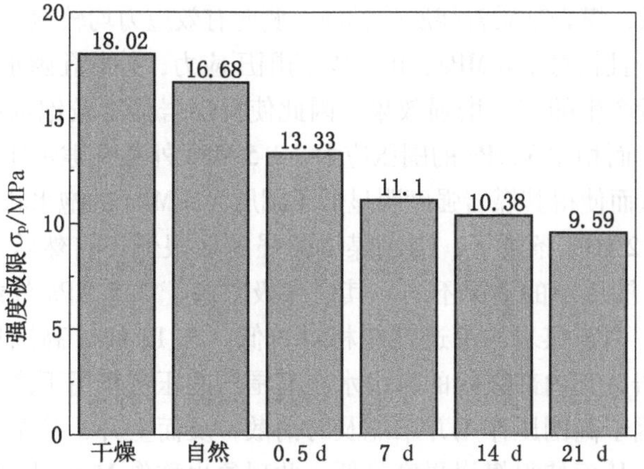

图 3-15 不同含水煤岩单轴压缩强度分布

煤岩内部孔隙水压的增加，降低了煤岩所受的有效应力作用。理想状态下，煤岩内部所承受的孔隙水压为各向均等，因此，在试样的轴向与侧向均具有一定的孔隙水压作用。在轴向方向上，加载合力（F）由煤岩基质骨架与孔隙水压（P_w）共同承担，而在侧向方向上，由于没有侧向围压的作用，孔隙水压在煤岩内部产生了一个侧向拉应力，由于煤岩的抗拉强度较低，使得含水状态的煤岩在单轴压缩加载过程中容易发生破坏，其强度极限值低于干燥与自然状态的煤岩。

图 3-16 给出了围压作用下不同含水状态以及 3.5 MPa 孔隙水压作用下的煤岩强度分布。当围压为 5 MPa 时，煤岩的抗压强度极限随着含水率的增加而不断降低，尤其是在受到 3.5 MPa 孔隙水压作用下，其煤岩强度值明显降低。在围压为 8 MPa、10 MPa 条件下，浸泡 7 d 饱水状态的煤岩强度明显低于自然状态的煤岩，而在 3.5 MPa 孔隙水压作用下，其煤岩强度低于自然状态的煤岩，但高于饱水状态的煤岩。将煤岩的常规三轴压缩试验过程类比于不排水压缩试验模型，密闭于煤体内部孔/裂隙的自由水在体积变形的作用下产生孔隙水压（P_w），由于孔隙水被密闭于煤岩内部，其产生的孔隙水压（P_w）无法消散，孔隙水压（P_w）随着煤岩加载体积变形的增加而不断增大，局部产生高于 3.5 MPa 的孔隙水压，并作用于基质骨架，使其发生局部劣化、损伤，产生足够的孔/裂隙空间，足以消散由体积变形带来的内部孔隙水压，从而使得煤岩容易发生破坏。该过程中的有效应力也可用式（3-36）表示，但孔隙水压（P_w）的取值方式不同。而在 3.5 MPa 外载孔隙水压作用下，煤岩三轴压缩试验过程可类比于排水渗流过程，如图 3-17、图 3-18 所示，其产生的内部孔隙水压能够在有效的时间内消散，从而使得煤岩内

部孔隙水压较低，煤岩基质骨架所受轴向、侧向有效应力均较饱水状态煤岩（不排水）有所增加，且相对于 8 MPa、10 MPa 的围压应力，外载孔隙水压较低，不足以有效克服围压所产生的应力增强效果，因此使得煤岩强度较饱水状态煤岩（不排水）有所提高。而相比 5 MPa 的围压应力，3.5 MPa 外载孔隙水压已具备一定的渗透破坏能力，从而使得其煤岩强度明显低于围压为 5 MPa 的饱水状态煤岩强度。

在围压为 12 MPa 条件下，饱水煤岩的强度极限低于自然状态的煤岩，但与 8 MPa、10 MPa 围压下的情况不同，其强度极限高于 3.5 MPa 外载孔隙水压作用下的煤岩强度。由于煤岩的渗透性能相对较低，在 12 MPa 高围压作用下，处于排水状态的煤岩，其内部吸附的自由水在高围压的压密作用下产生一定的内部孔隙水压，但受困于高围压作用并未能及时消散，反而上升，甚至超过应有的初始孔隙水压状态，从而使得煤岩强度降低，此现象也称作 Mandel 效应。

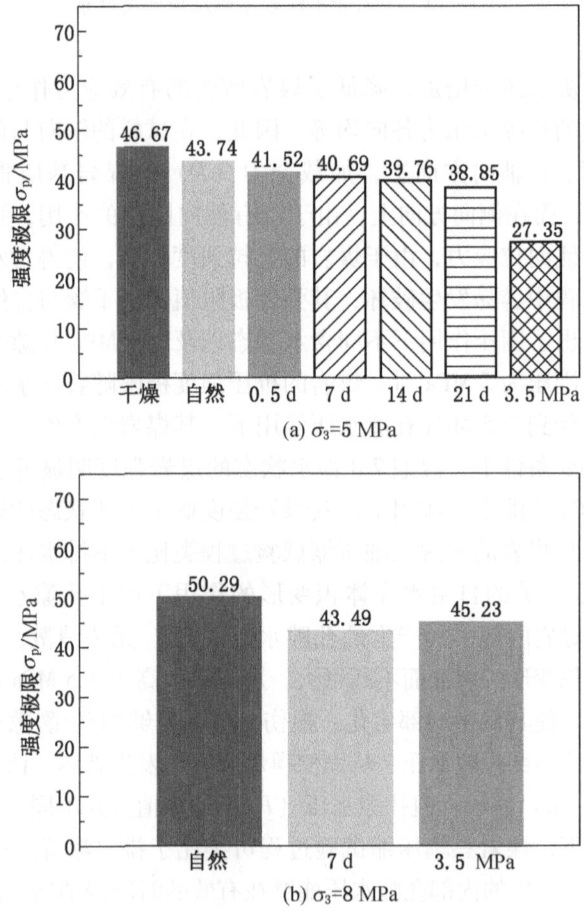

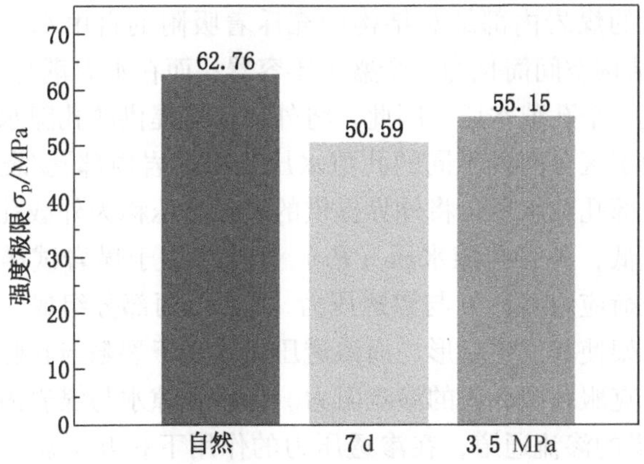

(c) σ_3=10 MPa

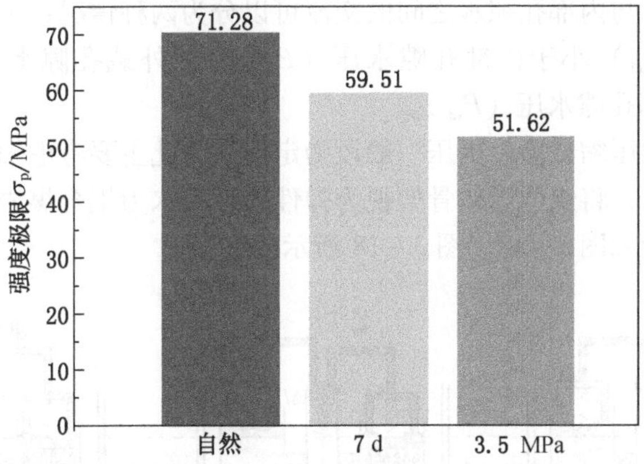

(d) σ_3=12 MPa

图3-16 含水煤岩三轴压缩强度分布直方图

三、孔隙水压作用下煤岩强度弱化有效应力分析

煤岩的破坏强度除受其所赋存的地应力环境影响外，地下水环境对其也具有重要的影响作用。煤岩的结构、组分虽然与其他岩石不同，但研究表明，煤岩的强度极限与其所受孔隙压力等条件有关。以往针对压力水对煤岩强度的影响研究较少，为此，通过设置不同的试验条件，试验研究煤体孔隙水压作用对煤岩强度的影响作用。

为了确保水力耦合三轴压缩试验顺利进行，在试验前先将试验所需试样置于水中自然浸泡7 d使其达到充分饱和状态。由于煤岩中存在较多的孔/裂隙等细观结构，饱和状态的煤岩内部细观结构中充斥着吸附的自由水，因此，将内部的孔/裂隙等细观结构空间简化为一个盛水压容器；而在水力耦合三轴压缩试验中，需要从外部加载一个孔隙水压，因此，将外界环境提供的孔隙水压也简化为一个盛水压容器。为了区分两种不同的孔隙水压，将煤岩内部孔/裂隙变形所产生的孔隙水压称为内部孔隙水压，将外界提供的孔隙水压称为外载孔隙水压，且由于煤岩的孔隙率较低，外载孔隙水压（P_1）直接作用于煤岩试样端部，其所产生的力学效果由载荷应力（P_s）与渗透压力（P_{w1}）两部分组成。其中载荷应力直接作用于煤岩骨架使其发生变形，而渗透压力作用于裂隙与孔隙等细观结构所构成的渗流通道，克服孔隙介质的渗流阻力。外载孔隙水与煤岩内部孔隙水之间通过孔/裂隙所提供的渗流通道，在渗透压力的作用下相互交流。外载孔隙水压为定值时，内部孔隙水压随着煤岩加载变形的发展，其孔隙水压是动态变化的，因此，外载孔隙水与内部孔隙水之间的交流可以分为两种情况：①外载孔隙水提供的渗透压力（P_{w1}）小于内部孔隙水压（P_{w0}）；②外载孔隙水提供的渗透压力（P_{w1}）大于内部孔隙水压（P_{w0}）。

通常，三轴压缩试验中围压一般设为定值，为此主要考虑轴向应力在压缩过程中的力学作用，将煤体固体骨架视为弹性体，则水力耦合煤岩三轴压缩力学试验模型可简化为如图 3－17、图 3－18 所示的模型。

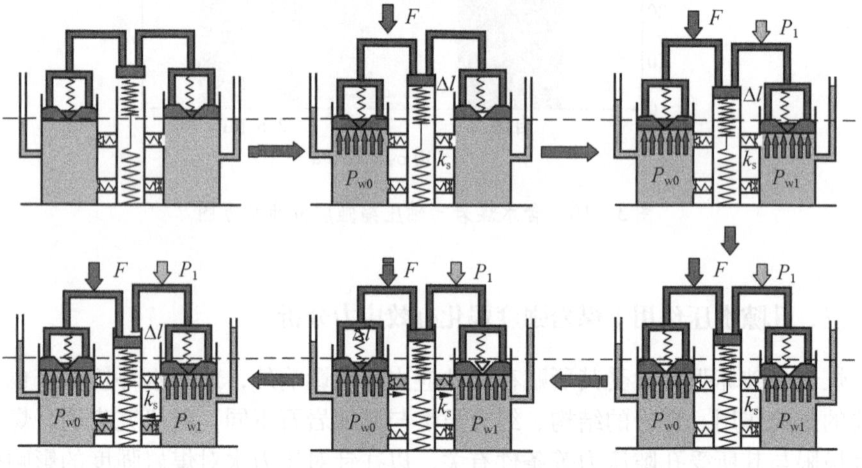

图 3－17　水力耦合作用下煤岩压缩力学模型Ⅰ（排水过程）

在水力耦合三轴压缩试验过程中，预先施加的轴向应力作用于煤岩基质骨架，使其受压变形产生体积应变，进而使赋存于煤岩内部孔/裂隙的自由水受压产生一定的内部孔隙水压。当加载初期，内部孔隙水压（P_{w0}）较小，不足以克服孔隙介质渗流阻力，而由外部孔隙水压所提供的渗透压力（P_{w1}）也较小时，煤岩内部将不会发生渗流现象。随着外部载荷（F）的增加，煤岩变形程度增加，使得内部孔隙水压升高，当内部孔隙水压增大得足以克服渗流阻力时，便向外载孔隙水压端渗流。随着轴向应力的进一步加载，使煤岩试样内部孔/裂隙相互贯通发育，渗流通道打开，渗流阻力降低，内部孔隙水压克服渗流阻力向排水开放端渗流，进而降低内部孔隙水压，与此同时，外部孔隙水压所提供的渗透压力（P_{w1}）克服渗流阻力也向煤岩内部孔/裂隙等细观空间提供压力水，使得压力水在内部孔隙水压与渗流压力的共同作用下发生渗流。

如图 3－18 所示，当外载孔隙水压提供的渗透压力较大时，外载孔隙水克服渗流阻力向煤岩内部孔/裂隙渗流，使煤岩内部孔隙水压升高，进而克服渗流阻力向排水开放端渗流，从而使孔隙水在煤岩内部孔/裂隙通道中正常渗流。当外部载荷（F）继续加载时，使煤岩试样内部孔/裂隙相互贯通发育，渗流通道打开，渗流阻力降低，使煤岩渗流性能得以提高。

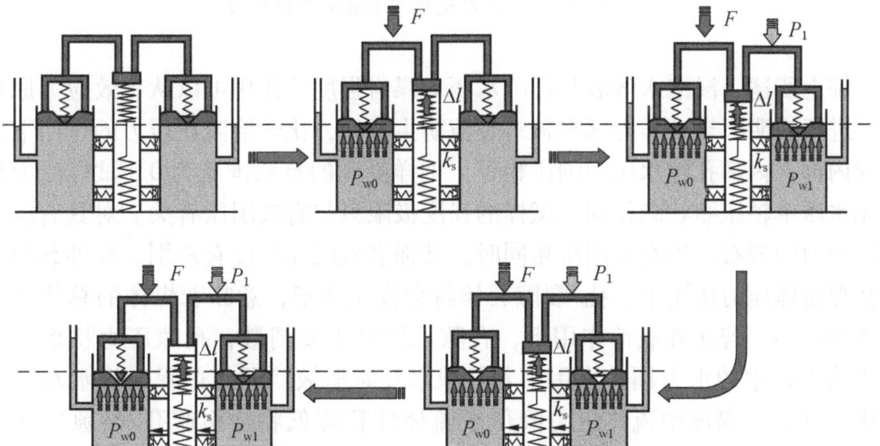

图 3－18 水力耦合作用下煤岩三轴压缩力学模型Ⅱ（排水过程）

图 3－19 给出了围压为 10 MPa 时不同孔隙水压作用下煤岩三轴压缩强度极限分布情况。由图 3－19 可以看出，随着孔隙水压的升高，煤岩的强度极限不断降低，说明外载孔隙水压提供的渗透压力改变了煤岩内部孔隙水压及其分布状态，影响煤岩细观孔/裂隙等结构变形，使煤岩强度降低。而同等上限的外部孔隙水压波动加载方式较恒定外载孔隙水压更容易改变煤岩结构，使其内部孔/裂

隙发生损伤变形，进而降低煤样强度，且波动加载方式对煤岩强度的降低与其上限孔隙水压有关。

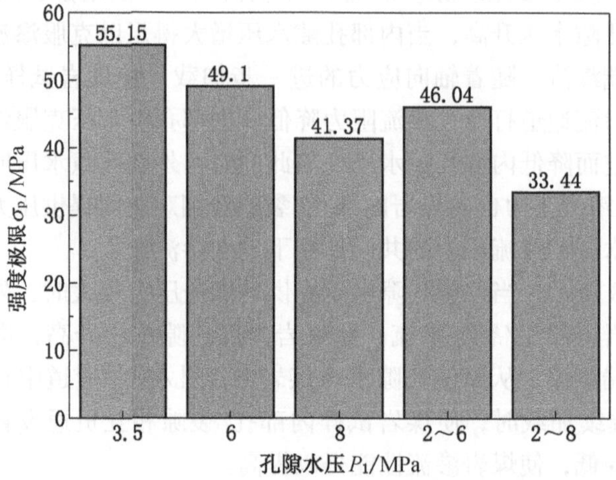

图3-19　孔隙水压作用下煤岩强度分布

综上所述，浸泡水溶液与孔隙水压对煤岩强度的作用可以从有效应力原理的角度进行说明。当试样内部有较多裂隙萌生之后，化学溶液在压力的作用下进入试样内部，内部孔隙水压和围压相等，试样受到的有效围压为0，试样受力状态与无水压单轴压缩状态相同，试样的强度极限只与有效围压有关。对具有或没有孔隙应力的岩石，当有效围压相同时，其强度极限几乎没有差别。在外载荷作用或孔隙流体压力作用下，孔/裂隙岩体将会发生变形，意味着煤体的总体积和孔隙体积减小。若在外载荷作用下，孔隙水压来不及消散，孔隙压力将增大，此过程为不排水的水力耦合作用，若孔隙水及时消散，即此过程为排水水力耦合作用。同样，煤体中流体压力降低或流体体积降低将会引起孔/裂隙岩体发生变形。

实际上，试验中由于水的“挤入”劈裂作用更有利于裂隙的萌生、扩展，促进了岩石破坏，降低了煤岩试样强度。同时，煤岩破裂过程中，在压力作用下水溶液更容易进入煤岩微裂隙中，对裂隙端部力学性质的劣化作用以及对裂隙面之间摩擦作用的弱化加速了煤岩裂纹扩展，会在很大程度上降低煤岩强度。

由此可知，处于地下水环境中的煤体在其内部与外载孔隙水压作用下，其力学性能将发生重大改变。在饱水渗流试验过程中，由于煤岩内部孔/裂隙的渗流连通，使孔隙水压受体积应力变化的影响较小，而在饱水非渗流条件下，孔隙水压随着体积应力的变化波动较大，尤其在高围压作用下，更容易发生水力劈裂现象，从而造成煤岩破坏，强度降低。

四、水力耦合煤岩弱化物理作用机理

地下水是一种重要的地质应力，一方面对煤岩产生润滑、软化、泥化、结合水强化以及冲刷运移等物理作用，另一方面又与煤岩矿物之间不断进行离子交换、溶解、水化、水解、氧化还原等化学作用。

（一）润滑作用

处于岩体中的地下水，在岩体的不连续面边界（如坚硬岩石中的裂隙面、节理面和断层面等结构面）上产生润滑作用，使不连续面上的摩擦阻力减小和作用在不连续面上的剪应力增强，结果沿不连续面诱发岩体的剪切运动。润滑作用反映在力学上，使岩体的摩擦角减小。

（二）软化和泥化作用

地下水对岩体的软化和泥化作用主要表现在对岩体结构面中充填物物理性状改变上，岩体结构面中充填物随着含水量的变化发生由固态向塑态甚至液态的弱化效应。断层带易发生泥化现象，软化和泥化作用使岩体的力学性能降低。

（三）结合水的强化作用

处于非饱和带的岩体，其中的地下水处于负压状态，此时的地下水不是重力水，而是结合水。按照有效应力原理，非饱和岩体中的有效应力大于岩体的总应力，地下水的作用强化了岩体的力学性能。

（四）冲刷运移作用

岩体中的碎屑以及成岩过程中次生的不稳定产物，在强水流作用下会被冲刷运移，使岩体的组分发生改变、空隙度增加、力学性能降低。

第五节 注水煤岩强度弱化水化学作用机制

煤体中含有大量的初始缺陷，包括空隙、孔隙、微裂纹、节理等，初始缺陷的存在增加了水与煤体接触的程度，改变了煤体的力学和变形特性。水与煤体的相互作用效应，不仅包括孔隙水压对煤体细观结构的力学作用效应，还包括复杂的水与煤体化学溶蚀作用。煤体是不同矿物组分相互胶结或黏结在一起的聚集体，水化学作用的煤体宏观力学效应是一种从微观结构的变化导致其宏观力学性质改变的过程。因此，对水浸泡前后析出的主要离子含量进行定量分析，推断水

域煤岩各组成矿物之间发生的化学反应的主要类型，分析水对煤岩的溶蚀引起的煤岩孔/裂隙结构发生的演化，研究注水煤岩强度弱化的水化学作用机理。

一、基于X射线衍射的煤岩组分试验

由于煤中不仅包含有丰富的芳环、脂环、杂环核和各种官能团等组成的有机物，而且受成煤作用的影响，其内部包含有较多矿物组成的无机成分，X衍射技术是目前国内外对晶体类矿物进行定性、半定量分析的有效试验手段，而煤岩浸泡所引起的水体组分变化与煤岩自身矿物元素组分等有密切关系。因此，选取部分煤岩力学试验煤样，参照《煤的工业分析方法》（GB/T 212—2008）对其进行煤样工业分析与元素测定，并利用X-射线衍射仪（图3-20）对煤岩试样进行组成成分分析。

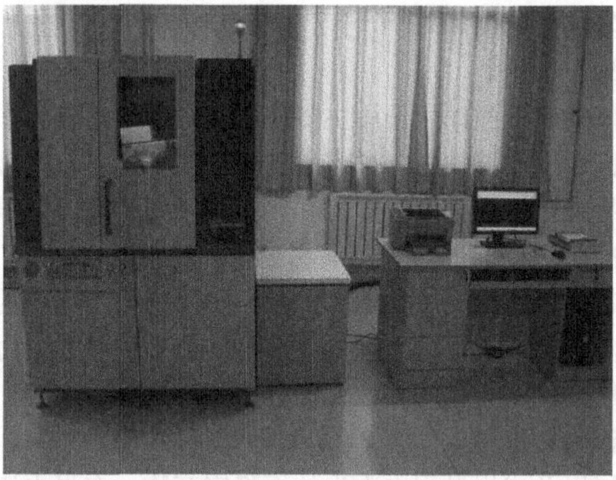

图3-20　X-射线衍射仪

分析过程中的重点步骤如下：

（1）物相检索。首先给出检索条件，包括检索子库（有机还是无机、矿物还是金属等）、样品中可能存在的元素等，计算机按照给定的检索条件进行检索，将最可能存在的前100种物相列出表格，并从列表中检定出一定存在的物相。

（2）PDF卡片查找。经过分析，得出试样中含$CaCO_3$较多，其次是$CaMg(CO_3)_2$、$Al_2Si_2O_5(OH)_4$与$FeCO_3$，也含有Ca^{2+}、Mg^{2+}、Al^{3+}等。

煤样工业分析与元素测定结果见表3-2。X-射线衍射谱如图3-21所示。

表3-2　煤样工业分析与元素测定结果　　%

煤种	灰分	挥发分	固定碳	碳含量	氧含量	氢含量	氮含量	硫含量
肥煤	6.16	34.20	56.73	79.62	10.42	6.36	3.11	0.49
无机矿物物相	方解石、白云石、高岭石、菱铁矿、钙长石							
	$CaCO_3$、$CaMg(CO_3)_2$、$Al_2Si_2O_5(OH)_4$、$FeCO_3$、$Ca(Al_2Si_2O_8)$							

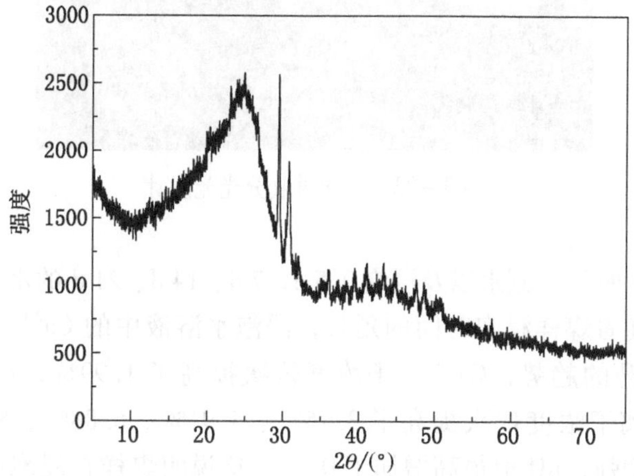

图3-21　X-射线衍射谱

二、注水煤岩水化学溶蚀作用分析

水是极性分子，是一种溶解能力很强的溶剂。它与煤岩接触时必定会发生溶解-沉淀反应。在化学成分上，水化学溶蚀不仅破坏了煤岩基质连接，而且破坏了细观结构本身。化学溶蚀的岩石力学效应主要取决于：①水溶液的成分及化学性质、流动状态和温度等；②岩石的矿物与胶结物的成分、亲水性、结构、裂隙裂纹的发育状况及透水性等。浸泡于水中的煤岩，其自身反应性矿物在水溶液的溶蚀作用下，会发生一系列的物理化学反应，使矿物中的某些元素以离子态析出，水溶液的矿化度将会升高。通过对浸泡前后的水溶液组分含量进行定量分析，可以推断出煤岩浸泡过程中各组分矿物与水溶液之间发生的化学反应类型。因此，为了研究水对煤岩的化学溶蚀作用，利用原子吸收分光光度计（图3-22）对制备不同含水煤岩试样时的浸泡水溶液进行组分含量测定，分析原水以及浸泡0.5 d、7 d、14 d、21 d的水溶液离子浓度变化情况，进而研究注水煤岩水化学作用机理。

图 3-22　原子吸收分光光度计

如图 3-23 所示，原水以及浸泡 0.5 d、7 d、14 d、21 d 的水溶液离子浓度测定结果显示，随着煤样浸泡时间的延长，浸泡水溶液中的 Ca^{2+}、Mg^{2+} 离子浓度均呈现总体上升的趋势，Ca^{2+} 离子浓度依次提高了 1.99%、1.35%、3.69%、4.66%，Mg^{2+} 离子浓度依次提高了 3.75%、4.91%、6.88%、8.57%，而水溶液的碱性不断增强，pH 值最高增加了 0.34，这说明煤样在浸泡过程中，其所含无机矿物与水溶液之间不断发生化学反应，进行离子交换，使得方解石、白云石、高岭石、菱铁矿、钙长石等矿物不断被水溶液溶蚀，煤样的细观结构发生改变，进而影响煤样宏观力学性能。

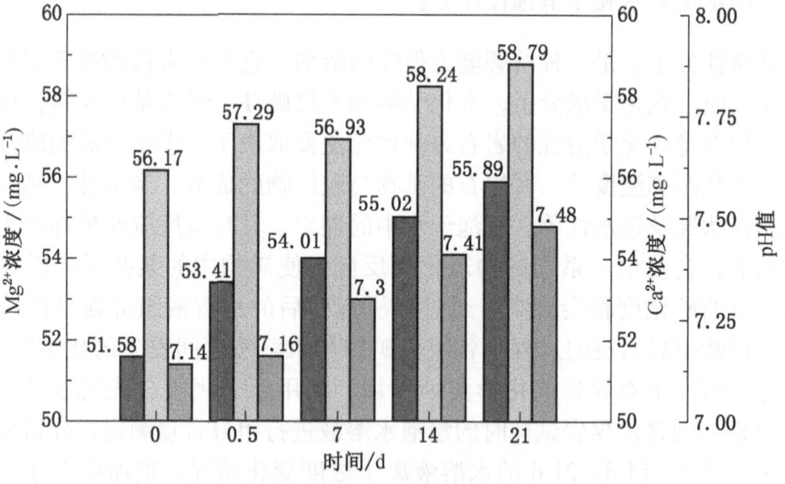

图 3-23　离子浓度与 pH 值随浸泡时间变化柱状图

水溶液对煤岩的溶蚀作用过程中，煤岩试样孔隙结构的改变受矿物与水溶液之间的化学作用影响。通过对水溶液溶蚀作用前后溶液组分含量的测试，可以推断煤岩中各主要组成矿物在水溶液中均发生了不同程度的溶解与反应。由于矿物的种类与化学结构决定了其发生化学反应的类型，不同矿物由于其结构与组分的差别，导致其发生化学反应的类型不同。

水溶液溶蚀作用下，少许方解石、白云石、高岭石等矿物发生水解作用，使浸水溶液中的 Ca^{2+}、Mg^{2+} 离子浓度升高，而水解过程中消耗了水溶液中的 H^+ 离子，使水溶液的 pH 值逐渐升高。

方解石的主要成分是 $CaCO_3$，通常情况下，溶解度较低，其溶解反应可以用以下化学反应方程式表示：

$$CaCO_3 + 2H^+ \longrightarrow Ca^{2+} + H_2O + CO_2(g)$$

或

$$CaCO_3 + H_2O + CO_2 \longrightarrow Ca^{2+} + 2HCO_3^-$$

白云石的主要成分是 $CaMg(CO_3)_2$，其在水溶 CO_2 的作用下发生反应，产生 Ca^{2+}、Mg^{2+} 离子，从而使浸水溶液中的 Ca^{2+}、Mg^{2+} 离子浓度升高，其溶解反应可以用以下化学反应方程式表示：

$$CaMg(CO_3)_2 + 2H_2O + 2CO_2 \longrightarrow Ca^{2+} + Mg^{2+} + 4HCO_3^-$$

钙长石的主要成分是 $Ca(Al_2Si_2O_8)$，其溶解反应可以用以下化学反应方程式表示：

$$CaAlSi_2O_8 + 2H^+ + H_2O \longrightarrow Al_2Si_2O_5(OH)_4 + Ca^{2+}$$

三、煤岩水化学损伤机理分析

诸多学者对水化学损伤的岩石力学效应进行了系统研究，其中包括以能量的观点来解释水化学作用导致岩石力学性质改变的机理的，如 Westwood（1974）利用静电 ζ 势差模型解释液体对固体的变形强度性质的影响；也有从动力学角度来分析的，如 Logan 与 Blackwell（1983）发现有水的存在，砂岩的摩擦系数下降了 15%，而有 $FeCl_3$ 和 $CaCl_2$ 溶液的存在将导致摩擦系数减小 25%。无论是从动力学角度，还是从能量角度，岩石矿物之间存在化学不平衡导致水－岩之间不可逆的热力学过程，此过程改变了岩石的物理状态和微观结构，削弱了矿物颗粒之间的联系，腐蚀晶格，使受力岩体变形加大、强度降低。

岩石水化学损伤机理取决于水－岩化学作用与岩石中裂纹、裂隙等物理损伤基元及其颗粒、矿物结构之间的耦合作用。煤岩作为沉积岩的一种，其具有岩石一般的物理化学性质，但由于其自身细观所具有的节理、裂隙等缺陷较多，使其表现出与其他岩石不同的宏观力学性能，在水化学损伤的作用下，更容易导致煤岩微观成分变化和原有细观结构破坏，从而改变煤岩的应力状态与力学性质。

（一）溶蚀作用与沉淀作用

1. 溶蚀作用

煤岩中矿物及胶结物矿物在水溶液中的溶蚀受表面化学反应和扩散迁移两方面的作用。由于煤岩是有机组分与无机矿物的集合体，水溶液首先沿着矿物节理之间接触面的细小间隙和岩石中的微裂隙等结构面向煤岩基质内部孔隙渗透。当与煤主体基质接触时，水溶液中存在多种负离子和正离子，一些结合力强的离子可以把原有矿物中的一些离子置换出来，从而形成新的矿物。水岩反应的离子交换吸附过程受煤岩的矿物成分、结构紧密程度及溶液的化学成分、浓度、pH 值等众多因素的影响。离子交换是水化学作用对煤岩强度溶蚀作用的重要机理之一，对于煤岩的受载、破坏有着重要的影响作用。煤岩强度受节理、裂隙尖端处水溶液与自身矿物溶蚀、扩散交换的难易程度影响。

2. 沉淀作用

水与煤岩的化学作用可能生成难溶盐，也可能由于水溶液中离子浓度提高而生成可溶盐，形成结晶物沉淀于煤体节理表面或孔隙及裂隙等缺陷上，这对岩石力学性质具有重要的影响作用。可溶性盐，如钾、钠、镁的碳酸盐，氯化物和硫酸盐对煤岩力学性质变化具有重要作用。水溶解了岩石中可溶性的盐分，并沿着岩石的裂隙和孔隙渗透，溶液浓度随着温度、水流动状态的变化而改变，当盐分浓度增大接近饱和时，即发生沉淀结晶。盐的晶体随着时间的推移不断增长，其体积逐渐增大，便产生结晶压力，从而改变煤岩的细观结构，也削弱了煤岩强度。

（二）吸附作用与氧化还原作用

1. 吸附作用

吸附作用是固体表面反应的一种普遍现象。矿物溶解是由于表面吸附了水溶液组分并形成表面活化络合物，吸附有物理吸附和化学吸附两种类型。物理吸附是由分子间的力引起的，速率非常快，它是水中离子与煤岩表面离子的一种离子交换作用。化学吸附是在活化能的作用下进行的，并且吸附速率较慢。在化学吸附过程中，液相中的离子是靠键力强的化学键（如共价键）结合到固体颗粒表面上的，被吸附的离子进入颗粒的结晶架，成为晶格的一部分，它不可能再返回水溶液。

物理吸附作用会改变煤岩的表面及孔/裂隙的结构，从而影响煤岩的力学效应。虽然产生化学吸附作用的一个基本条件是被吸附离子直径与晶格中网穴直径大致相等，不会使结晶架发生变化，但是化学吸附所导致的结晶格架中离子成分的变化会使结晶架中结点的大小及间隙发生变化，离子质点间的引力也会发生变化，甚至使其电荷不对称，发生晶变现象。因此，化学吸附作用对煤岩的物理力学性质也具有重要影响。

2. 氧化还原作用

大气和地下水中存在游离氧，当氧元素与岩石中的低价元素接触时，就会把低价元素氧化为高价元素，此过程称为氧化作用。氧化还原作用对煤岩力学性质具有正效应和负效应双重作用。一般情况下，氧化作用产生正的力学效应，还原作用产生负的力学效应。煤岩中的矿物和胶结物所含的阳离子在中性水或中低酸性水中的游离氧的作用下被氧化，使其表面形成一层氧化膜，保护煤岩基质不被水溶液进一步侵蚀。

例如，低价铁离子 Fe^{2+} 成分既容易被中性水氧化，又容易被酸性水溶液侵蚀，这取决于水溶液的化学性质及成分。若是 Fe^{2+} 被氧化，形成 $Fe(OH)_3$ 沉淀，则水－岩化学作用的力学效应为正效应，水溶液中的铁离子不增加，反而有可能减少；若是 Fe^{2+} 被酸性水溶蚀，则水－岩化学作用的力学效应为负效应。含铁矿物在水中氧化使体积扩大导致煤岩结构破坏或孔/裂隙被充填。水溶液若是偏中性的低矿化度纯水，则煤岩中含较多铁离子的矿物更能吸附中性水溶液中的 SiO_2，使之沉淀于表面，尤其是裂隙尖端，使水溶液的溶蚀作用减弱。但水溶液若是酸性较高矿化度水，水与煤岩的反应中吸附作用就相对较弱，则主要是溶解或水解等的侵蚀作用。

（三）能量观点

能量观点认为，水岩的化学作用实际上是自身矿物的能量平衡变化过程，利用矿物由于水化学作用产生相应的能量变化可解释并定量分析水岩反应的力学效应。例如，Dunning（1984）、Boozeretal（1963）和 Swolfs（1971）等在对石英裂隙渗透试验与砂岩抗压试验中发现，由于水化学环境作用造成被测矿物表面自由能减少。在断裂力学中，Griffith（1920）及 Orowan（1949）利用能量方法与塑性变形能分析方法，取得了成功，具有重要的理论和实际意义。对于固－液体系，Westwood（1974）建立了静电势差模型，用静电作用解释应力腐蚀，发现当被测矿物上单层吸收的静电势为零时，玻璃和石英的压缩硬度最大，当静电势变高时，其压缩硬度就变小。表面活性水溶液对煤岩表面具有较大的亲和力，覆盖的表面越大，煤岩表面的比表面能越低，能自动地渗入微细裂纹并向深处扩展，不仅起着劈裂作用，而且防止新裂缝愈合或颗粒黏聚。在此过程中，水溶液的化学性质（如亲水性）起着重要作用。

第四章　水力耦合作用下煤岩渗流特性演化规律

煤岩受外载孔隙水压与采动应力作用，原生孔/裂隙将发生改变，破坏煤岩的宏细观结构，从而改变煤体的渗透特性。本章利用 TAW－2000 型电液伺服岩石三轴试验系统对不同应力环境以及孔隙水压作用下煤岩渗流特性进行试验，分析水力耦合作用下煤岩渗流特性变化规律，研究煤岩水力耦合增透机理，为煤层分区逾裂强化注水增渗防灾技术的建立提供依据。

第一节　水力耦合作用下煤岩渗流特性试验

一、水力耦合作用下煤岩渗流特性试验原理

根据岩石材料的致密程度不同，渗透性的实验室测量有两种方法，即瞬态法和稳态法。稳态法是指在岩石两端提供稳定的压差（或流量），通过测量流量（或压差）从而获得岩石的渗透率，该试验要求的时间较长但精度比较高，此次试验采用稳态法，试验原理示意如图 4－1 所示。依据 TAW－2000 型电液伺服岩石三轴试验系统自动采集试验过程中相关数据，计算煤样渗透率 k：

$$k = -\frac{Q}{A}\frac{\Delta L}{\Delta p}\mu \tag{4-1}$$

式中　k——渗透率，m^2；

Q——单位时间通过试样的渗流量，m^3/s；

A——试样断面面积，m^2；

ΔL——试样高度，m；

Δp——试样两端压差，Pa；

μ——流体黏滞系数，Pa·s。

由于试验煤岩的孔隙率较低，稳态法测定煤岩渗透率所需时间较长，因此，以自然浸泡 7 d 的饱水煤岩为试样，进行水力耦合作用下的渗流特性试验，且在

静水应力条件下，加载孔隙水压达到试验设定条件后，维持孔隙水压恒定，一段时间后当孔隙水入口水流量变化趋势稳定后，继续应力加载试验。而在分析孔隙水压对煤岩渗透性能的影响作用时，也应维持足够的孔隙水压恒定时间，并采取不同孔隙水压下的渗流稳定值为该应力与孔隙水压下的渗透率。

根据 TAW－2000 型电液伺服岩石三轴试验系统自动采集的试验数据计算煤岩渗透率时，假设试验煤岩自然浸泡完全饱和，且在孔隙水压下也占据细小孔隙，因此，试验过程中的入口水流量可认为等量的水流量于出口端渗出，并以此计算水力耦合作用下的煤岩渗透率。

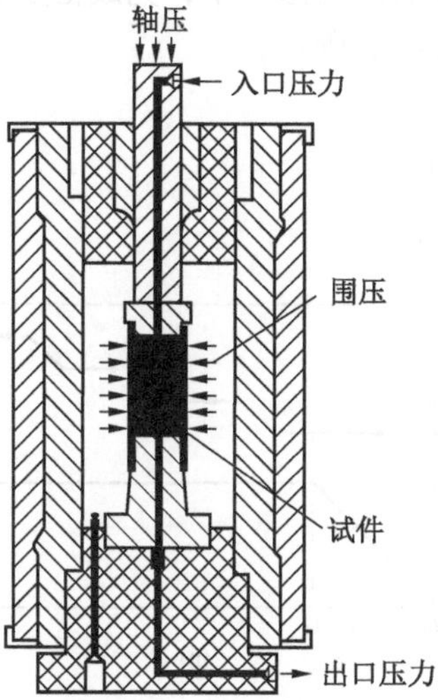

图4－1　水力耦合作用下煤岩渗流试验原理示意图

二、水力耦合作用下煤岩渗流特性试验方案

煤岩的渗透性能除与自身孔/裂隙等细观结构有关外，与其所处应力状态、孔隙水压等外界条件也有直接关系。为了系统地研究水力耦合作用下煤岩的渗透性能与地应力、孔隙水压之间的变化规律，利用兴隆庄煤矿 10303 工作面煤岩试样进行采动应力、孔隙水压作用下的煤岩渗流特性试验。按照作用于煤岩试样的孔隙水压的不同，试验分为：①恒定孔隙水压下的全应力－应变压缩试验，用于试验模拟工作面回采过程中采动应力下恒压注水渗流性能与煤体所受应力之间的关系；②不同应力状态下的煤岩动水压渗流特性试验，用于试验模拟不同采动应力下孔隙水压对煤岩渗透性能的影响。

水力耦合作用下煤岩渗流特性试验加载初期与水力耦合三轴压缩试验类似，先将围压与轴压分别以 50 N/s、100 N/s 的速度加载到预定静水压力水平，然后以 100 N/s 的速度加载进水端孔隙水压（P_1）达到试验预定值，出水端与大气相通。因此，出水端孔隙水压（P_0）即为大气压，而后以 50 N/s 的轴向应力加载速度加载轴向应力达到设定应力水平，并维持该应力水平直到测定出该水平下的煤岩渗流率，则继续加载轴向应力达到下一设定应力水平，依次重复上述试验步骤。在煤岩轴向应力加载至强度极限（依据煤岩三轴压缩应力 - 应变曲线推断）时，改变加载控制方式为位移控制，以 0.1 mm/min 的位移加载速度施加轴向载荷，直至试样破坏，测定峰后煤岩渗透率，完成恒定孔隙水压下的全应力 - 应变压缩试验，试验路径如图 4 - 2a 所示。

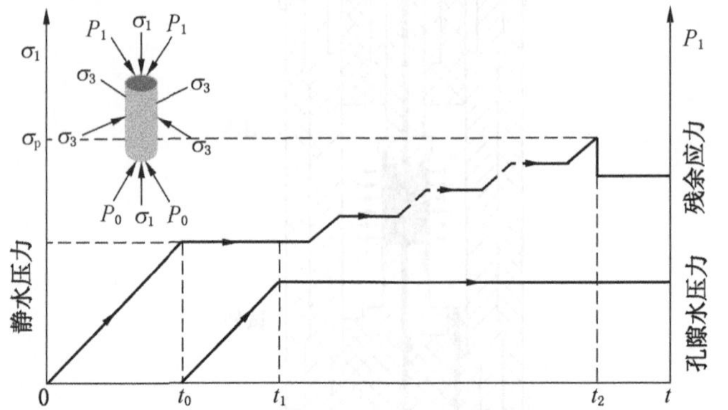

(a)

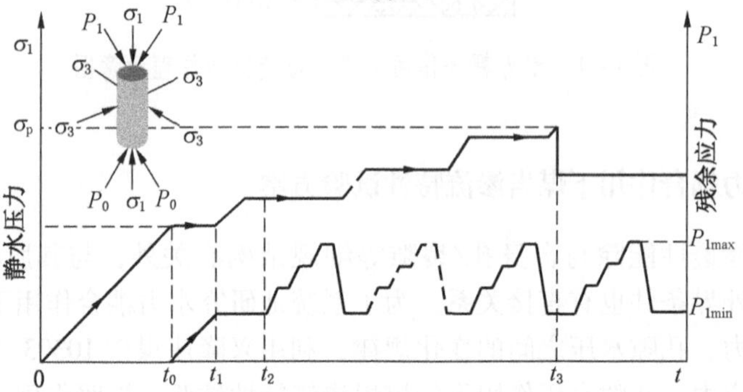

(b)

图 4 - 2　水力耦合作用下煤岩渗流特性试验应力路径

对于不同应力状态下的煤岩动水压渗流特性试验，先将围压与轴压分别以

50 N/s、100 N/s 的速度加载到预定静水压力水平，然后以 100 N/s 的速度加载进水端孔隙水压（P_1）达到试验预定值，而后维持轴向应力加载水平，以 50 N/s 的应力加载速度升高孔隙水压，使其达到设定值。维持孔隙水压直到测定出该应力与孔隙水压作用下的煤岩渗透率，继续以 50 N/s 的应力加载速度升高孔隙水压至下一设定值，依次重复上述试验步骤，待实现全部该应力状态下的孔隙水压试验后，以 100 N/s 的速度卸载孔隙水压至初始孔隙水压并维持，然后以 50 N/s 的应力加载速度继续加载轴向应力，使其达到下一试验应力水平，重复孔隙水压加载试验步骤。依次类推，待轴向加载应力接近煤岩强度极限时，改变加载控制方式为位移控制，以 0.1 mm/min 的位移加载速度施加轴向载荷，直至试样破坏，测定峰后煤岩渗透率，完成不同应力状态下的煤岩动水压渗流特性试验内容，试验路径如图 4－2b 所示。

试验所用试样参数及试验条件见表 4－1。

表 4－1　试样参数及试验条件

试验类型	试样编号	高度/mm	直径/mm	围压/MPa	孔隙水压 P_1/MPa
采动应力	XL－31	99.17	49.73	10	3.5
	XL－32	98.82	49.82	10	5
	XL－33	98.75	49.14	10	7
孔隙水压	XL－34	100.13	49.23	10	2→3.5→5→7→8→2

第二节　采动应力与孔隙水压对煤岩渗流特性的影响

煤岩的渗透性能除与自身孔/裂隙等细观结构有关外，与其所处应力状态、孔隙水压等外界条件也有直接关系。煤炭除了是承载地壳重力的重要介质之一外，还是主要的能源材料。在其开采过程中，除了承受地应力作用外，还受到煤层开采带来的采动应力，而采动应力的作用是工作面前方煤体受压变形、破坏的主导因素。由于煤体变形与其细观结构有着重要联系，作为流体的渗流通道，煤体内部孔/裂隙结构的改变将对其渗透性能产生直接影响，进而影响煤层注水、瓦斯抽放等灾害治理工作的效果。

一、采动应力作用下煤岩渗流特性试验分析

为了探究采动应力对煤岩渗透率的影响作用，利用分段全应力－应变加载试

验过程模拟采动应力条件，试验分析煤岩渗透特性在全应力－应变加载过程中的变化规律，以更好地指导煤层分区逾裂强化注水增渗工艺技术的现场实践。采动应力作用下煤岩渗流特性试验结果见表4－2，不同孔隙水压下的煤岩应力－应变与渗透率变化曲线如图4－3所示。

由全应力－应变渗透率变化曲线可以看出，应变－渗透率曲线与应力－应变曲线变化存在相对应关系。煤岩渗透率的变化受应力状态作用下孔/裂隙损伤演化过程的影响，对应全应力－应变过程曲线，分析渗透率的变化趋势，主要有以下几个特征。

（1）随着应力的加载，煤岩原生孔/裂隙被压密闭合，渗透率呈线性下降趋势。

（2）在煤岩线性变形过程中，孔/裂隙进一步随之发生动态变化，该过程中渗透率呈现非线性下降至最低值后出现非线性上升趋势。这说明煤岩中的孔/裂隙先后出现压密、闭合与扩展、萌生等微观变化，而煤岩宏观力学性能变化不明显，未因内部损伤而呈现显著变化。

（3）伴随煤岩非线性变形与强度极限的出现，渗透率曲线呈现急剧上扬，说明经历微观的损伤变形后，煤岩孔/裂隙进一步扩展贯通，并出现宏观裂隙，使煤岩渗透性能急剧增强，且由孔/裂隙扩展贯通的量变引起了煤岩屈服破坏的质变。

（4）煤岩达到峰值强度后，破裂煤块沿破裂面发生错动，裂隙的张开度和连通程度随变形扩展而提高，裂隙间的连通比较充分，此时，煤岩试样的渗透率达到峰值。

（5）随着变形的进一步发展，破裂煤块的凹凸部分被剪断或磨损，裂隙张开度减小，在围压作用下，被破坏的煤岩试样出现一定程度的压密闭合，试样渗透率有所下降。

综上所述，煤层是由裂隙系统与孔隙介质组成的孔/裂隙结构，孔/裂隙的发育与分布除受自身结构成分与变质程度等内在因素的影响外，还受应力、赋存条件与水环境等外在因素的影响。煤岩渗透率随着煤层所受应力的变化而呈现动态变化，当受外在压力水作用或采动影响时，煤岩中原生孔/裂隙可能发生改变，致使煤岩的宏微观结构发生破坏，弱化煤岩强度，煤体的渗透性能也随之改变。由此可见，煤岩裂隙场和渗流的演化与开采过程密切相关，采动形成的裂隙场是压力水渗透运移的主要通道，因此，为了达到较好的煤层注水效果须充分考虑煤层渗透性能以及其随采动变化的规律，以更好地优化设计煤层注水工艺参数，满足不同渗透性能条件下的煤层注水技术应用。

表4-2　采动应力作用下煤岩渗透特性试验结果

试样编号	试验参数	试验测点												
		1	2	3	4	5	6	7	8	9	10	11	12	13
XL-31号	应变	0.00101	0.00303	0.00505	0.00657	0.00809	0.0096	0.01112	0.01264	0.01415	0.01567	0.01719	0.0182	0.0191
	应力/MPa	9.80512	14.9655	20.1026	29.6947	34.8700	40.4826	45.3413	50.5742	55.4482	60.8644	50.1653	48.8815	46.3321
	渗透率/$\times 10^{-7}$D	11.8651	6.90976	4.21586	2.29433	1.41897	0.8121	2.06388	2.80967	4.35458	6.61828	17.3719	15.1284	15.8326
	体积应变	9.931×10^{-4}	0.00238	0.00341	0.00405	0.0046	0.00502	0.00537	0.00562	0.00579	0.006	0.00312	0.00223	0.0026
XL-32号	应变	9.960×10^{-4}	0.00299	0.00498	0.00647	0.00797	0.00946	0.01096	0.01245	0.01394	0.01544	0.01643	0.01793	0.01932
	应力/MPa	9.84253	15.0525	20.1663	29.8905	35.1894	40.5289	45.2443	50.1007	50.9527	40.8710	35.7103	30.3180	28.6487
	渗透率/$\times 10^{-7}$D	12.8180	5.57842	2.31421	1.01321	0.19223	0.07324	1.23926	3.63273	8.54072	12.7282	16.0693	16.3059	16.5479
	体积应变	8.521×10^{-4}	0.00208	0.00301	0.00372	0.00427	0.00474	0.00481	0.00408	0.00282	0.00166	-6.28×10^{-4}	-0.00158	-0.0019
XL-33号	应变	0.00102	0.00307	0.00511	0.00664	0.00817	0.00971	0.01124	0.01277	0.01431	0.01584	0.01686	0.01839	0.01961
	应力/MPa	9.87528	15.0229	20.1442	30.1217	35.0986	40.4793	45.1996	48.5694	48.4389	41.4546	36.4597	27.9046	26.7865
	渗透率/$\times 10^{-7}$D	30.11714	14.1878	10.6474	4.51311	2.39958	3.69433	5.62859	10.5584	16.8512	34.3274	43.9765	46.8664	47.7864
	体积应变	4.253×10^{-4}	0.00146	0.00219	0.00267	0.00298	0.00299	0.00288	0.0024	0.00168	-1.09×10^{-4}	-0.001	-0.00278	-0.00287

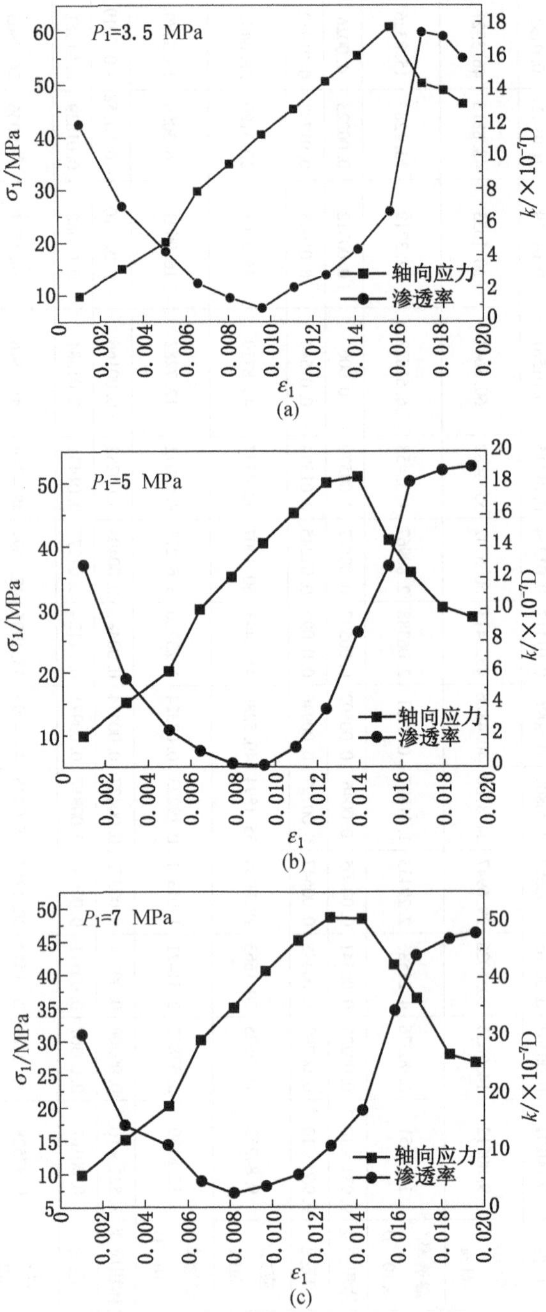

图4-3　不同孔隙水压下的煤岩应力-应变与渗透率变化曲线

二、孔隙水压作用下煤岩渗流特性试验分析

根据全应力－应变渗透特性试验数据绘制不同孔隙水压作用下煤岩渗透率变化曲线，如图4－4所示。由图4－4可以看出，孔隙水压影响煤岩渗透率。在孔隙水压为3.5 MPa、5 MPa的条件下，渗透率最低值降低到0.8121×10^{-7}D、0.07324×10^{-7}D；相比而言，在7 MPa孔隙水压的作用下，渗透率最低值增加到2.39958×10^{-7}D，且7 MPa孔隙水压试验其他应力状态的渗透率明显高于3.5 MPa、5 MPa孔隙水压的渗透率。由此可知，高孔隙水压对煤岩的渗透性能有较好的促进作用。然而，处于应变压密阶段，5 MPa孔隙水压的渗透率低于3.5 MPa孔隙水压的渗透率，在损伤非线性变形阶段，煤岩孔/裂隙进一步扩展贯通，5 MPa孔隙水压的渗透率高于3.5 MPa孔隙水压的渗透率。

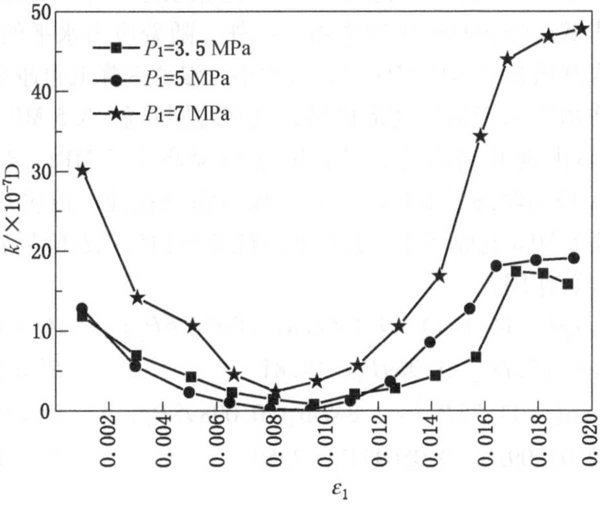

图4－4　不同孔隙水压作用下的煤岩渗透率变化曲线

由此可知，虽然孔隙水压影响煤岩的渗透特性，但是煤岩渗透率并非完全随着孔隙水压的增加而提高，而是在一定的应力条件下对煤岩渗透性能具有显著提高作用的孔隙水压存在特定的临界阈值，且孔隙水压对煤岩渗透率的作用大小与其所处的应力状态有关。在孔/裂隙压密闭合阶段，高孔隙水压有利于被压密闭合的孔/裂隙重新张开，进而提高煤岩渗透性能，如7 MPa孔隙水压时；然而小于临界阈值的孔隙水压，如5 MPa孔隙水压作用试验结果，在裂隙压密闭合阶段，5 MPa孔隙水压不足以克服渗流阻力，反而对煤岩基质骨架起到压实作用，

使得孔/裂隙进一步闭合，使渗透率低于 3 MPa 孔隙水压作用时的煤岩渗透率。随着应力的加载，煤岩内部孔/裂隙损伤贯通，渗流阻力降低，孔隙水在 5 MPa 压力作用下更容易发生渗流，从而使 5 MPa 孔隙水压作用下的煤岩渗透率高于 3 MPa 孔隙水压作用下的煤岩渗透率。

为了进一步探究孔隙水压对煤岩渗透性能以及体积应变的作用，对同一煤岩试样在不同孔隙水压作用下的渗流特性进行实验室测定。试验时，分别于静水应力阶段、弹性变形阶段、塑性变形阶段以及峰后进行 2 ~ 8 MPa 孔隙水压作用下的煤岩渗流测定试验。

不同孔隙水压作用下的煤岩渗透率试验结果见表 4 – 3。不同应力状态下的孔隙水压与渗透率的关系如图 4 – 5 所示。由图 4 – 5 可以看出，当孔隙水压从 2 MPa 升高到 3.5 MPa 时，处于 10 MPa、25 MPa、40 MPa 应力作用下的煤岩渗透率均出现不同程度的降低，这说明 3.5 MPa 孔隙水压并未有效提高煤岩渗透性能，反而对煤岩基质骨架起到压缩作用。此外，随着应力水平的增加，3.5 MPa 孔隙水压对煤岩基质骨架的压缩作用越来越小，渗透率降低也越来越小，直到煤岩在轴向应力作用下出现损伤变形破坏，孔/裂隙贯通，3.5 MPa 孔隙水压作用下的煤岩渗透率出现升高趋势。当孔隙水压提高至 7 MPa、8 MPa、10 MPa、25 MPa、40 MPa 应力状态以及峰后，其对煤岩渗透性能的改善均具有较好的提高作用，尤其是 8 MPa 孔隙水压，其在非线性变形损伤以及峰后对煤岩渗透性能的提高均具有显著作用。

$$k = 4.405e^{+12}\exp(-14.1P_1) + 9.106\exp(0.009426P_1) \quad R^2 = 0.9996 \quad (4-2)$$

$$k = 0.1717P_1^2 - 1.969P_1 + 14.81 \quad R^2 = 0.8209 \quad (4-3)$$

$$k = 7.719e^{+9}\exp(-11.75P_1) + 1.847\exp(0.09898P_1) \quad R^2 = 0.9278 \quad (4-4)$$

$$k = 0.03009P_1^2 - 0.05647P_1 + 2.59 \quad R^2 = 0.8735 \quad (4-5)$$

表 4 – 3　不同孔隙水压作用下的煤岩渗透率试验结果

试样编号	轴向应力/MPa	渗透率/ $\times 10^{-7}$ D				
		$P_1 = 2$ MPa	$P_1 = 3.5$ MPa	$P_1 = 5$ MPa	$P_1 = 7$ MPa	$P_1 = 8$ MPa
XL – 34 号	10	11.83183	9.39757	9.55606	9.75446	9.79410
	25	2.74439	2.39545	3.27836	3.76507	3.96255
	40	2.72128	1.29500	2.72175	2.25094	7.05586
	峰后	16.18283	16.65711	12.45775	39.62044	69.56071

图4-5给出了不同应力状态下孔隙水压与渗透率之间的抛物线型与指数函数拟合关系，式（4-2）、式（4-3）分别给出了10 MPa应力作用下孔隙水压P_1与渗透率k之间的抛物线型与指数函数拟合关系；式（4-4）、式（4-5）分别给出了25 MPa应力作用下孔隙水压P_1与渗透率k之间的抛物线型与指数函数拟合关系；式（4-6）、式（4-7）分别给出了40 MPa应力作用下孔隙水压P_1与渗透率k之间的抛物线型与指数函数拟合关系；式（4-8）、式（4-9）分别给出了峰后状态孔隙水压P_1与渗透率k之间的抛物线型与指数函数拟合关系。由图4-5及拟合相关系数可以看出，指数函数对孔隙水压与渗透率之间的变化规律具有较好的拟合关系。

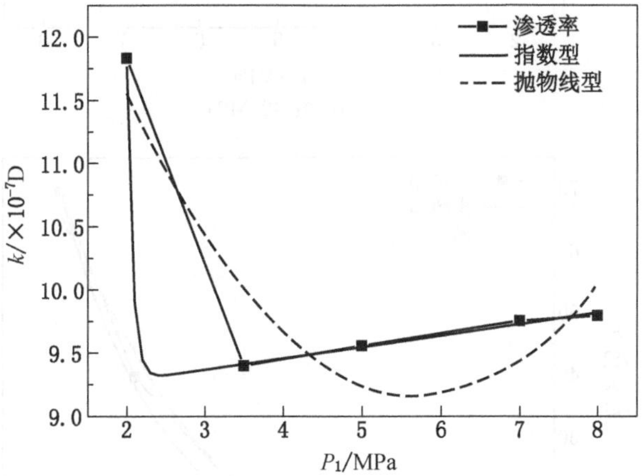

(a)σ_1=10 MPa

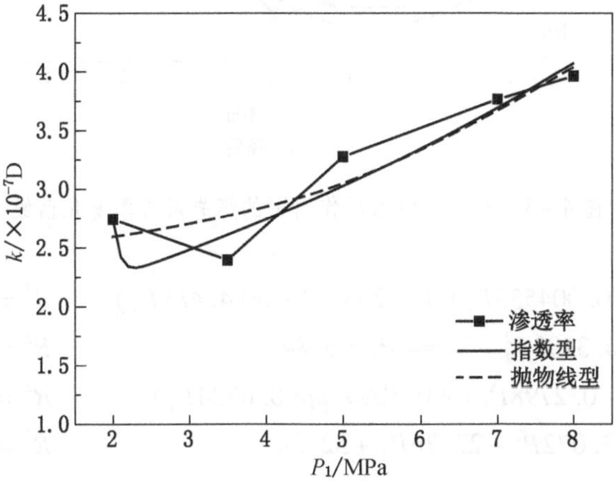

(b)σ_1=25 MPa

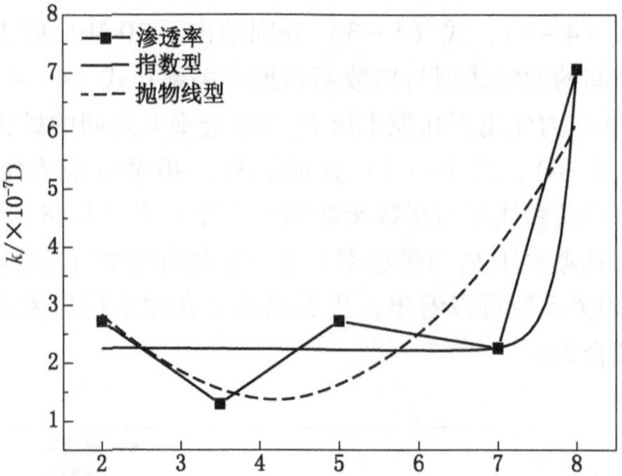

(c) σ_1=40 MPa

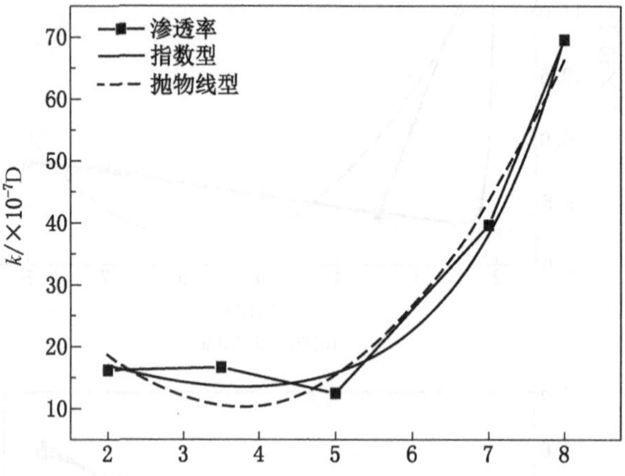

(d) 峰后

图 4-5　不同孔隙水压作用下的煤岩渗透率变化曲线

$$k=2.278\exp(-0.004555P_1)+1.263\mathrm{e}^{-15}\exp(4.488P_1) \quad R^2=0.9316 \quad (4-6)$$

$$k=0.3193P_1^2-2.644P_1+6.843 \quad R^2=0.7401 \quad (4-7)$$

$$k=27.67\exp(-0.2798P_1)+0.3099\exp(0.6724P_1) \quad R^2=0.9901 \quad (4-8)$$

$$k=3.072P_1^2-22.76P_1+52.24 \quad R^2=0.9658 \quad (4-9)$$

第三节　水力耦合作用下煤岩孔/裂隙扩展与注水渗流特征

试验研究表明，煤岩在应力－水压作用下，力学性质、渗透特性都发生了不同程度的变化，尤其是在高围压、水压条件下，力学性质、渗透性能的变化是煤岩内部孔/裂隙损伤演化的结果。应力－水压作用下，煤岩孔/裂隙的变化以及压力水在煤层中的流动是一个复杂的力学过程，除受自身力学性能与结构的影响外，还受埋深、应力、水压等因素的影响。本章在试验结果的基础上，对煤岩孔/裂隙扩展与渗流过程进行理论分析。

一、应力－水压作用下煤岩孔/裂隙扩展渗透特征分析

由于不同地质年代的地质构造作用，煤岩体被大量结构面切割，这些裂隙虽杂乱无章，但有一定的规律可循。地质调查发现，作为沉积岩的煤岩体呈层状分布，往往被几组平行的裂隙所切割。所以，可以将煤岩体裂隙假设为平行、等间距、等隙宽的裂隙组进行理论研究。由于煤岩体孔隙的渗流速度远远小于裂隙的渗流速度。研究中常常忽略煤岩体孔隙中的渗流作用，认为水仅在裂隙中流动（Louis，1969；Bear，1972；Iwai，1976；Hoek、Bray，1977），采用这些假设后可以得到一组平行裂隙的渗透系数为

$$K_0 = \frac{\beta \rho g b^3}{12 s \mu} \tag{4-10}$$

式中　K_0——裂隙煤岩体原始渗透系数；

ρ——水的密度；

β——裂隙网格的连通系数；

μ——水的动力黏度系数；

b——裂隙原始等效隙宽；

s——裂隙平均间距；

g——重力加速度。

当应力发生变化时，将引起式（4－10）中的隙宽 b 发生变化，则应力变化后的渗透系数 K 为

$$K = K_0 \left(1 + \frac{\Delta b}{b}\right)^3 \tag{4-11}$$

式中　Δb——应力变化导致的隙宽变化量。

根据达西定律，由于应力变化造成的裂隙煤岩体渗流量 Q_0 的变化量 Q 为

$$Q = Q_0\left(1 + \frac{\Delta b}{b}\right)^4 \tag{4-12}$$

二、煤岩孔/裂隙扩展渗透特征与埋深的关系

（一）重力引起的煤岩孔/裂隙尖端的压缩变形

对于埋深为 H 的单一水平孔/裂隙受岩体重力 γH 作用的力学模型如图 4-6 所示，由孔/裂隙尖端的应力场计算结果可知，对孔/裂隙产生破坏影响的应力是垂直于孔/裂隙面方向的应力，而平行于孔/裂隙面方向的应力可以忽略不计。此问题可简化为无限大板具有长度为 $2a$ 的中心孔/裂隙，在远方受均匀压力 $P_0 = \gamma H$ 作用的模型，其中 $c-a$ 表示由于压应力造成的孔/裂隙尖端破坏长度。

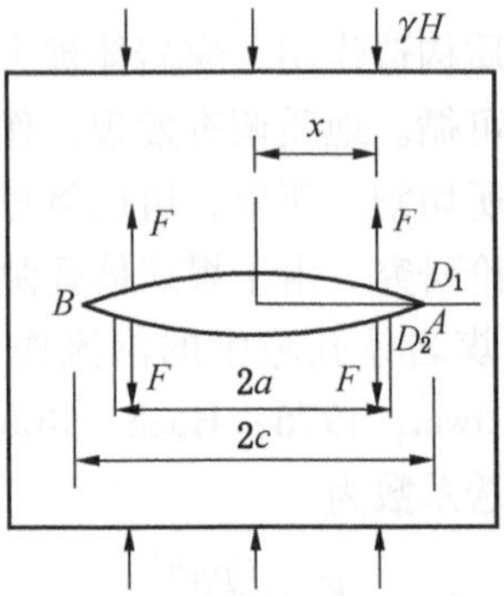

图 4-6　孔/裂隙尖端力学模型

在 D_1、D_2 两点引入一对虚力 F，其在孔/裂隙尖端 A、B 处的应力强度因子为 $K_{IF}^A = K_{IF}^B = \frac{F}{\sqrt{\pi c}}\sqrt{\frac{c+x}{c-x}}$，把孔/裂隙长度视为变量，即孔/裂隙瞬时长度为 2ξ，代入上式得 $K_{IF} = \frac{F}{\sqrt{\pi\xi}}\frac{2\xi}{\sqrt{\xi^2 - x^2}}$。已知远方受均匀应力 γH 作用在孔/裂隙尖端处的应力强度因子为 $K_{IP} = \gamma H\sqrt{\pi\xi}$，应用 Paris 位移公式，并且为平面应变状态，则

$$\delta_1 = \frac{2(1-\nu^2)}{E}\int_0^c K_{IP}\frac{\partial K_{IF}}{\partial F}d\xi = \frac{2(1-\nu^2)}{E}\left[\int_0^x K_{IP}\frac{\partial K_{IF}}{\partial F}d\xi + \int_x^c K_{IP}\frac{\partial K_{IF}}{\partial F}d\xi\right] \tag{4-13}$$

式中，ν 为泊松比。显然，当缝长 $\xi < x$ 时，虚力 F 作用不到孔/裂隙表面，因而 D_1 与 D_2 两点重合，点力对 F 互相抵消，对 K_{IF} 无贡献，所以式（4-13）中第一项积分为0，代入 K_{IF} 及 K_{IP} 后式（4-13）变为

$$\delta_1 = \frac{2(1-\nu^2)}{E}\int_x^c \gamma H \sqrt{\pi\xi}\,\frac{1}{\sqrt{\pi\xi}}\,\frac{2\xi}{\sqrt{\xi^2 - x^2}}\mathrm{d}\xi$$

积分后得

$$\delta_1 = \frac{4(1-\nu^2)\gamma H}{E}\sqrt{c^2 - x^2} \tag{4-14}$$

在孔/裂隙尖端 $x = \pm a$ 处产生的压缩位移为（张开位移为+，压缩位移为-）

$$\delta_1 = \frac{-4(1-\nu^2)\gamma H}{E}\sqrt{c^2 - a^2} \tag{4-15}$$

而垂直孔/裂隙，引起孔/裂隙在水平方向产生位移的应力为 $\lambda\gamma H$，同样可得到位移为

$$\delta_1 = \frac{-4(1-\nu^2)\lambda\gamma H}{E}\sqrt{c^2 - a^2} \tag{4-16}$$

（二）重力引起的煤岩孔/裂隙压缩变形

考虑单一孔/裂隙在自重力作用下的位移特征，可应用 S. L. Crouch 提出的位移不连续法。节理孔/裂隙两侧的相对位移可视为不连续位移，当法向刚度系数为 K_n 时，则应力与位移可以表示为

$$\sigma_{\mathrm{n}} = K_{\mathrm{n}} u_{\mathrm{n}} \tag{4-17}$$

（1）对于自重力 γH 作用下的水平孔/裂隙，其垂直压缩位移为

$$u_1 = \frac{-\gamma H}{K_{\mathrm{n}}} \tag{4-18}$$

（2）对于侧压力 $\lambda\gamma H$ 作用下的垂直孔/裂隙，在垂直孔/裂隙方向的压缩位移为

$$u_2 = \frac{-\lambda\gamma H}{K_{\mathrm{n}}} \tag{4-19}$$

（3）对于倾斜孔/裂隙，当孔/裂隙面与水平面的夹角为 θ 时，可得自重作用下垂直孔/裂隙面的压缩位移为

$$u_3 = \frac{-\gamma H(\cos^2\theta + \lambda\sin^2\theta)}{K_{\mathrm{n}}} \tag{4-20}$$

（三）重力作用下煤岩孔/裂隙的渗透系数

1. 孔/裂隙的隙宽变化

综合考虑前面讨论的两种情况，可得由重力引起的水平孔/裂隙在垂直孔/裂

隙面方向的压缩位移为

$$\Delta b_1=\delta_1+u_1=\frac{-4(1-\nu^2)\gamma H}{E}\sqrt{c^2-a^2}-\frac{\gamma H}{K_n} \tag{4-21}$$

重力引起的垂直孔/裂隙在垂直孔/裂隙面方向的压缩位移为

$$\Delta b_2=\delta_2+u_2=\frac{-4(1-\nu^2)\lambda\gamma H}{E}\sqrt{c^2-a^2}-\frac{\lambda\gamma H}{K_n} \tag{4-22}$$

由以上分析结果可知，随着埋深的增大煤岩孔/裂隙宽度逐渐减小。

2. 孔/裂隙渗透系数变化

将式（4－21）及式（4－22）分别代入式（4－11）及式（4－12），可得重力引起的渗透系数及渗流量变化值。

水平渗透系数：
$$K_h=K_0\left[1-\frac{4(1-\nu^2)\gamma H}{Eb}\sqrt{c^2-a^2}-\frac{\gamma H}{bK_n}\right]^3 \tag{4-23}$$

水平渗透量：
$$Q_h=Q_0\left[1-\frac{4(1-\nu^2)\gamma H}{Eb}\sqrt{c^2-a^2}-\frac{\gamma H}{bK_n}\right]^4 \tag{4-24}$$

垂直渗透系数：
$$K_V=K_0\left[1-\frac{4(1-\nu^2)\lambda\gamma H}{Eb}\sqrt{c^2-a^2}-\frac{\lambda\gamma H}{bK_n}\right]^3 \tag{4-25}$$

垂直渗透量：
$$Q_V=Q_0\left[1-\frac{4(1-\nu^2)\lambda\gamma H}{Eb}\sqrt{c^2-a^2}-\frac{\lambda\gamma H}{bK_n}\right]^4 \tag{4-26}$$

当由重力造成的孔/裂隙尖端破坏程度较小时（$c\approx a$），上述公式可写成：

$$K=K_0\left[1-\frac{\gamma H(\cos^2\theta+\lambda\sin^2\theta)}{bK_n}\right]^3 \tag{4-27}$$

$$Q=Q_0\left[1-\frac{\gamma H(\cos^2\theta+\lambda\sin^2\theta)}{bK_n}\right]^4 \tag{4-28}$$

由式（4－23）可以看出，随着埋深的增加渗透系数逐渐减小。

三、煤岩孔/裂隙渗透特征与水压的关系

（一）水压引起的孔/裂隙尖端张开位移

对于单一孔/裂隙受承压含水层水压（P）的作用，可以简化为无限大板具有中心孔/裂隙，长度为$2a$，在孔/裂隙表面作用着均匀应力（P），如图4－7所示。同样可以利用Paris位移公式求解：

$$\delta_W=\frac{4p(1-\nu^2)}{E}\sqrt{c^2-a^2} \tag{4-29}$$

可以看出，水压（P）越大，孔/裂隙尖端的张开位移越大。

（二）水压引起的孔/裂隙的张开位移

在孔/裂隙内部法向作用有水压（P）时，其法向张开位移为

$$u_W = \frac{P}{K_n} \tag{4-30}$$

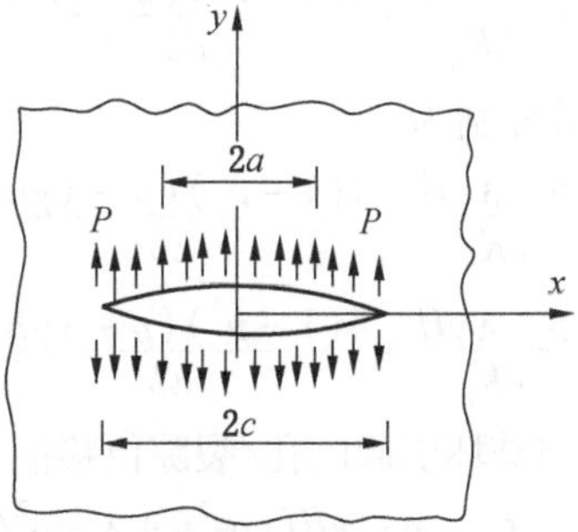

图4-7　水压作用下孔/裂隙尖端力学模型

（三）水压作用下孔/裂隙煤岩的渗透特征

综合考虑前面讨论的两种情况，可得由于水压引起的孔/裂隙张开位移为

$$\Delta b_W = u_W + \delta_W = \frac{p}{K_n} + \frac{4p(1-\nu^2)}{E}\sqrt{c^2-a^2} \tag{4-31}$$

将式（4-31）代入式（4-11）及式（4-12），可得由于孔隙水压造成渗透系数及渗流量的变化值。

$$K_W = K_0\left[1 + \frac{p}{bK_n} + \frac{4p(1-\nu^2)}{Eb}\sqrt{c^2-a^2}\right]^3 \tag{4-32}$$

$$Q_W = Q_0\left[1 + \frac{p}{bK_n} + \frac{4p(1-\nu^2)}{Eb}\sqrt{c^2-a^2}\right]^4 \tag{4-33}$$

由式（4-32）、式（4-33）可以看出，随着水压的增加，孔/裂隙煤岩的渗透系数及渗流量逐渐增加。当孔/裂隙尖端破坏长度较小时（$c \approx a$），可仅考虑式（4-30）的影响，此时有

$$K_W = K_0\left(1 + \frac{p}{bK_n}\right)^3 \tag{4-34}$$

$$Q_W = Q_0\left(1 + \frac{p}{bK_n}\right)^4 \tag{4-35}$$

四、煤岩孔/裂隙渗透特征与埋深及水压的关系

综合考虑岩体重力（γH）与孔隙水压（P）的联合作用，孔/裂隙煤岩的渗

透系数及渗流量表示如下。

水平渗透系数及渗流量分别为

$$K_h = K_0\left[1 + \frac{p-\gamma H}{bK_n} + \frac{4(1-\nu^2)(p-\gamma H)}{Eb}\sqrt{c^2-a^2}\right]^3 \tag{4-36}$$

$$Q_h = Q_0\left[1 + \frac{p-\gamma H}{bK_n} + \frac{4(1-\nu^2)(p-\gamma H)}{Eb}\sqrt{c^2-a^2}\right]^4 \tag{4-37}$$

垂直渗透系数及渗流量分别为

$$K_V = K_0\left[1 + \frac{p-\lambda\gamma H}{bK_n} + \frac{4(1-\nu^2)(p-\lambda\gamma H)}{Eb}\sqrt{c^2-a^2}\right]^3 \tag{4-38}$$

$$Q_V = Q_0\left[1 + \frac{p-\lambda\gamma H}{bK_n} + \frac{4(1-\nu^2)(p-\lambda\gamma H)}{Eb}\sqrt{c^2-a^2}\right]^4 \tag{4-39}$$

如果不考虑孔/裂隙端部破坏引起的孔/裂隙位移值，则上述关系式可以表示为

$$K = K_0\left[1 + \frac{p-\gamma H(\cos^2\theta + \lambda\sin^2\theta)}{bK_n}\right]^3 \tag{4-40}$$

$$Q = Q_0\left[1 + \frac{p-\gamma H(\cos^2\theta + \lambda\sin^2\theta)}{bK_n}\right]^4 \tag{4-41}$$

五、孔/裂隙煤岩渗透特征与应力的关系

（一）二维孔/裂隙煤岩

假设研究的煤岩由一组互相平行的孔/裂隙及完整煤岩组成，如图 4-8 所示，即认为煤岩由宽度为 s、弹性模量为 E 的完整岩石与宽度为 b、法向刚度为 K_n的孔/裂隙串联在一起。由于完整煤岩的渗透系数 K_m与孔/裂隙的渗透系数相比很小，可以忽略不计。

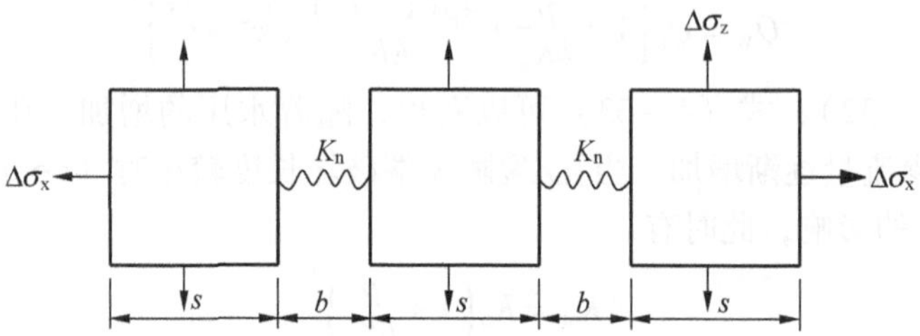

图 4-8　孔/裂隙与煤岩串联模型

在张应力 $\Delta\sigma_x$作用下，孔/裂隙的张开位移 Δu_f为

$$\Delta u_f = \frac{\Delta\sigma_x}{K_n} \tag{4-42}$$

在张应力 $\Delta\sigma_x$、$\Delta\sigma_y$、$\Delta\sigma_z$作用下，岩块的应变 $\Delta\varepsilon_x$为

$$\Delta\varepsilon_x = \frac{1}{E}[\Delta\sigma_x - \upsilon(\Delta\sigma_y + \Delta\sigma_z)] \quad (4-43)$$

此应变引起孔/裂隙压缩，由此引起的孔/裂隙压缩位移为

$$\Delta u_s = -\frac{S}{E}[\Delta\sigma_x - \upsilon(\Delta\sigma_y + \Delta\sigma_z)] \quad (4-44)$$

则在三向应力作用下孔/裂隙的张开位移增量为

$$\Delta b = \frac{\Delta\sigma_x}{K_n} - \frac{S}{E}[\Delta\sigma_x - \upsilon(\Delta\sigma_y + \Delta\sigma_z)] \quad (4-45)$$

将式（4-45）代入式（4-11）与式（4-12），可得在三向应力作用下的渗透系数：

$$K_z = K_0\left\{1 + \frac{\Delta\sigma_x}{bK_n} - \frac{S}{Eb}[\Delta\sigma_x - \upsilon(\Delta\sigma_y + \Delta\sigma_z)]\right\}^3 \quad (4-46)$$

式中　K_0——岩体应力变化前的渗透系数。

$$Q_z = Q_0\left\{1 + \frac{\Delta\sigma_x}{bK_n} - \frac{S}{Eb}[\Delta\sigma_z - \upsilon(\Delta\sigma_x + \Delta\sigma_y)]\right\}^4 \quad (4-47)$$

式中　Q_0——岩体应力变化前的流量；

$\Delta\sigma_z$、$\Delta\sigma_x$、$\Delta\sigma_y$——垂向（z 轴方向）及横向（x、y 轴方向）的应力增量，取张应力为正。

由上述公式可以看出，孔/裂隙煤岩的渗透系数与其应力状态及应力变化量有关，且随着垂直于孔/裂隙的张应力的增加而增加。这对孔/裂隙煤岩的渗透系数试验有指导意义，即在试验中加载的主要方向应是垂直孔/裂隙的方向。

（二）三维孔/裂隙煤岩

三维孔/裂隙煤岩与应力的耦合模型如图 4-9 所示。对于三维裂隙煤岩，当孔/裂隙面的法向与 x、y、z 轴方向夹角的余弦分别为 l、m、n 时，孔/裂隙面上的正应力为

$$\Delta\sigma_n = l^2\Delta\sigma_x + m^2\Delta\sigma_y + n^2\Delta\sigma_z + 2lm\Delta\tau_{xy} + 2mn\Delta\tau_{yz} + 2nl\Delta\tau_{zx} \quad (4-48)$$

在孔/裂隙面上正应力 $\Delta\sigma_n$作用下，孔/裂隙的张开位移 Δu_f为

$$\Delta u_f = \frac{\Delta\sigma_n}{K_n} \quad (4-49)$$

在张应力 $\Delta\sigma_x$、$\Delta\sigma_y$、$\Delta\sigma_z$作用下，岩块的位移 Δu_x为

$$\Delta u_x = -\frac{Sl}{E}[\Delta\sigma_x - \upsilon(\Delta\sigma_y + \Delta\sigma_z)] \quad (4-50)$$

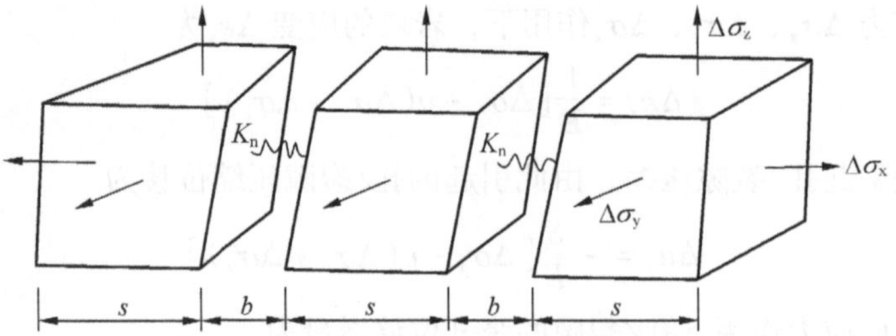

图 4-9　三维孔/裂隙煤岩与应力的耦合模型

则通过式（4-11）、式（4-12）、式（4-49）及式（4-50）可得三维孔/裂隙在三向应力作用下的渗透系数及渗透量为

$$K_z = K_0\left\{1 + \frac{\Delta\sigma_n}{bK_n} - \frac{Sl}{Eb}[\Delta\sigma_x - \upsilon(\Delta\sigma_y + \Delta\sigma_z)]\right\}^3 \tag{4-51}$$

$$Q_z = Q_0\left\{1 + \frac{\Delta\sigma_n}{bK_n} - \frac{Sl}{Eb}[\Delta\sigma_x - \upsilon(\Delta\sigma_y + \Delta\sigma_z)]\right\}^4 \tag{4-52}$$

式中，σ_n可由式（4-48）计算得出，孔/裂隙煤岩的渗流特征与正应力及剪应力直接相关。张玉卓、张金才等相关学者通过较大型含多条孔/裂隙煤岩的渗流与应力耦合试验得出，孔/裂隙煤岩的渗流量与压应力成四次方关系。

$$Q = A[1 - B(\sigma_x + \sigma_y)]^4 \tag{4-53}$$

孔/裂隙煤岩的渗流量随着作用于平行裂隙面方向的压应力的增加而增大，同样也成四次方关系，即

$$Q = C(1 + D\sigma_x)^4 \tag{4-54}$$

第四节　应力—水压作用下煤岩孔/裂隙注水渗流分析

煤层注水增加的煤体水分是裂隙、组合孔隙、微孔隙和死端孔隙中水的总和，不仅要求水能在沟通大孔/裂隙中流动，而且要求能够充分、均匀地储存在煤层孔/裂隙中。在裂隙介质中，煤层注水是较强的渗透，因而具有较强的导水能力，而在组合孔隙、死端孔隙、微孔隙中则是毛细和扩散运动，具有较强的储水性能，并且裂隙中水是被其分割煤块内组合孔隙、死端孔隙、微孔隙进行毛细和扩散运动的水的来源。作为孔/裂隙介质，煤层注水时水在煤层中的运动方程为

$$\frac{\partial}{\partial x}\left(k_x\frac{\partial H}{\partial x}\right) + \frac{\partial}{\partial y}\left(k_y\frac{\partial H}{\partial y}\right) + \frac{\partial}{\partial z}\left(k_z\frac{\partial H}{\partial z}\right) = \xi\frac{\partial H}{\partial t} - \Gamma + Q - Q_1 \tag{4-55}$$

式中 H——水头；

k_x、k_y、k_z——坐标轴方向的渗透系数；

ξ——孔/裂隙介质的储水系数；

Q——源汇项；

Q_1——由死端、微孔隙的毛细和扩散作用引起控制体内水量的变化；

Γ——沟通大裂隙与组合孔隙之间的水量交换。

Γ 的大小取决于裂隙与组合孔隙间的压差，可以表示为

$$\Gamma = \lambda(h - h') \tag{4-56}$$

式中 h'——在组合孔隙与裂隙接触处的水头；

λ——比例常数。

一、水在沟通裂隙中的渗透运动方程

从微观上讲，水在沟通裂隙中的渗透可以用单维渗透来描述。根据质量守恒定律、达西定律，可以得到下列方程组：

$$\begin{cases} \mathrm{div}\bar{v} = \dfrac{-\partial \Delta M}{\partial t} = \dfrac{-\partial M}{\partial t} \\ \mathrm{div}\bar{v} = \alpha(P - P_1) \\ \bar{v} = -k(P)\,\mathrm{grad}P \end{cases} \tag{4-57}$$

式中 $\bar{v}$——水在煤体中的渗流速度；

t——渗透时间；

M——煤层中注水时的水分；

ΔM——煤体中水分增量；

P——裂隙中液体的压力；

P_1——被包围煤块中的水压；

α——确定煤块边界渗透的系数；

$k(P)$——与孔/裂隙中水压有关的渗透系数。

为了求解上述方程组，引入下列一组无因次量，即

$$\begin{cases} \eta = \sqrt{\dfrac{a}{k}}\chi \qquad \sigma = \left(\dfrac{\alpha p_E}{\Delta M_{max}}\right)t \\ P = \dfrac{P}{P_E} \qquad M = \dfrac{\Delta M}{\Delta M_{max}} \\ P_1 = \dfrac{P_1}{p_E} = \phi(P, M) \qquad v = \dfrac{v}{\sqrt{\dfrac{a}{k}}P_E} \end{cases} \tag{4-58}$$

式中，P_E为注水钻孔中的有效水压。引入上面一组无因次量后，得到边界条件为

$$\begin{cases} M=0,\sigma=0 \\ P_1=1,\eta=0 \\ \Phi(P_1,0)=0 \\ j(P_1,0)=p \end{cases} \tag{4-59}$$

最后求得解析解为

$$Q_0 = \int_0^{\infty} \Delta M(x,t)\mathrm{d}x = \Delta M_{\max}\sqrt{\frac{a}{k}}U(\sigma) \tag{4-60}$$

式中，$U(\sigma)=\int_0^{\infty} M(\eta,\sigma)\mathrm{d}\eta=\sqrt{2}\ \sqrt{\sigma+\mathrm{e}^{-\sigma}-1}$。

二、组合孔隙中的压差运动

实际上沟通大裂隙包围煤块组合孔隙中，水的流动比大裂隙中渗透运动慢，则$\Gamma=\lambda(h-h')$ 中的h'满足下列方程：

$$\xi'\frac{\partial h'}{\partial t}=\lambda(h-h')$$

式中 ξ'——孔隙的储水系数。

由此可得

$$\Gamma = -\lambda\int_0^t \mathrm{e}^{-r(t-\tau)}\frac{\partial H}{\partial \tau}\mathrm{d}\tau \tag{4-61}$$

式中，$r=\lambda/\xi'$。如前所述，由于在被沟通大裂隙包围的组合孔隙中，水流动缓慢，用一维流动处理，即

$$\frac{k'\partial^2 h'}{\partial z^2}=\frac{\xi'_\Delta \partial h'}{\partial t} \tag{4-62}$$

并服从以下定解条件：

$$\begin{cases} h'=h'_0 \\ h'=h \quad (z=0) \\ \dfrac{\partial h'}{\partial z}=0 \quad (z=0) \end{cases}$$

式中 k'——组合孔隙的水力传导系数；

ξ'_Δ——比储水系数；

h'_0——初始的孔隙水头。

三、死端孔隙及微孔隙中水的毛细运动方程

毛细运动是在孔隙直径从$10^{-7}\sim10^{-6}$m 到较小一些的孔隙中发生的。在这些

孔隙中，重力和液体的性质（表面张力和湿润边角）对水在毛细管中的运动起很大作用。水在孔隙中的毛细运动，由能量方程得

$$\frac{\pi r^2\gamma_H X\mathrm{d}^2X}{\mathrm{d}t^2}+\pi r^2\gamma_H\left(\frac{\mathrm{d}X}{\mathrm{d}t}\right)^2+\frac{8\mu\pi X\mathrm{d}X}{\mathrm{d}t}+\pi r^2\gamma_H Xg\sin\theta-2\alpha_0\pi r\cos\theta=0 \tag{4-63}$$

式中 X——液体沿毛细管运动的距离；

t——时间；

μ——液体的动力黏度；

γ_H——液体的密度；

g——重力加速度；

θ——毛细管与水平面的倾角，或煤被液体湿润的边角；

α_0——液体表面张力系数；

r——毛细管半径。

假若考虑到液体沿毛细管运动的速度和加速度不大，重力又比毛细压力小得多，则式（4-63）的解为

$$x=\sqrt{(a_0\cos\theta)2\mu}\ \sqrt{rt}$$

整理后得

$$x=\alpha_m\sqrt{t}\qquad \alpha_m=\sqrt{\frac{18\times10^4 r_{max}\alpha_0\cos\theta}{\mu}}$$

式中 α_m——毛细运动系数；

r_{max}——毛细运动最大孔隙半径，取 $r_{max}=0.5\times10^{-6}$m。

由毛细运动增加的水量为

$$M_m=\pi r^2\gamma_H x=\pi r^2\gamma_H\alpha_m\sqrt{t} \tag{4-64}$$

四、水在微孔隙中的扩散运动

当液体由湿润性强的区域向湿润性较差、曲率较小的区域做扩散运动时，扩散运动用下式描述：

$$\frac{\partial\Delta W_k}{\partial t}=\frac{\partial}{\partial t}\left(D\frac{\partial W_k}{\partial x}\right) \tag{4-65}$$

式中 ΔW_k——扩散后煤中水分增量；

t——时间；

x——液体在孔隙中的扩散距离；

D——扩散系数。

假设时间从扩散过程开始计算，所讨论的区域与液体扩散源边界的水分增量是可能的，则有下面的初始和边界条件：

$$\begin{cases}\Delta W_{k}=0, t=0\\ \Delta W_{k}=\Delta W_{m}, x=0\end{cases}$$

最后求得在该条件下方程的解为：$x=\alpha_{r}\sqrt{t}$

分子扩散运动使煤层中水分增加量为

$$W_{k}=2\pi r^{2}x=2\pi r^{2}\alpha_{r}\sqrt{t} \qquad (4-66)$$

式中 α——在给定时间内由于分子扩散运动使微孔隙中水分增加，即填充孔隙的系数，由试验得到；它与孔隙、液体性质有关。

因此，煤层注水湿润煤体，使水分增加，是由裂隙中渗透、组合孔隙中的压差、死端和微孔隙中毛细和分子扩散运动几部分的水分增加量组成的。裂隙渗透，组合孔隙中的压差运动与裂隙中水的压力密切相关，是压力的函数。而毛细和分子扩散运动则与液体和孔隙的性质有关，与孔隙中水压关系不大，从理论上弄清楚各参数之间的相互关系，有利于弄清煤层注水的渗流过程，从而更好地指导实际煤层注水工作。

第五章　煤层分区逾裂强化注水增渗机理与时间效应

煤层强化注水不仅关注煤层渗透性能的提高，也注重采取强化措施后，压力水在煤层孔/裂隙中的输运特征与过程。针对不同工程背景下流固耦合的岩石力学问题，许多学者进行了大量应力-应变渗透率演化方面的试验研究工作，但较多地集中于研究应力对煤岩渗透性的影响作用，对于不同含水状态以及孔隙水压作用下的煤岩应力-应变及渗流特性的时间效应尚缺乏系统深入的研究。此外，通过逾渗理论与双重介质理论的有机结合，建立煤岩孔/裂隙双重介质逾渗模型，并利用该模型与煤岩渗透特性试验数据分析应力、水压作用下煤层高压注水过程中的逾渗机理，为合理确定煤层注水区域与参数提供科学依据。

第一节　煤岩水力耦合蠕变与渗流特性演化规律

大量室内试验和现场量测结果表明，岩石的应力-应变状态随时间的变化而改变，为此，利用 TAW-2000 型电液伺服岩石三轴仪对不同含水状态以及孔隙水压作用下的煤岩应力-应变及其渗流特性的时间效应进行试验研究，得出不同水力耦合作用下煤岩轴向应变、体积应变以及渗透率随时间的变化规律。

一、煤岩水力耦合蠕变特性试验

煤岩在恒定外力作用下的变形是一种具有时间效应的变形，即煤岩的蠕变现象。煤岩的蠕变性质是其固有属性，与其微观组成结构及应力状态等因素有关。此外，自然煤岩是固、液、气组成的三相介质，存在并流动于其中的自由水，将对煤岩力学状态产生影响。第二章第二节与第二章第三节对不同含水率以及孔隙水压作用下的煤岩力学性质试验结果表明，水对煤岩的破坏有着重要影响。从水力耦合作用下的煤岩渗流特性试验过程中可以发现，煤岩的力学性质以及渗流特性不仅与应力、孔隙水压有关，还与应力、孔隙水压对煤岩的作用时间有关，即煤岩的力学、渗流性能具有时间效应。

煤岩遇水后，其力学性能不仅发生变化，而且水对岩石的蠕变力学特性加剧，现场煤层注水过程中，其注水湿润煤体也处于长时间的地应力作用下，因此有必要对水力耦合作用下的煤岩蠕变渗流特性进行系统的试验研究，探究孔隙水压对煤岩蠕变性能以及蠕变对渗透特性的影响作用。

利用兴隆庄煤矿 10303 工作面煤岩试样进行围压为 10 MPa 条件下自然、饱水以及 3.5 MPa 孔隙水压作用下的煤岩蠕变特性试验，其中自然、饱水煤岩的蠕变特性试验采用 RLJW－2000 型岩石伺服压力试验机进行，3.5 MPa 孔隙水压作用下的煤岩蠕变特性试验采用 TAW－2000 型电液伺服岩石三轴仪进行。

岩石蠕变试验的加载方式主要有 3 种，即单级加载法、逐级加载法、逐级增量循环加卸载法（图 5－1）。单级加载法，即在恒定应力作用下，对同一组岩石试样进行不同应力水平的蠕变试验，观测岩石试样蠕变变形与时间的关系；逐级加载法，即在施加某一应力后观测岩石的蠕变变形，一般在观测一定时期或者岩石蠕变基本上趋于稳定后，再施加下一级应力并观测其蠕变变形，以此类推，直至岩石试样破坏；逐级增量循环加卸载法，即在分级加载法的基础上，当岩石试样在每一级应力作用下变形基本稳定后，进行卸载并观测其滞后弹性恢复，待无滞后恢复时，再施加下一级应力。

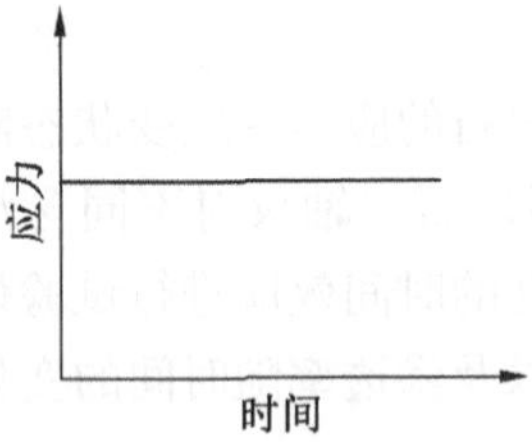

(a) 单级加载法

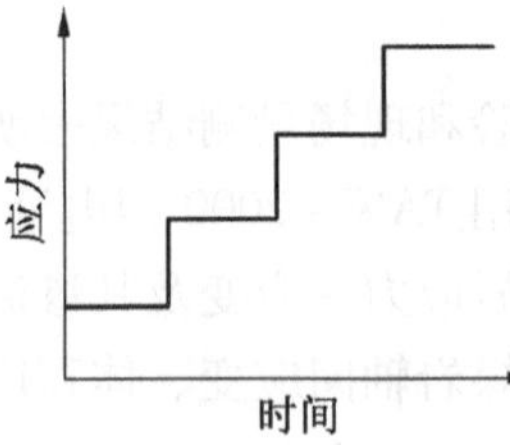

(b) 逐级加载法

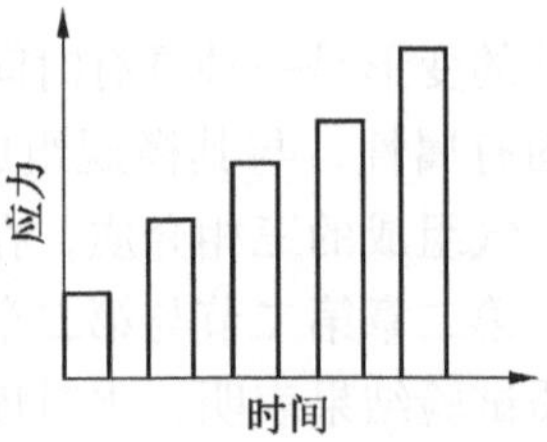

(c) 逐级增量循环加卸载法

图 5－1 蠕变试验加载方法示意图

单级加载法可以直接得到单一应力级别下的蠕变全过程曲线，若想得到不同应力水平下的蠕变全过程曲线，需要用若干组完全相同的试样在相同仪器、相同试验条件、不同应力水平下分别进行试验。这种完全相同的试验条件不易保证，且试验耗时很长、得到的成果较少。通常而言，分级加载法可以避免试样的离散性对岩石蠕变的影响，且可在同一试样上观测到不同应力水平的变形规律，节省了所需试样和试验仪器。但上一级加载的应力会对岩样造成不同程度的损伤，且随着应力水平的逐级增大，这种损伤会有增加的趋势。采用单级加载方式可以避免前期加载历史的影响，但难以避免岩石材料的非均质性对蠕变试验结果的影响。逐级增量循环加卸载法吸取了分级增量加载方式的优点，并且在试验过程中可观测到岩石的滞后弹性恢复，测得其残余变形，能全面反映岩石蠕变曲线的加卸载过程。但这种方法同样不能避免前期加载历史的影响，并且其试验时间比分级加载方法增加很多，因此目前应用不多。

目前对岩石蠕变力学特性进行试验研究，采用较多的加载方法是逐级加载法，根据线性叠加原理得到的蠕变试验结果，可得到不同应力水平下的岩石蠕变曲线。此次试验的加载方式也采用逐级加载法。进行水力耦合作用下的煤岩蠕变特性试验时，先将围压与轴压分别以 50 N/s、100 N/s 的速度加载到预定静水压力水平，而后以 50 N/s 的加载速度施加轴向载荷，达到试验设定应力水平，考虑到煤岩力学性能的特殊性以及试验仪器的稳定性，每级加载保持恒定应力 2 h，记录恒定应力下煤岩的变形与渗流特性。进行 3.5 MPa 孔隙水压作用下的煤岩蠕变特性试验时，先将围压与轴压分别以 50 N/s、100 N/s 的速度加载到预定静水压力水平，然后以 100 N/s 的速度加载进水端孔隙水压（P_1）达到 3.5 MPa，出水端与大气相通，而后以 50 N/s 的加载速度施加轴向载荷，达到试验设定应力水平，同样考虑到煤岩力学性能的特殊性以及试验仪器的稳定性，每级加载保持恒定应力 2 h，记录恒定应力下煤岩的变形与渗流特性。试验条件与试样参数见表 5－1。

表 5－1　试验条件与试样参数

试验类型	试样编号	高度/mm	直径/mm	围压/MPa	水力环境
蠕变特性试验	XL－35 号	97.43	49.56	10	自然煤岩
	XL－36 号	97.87	49.83	10	饱水煤岩
	XL－37 号	98.83	49.73	10	3.5 MPa 孔隙水压

二、水力耦合作用下煤岩蠕变特性的变化分析

煤炭实际开采过程中，煤体变形并非瞬间产生而是长时间缓慢流变的结果，其中蠕变是流变的主要形式。在煤层注水过程中，压力水通过煤体孔/裂隙发生渗流，润湿煤体，遇水后煤岩的力学性质发生显著变化，因此，含水状态是影响煤岩蠕变性质的一个重要因素。

（一）煤岩蠕变变形特征分析

图5-2、图5-3为自然含水、饱水煤岩三轴压缩蠕变试验应变与时间关系曲线，图5-4为孔隙水压作用下煤岩三轴压缩蠕变试验应变与时间关系曲线。煤岩蠕变是其内部微观层面变化的宏观反映，从损伤力学的角度来看，煤岩在一定的地质和应力环境中经历了漫长的成煤与改造历史，因而煤岩材料内部存在裂纹、孔隙以及节理等初始损伤。在较低应力作用下，试样处于弹性阶段，其内部的原生微裂纹及孔隙在应力作用下闭合，随着时间的增长，这种闭合效应逐渐减弱，试样变形也趋于稳定。在较低应力水平作用下，岩石试样仅存在原有裂隙压密以及孔隙闭合等局部结构的调整，几乎没有任何新的细观损伤产生，此时，试样变形以瞬时弹性变形为主，蠕变变形较小。例如在自然煤岩蠕变压缩试验中，轴向应力为25 MPa时，试样轴向瞬时应变为0.00392 mm/mm，而后2 h内的蠕变变形为0.00011 mm/mm。

已有的大量岩石蠕变试验研究结果表明：在较低应力水平下，当每级设定载荷加载完成后，岩石轴向应变一般经历了初始蠕变、稳定蠕变两个阶段，当应力

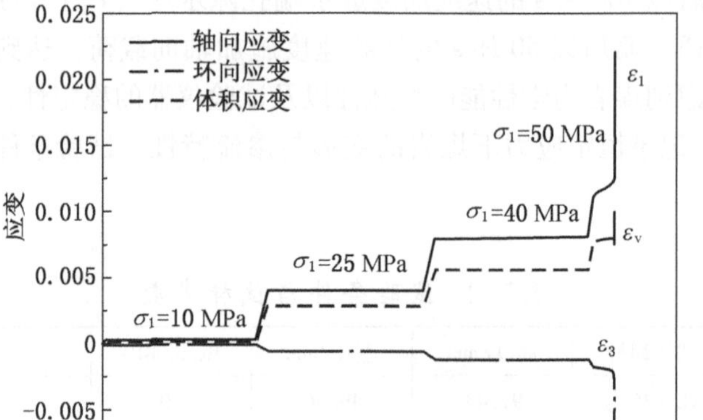

图5-2　自然含水煤岩三轴压缩蠕变试验应变与时间的关系

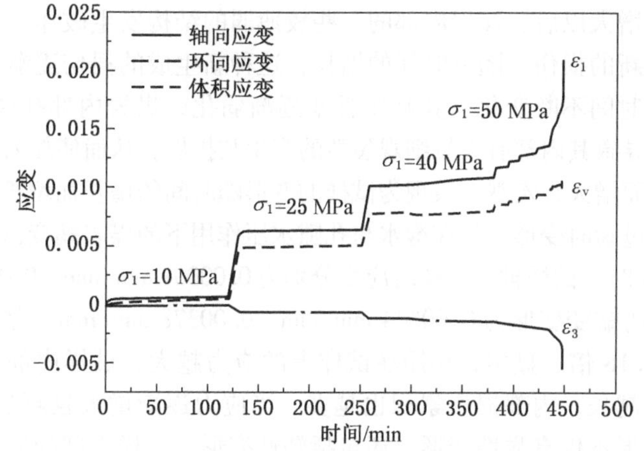

图5-3 饱水煤岩三轴压缩蠕变试验应变与时间的关系

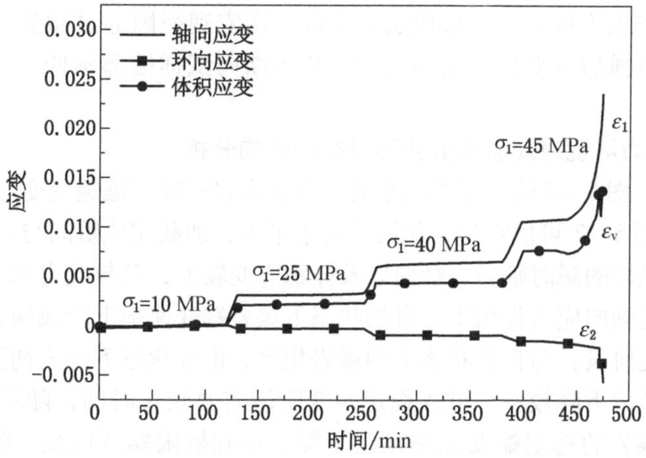

图5-4 孔隙水压作用下煤岩三轴压缩蠕变试验应变与时间的关系

水平较高时，岩石会出现加速蠕变阶段，即蠕变第三阶段。轴向蠕变速率的变化也会经历相应的3个阶段：①初始蠕变速率阶段，这个阶段蠕变速率随着时间的增长，很快衰减至某一常量；②稳定蠕变速率阶段，此阶段蠕变速率随着时间的增长，其值基本保持不变，对应的蠕变速率为稳定蠕变速率，接近于零或者为常量，其蠕变应变趋向于一个稳定值，即极限蠕变应变或者与一常量成正比例增长；③加速蠕变速率阶段，蠕变速率不能稳定于某一极限值，而是迅速增加直到岩石破坏。

应力逐渐增大以后，煤岩内部的一些较薄弱的结构发生破坏，试样在应力作用下开始产生新的损伤。随着时间的增长，这种新生成的损伤逐渐累积，煤岩细观结构开始随时间不断变化，其基质骨架逐渐弱化，煤岩内部孔/裂隙介质之间变形的不协调导致其内部有大量细观裂隙的产生与扩展，从而使煤岩的黏塑性变形随时间的增长而增大，宏观上表现为试样的变形随时间的增长而增长。此时，试样的蠕变变形超过瞬时变形，如在饱水与孔隙水压作用下的煤岩蠕变试验中，当轴向应力为45 MPa时，试样轴向的瞬时应变分别为0.00061 mm/mm、0.00073 mm/mm，而其后1 h内的蠕变变形为0.00544 mm/mm、0.00378 mm/mm，分别为瞬时应变的8.92倍、5.18倍。显然，作用在试样上的应力越大，试样内部产生的损伤越多，作用时间越长，内部损伤累积也越多。当应力逐渐增大且超过屈服极限后，此时的瞬时变形不仅有弹性变形，还包括塑性变形。试样内部的原生微裂纹在应力作用下由闭合变为张开，使试样的变形加大。因此，试样的蠕变特性随着应力与时间的增长而加剧，随着损伤的累积，煤岩试样中裂隙进一步扩展发育，在局部产生加密或连接，从而形成宏观裂纹。而宏观裂隙通过微裂隙的阶梯状连接，形成具有强烈应变集中的裂隙带，且不断向试样端部延伸，最终导致试样破坏。

（二）水力环境对煤岩蠕变变形特征的影响分析

图5-5~图5-7给出了不同水力环境下煤岩三轴压缩蠕变变形的比较关系。由图5-5~图5-7可以看出，相同应力水平下，加载完成瞬间与自然状态相比，饱水状态下煤岩的瞬时轴向、径向以及体积应变较大，且与应力水平成比例增长关系；在恒定轴向应力作用下，自然状态下煤岩蠕变速率下降较快，在较短时间进入稳定蠕变阶段；与自然状态下的煤岩相比，饱水状态下煤岩初始蠕变阶段较明显，蠕变速率下降较慢，进入稳定蠕变阶段需要较长时间；随着时间的增长，两种状态下煤岩的稳定蠕变速率接近于零，达到极限蠕变应变。随着应力的增加，自然与饱水煤岩的蠕变变形特征呈现明显不同。在较高应力的作用下，饱水煤岩在孔/裂隙水压力的作用下，对孔/裂隙产生扩展、劈裂作用，试样瞬时变形增大得更加明显。由于水对煤岩的物理化学作用，使煤岩的宏观力学性能以及细观基质骨架结构等发生改变，饱水煤岩的蠕变速率加快，更容易进入加速蠕变阶段，且蠕变变形量较大。

与自然、饱水煤岩三轴压缩蠕变变形相比，在低应力状态下，3.5 MPa孔隙水压作用下的煤岩蠕变变形除具有饱水煤岩的变化特征外，其轴向应变、环向应变以及体积应变普遍小于自然与饱水煤岩的蠕变变形量。而在高应力状态下，3.5 MPa孔隙水压作用下的煤岩蠕变变形呈现快速增加趋势，煤岩的瞬时蠕变变形量增加，明显大于饱水与自然煤岩，且在孔隙水压的渗流作用下变形加剧，促使煤岩发生破坏。

由于煤岩的渗透率较低，在低孔隙水压作用下，难以克服孔/裂隙系统的渗流阻力，煤岩内部的渗流过程十分缓慢，渗流对煤岩的强度、变形影响作用不明显，但由于煤岩试样端部受到孔隙水压作用，使煤岩基质骨架承载的有效应力降低，进而造成煤岩三轴压缩蠕变过程中的瞬时变形量小于自然与饱水煤岩。随着

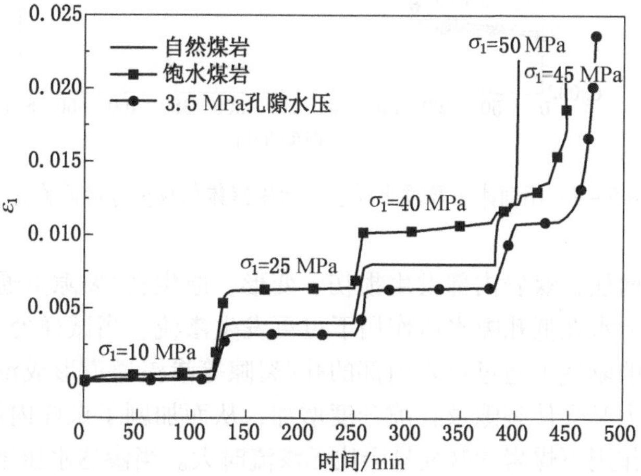

图 5-5　不同水力环境下煤岩三轴压缩轴向应变与时间的关系

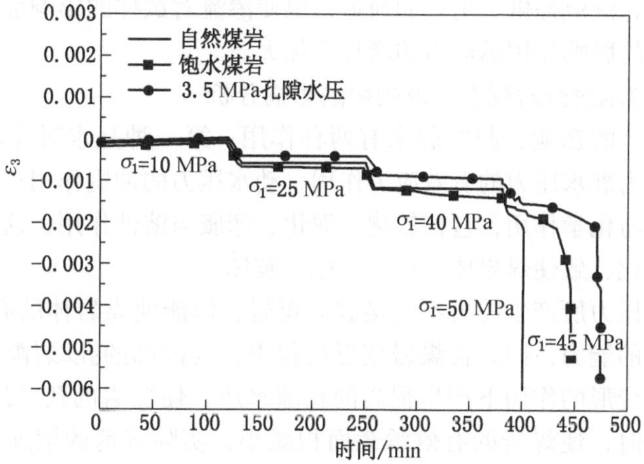

图 5-6　不同水力环境下煤岩三轴压缩径向应变与时间的关系

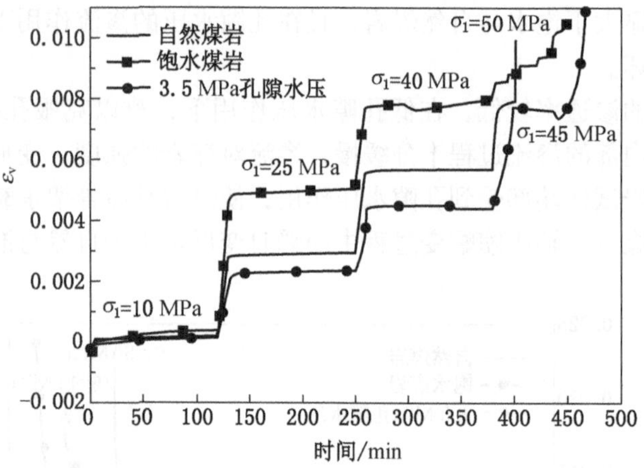

图5-7 不同水力环境下煤岩三轴压缩体积应变与时间的关系

轴向应力不断增加，煤岩内部发生损伤、变形，原生孔/裂隙贯通发育，渗流阻力降低，使压力水在低孔隙水压作用下也可发生渗流。当试样处于渗流场中时，水在渗透压力的驱使下通过煤岩内部的孔/裂隙等渗流通道形成渗流，同时渗流产生的动水压力又会使裂隙及孔隙开度增加，从而加剧了试样内部的损伤程度。因此，在渗流作用下煤岩的蠕变量会比无渗流时大。当渗透水压增加时，渗流产生的动水压力也相应增大，其对试样产生的损伤效应加大导致蠕变增加。当作用于试样的应力提高时，试样内部的损伤也随之加剧，微裂隙及孔隙开度增大、密度增加，这就为渗流提供了更多的通道，也使渗流对试样的影响加大。因此，渗流对试样蠕变的影响作用随应力的增加而加大。

（三）孔隙水对煤岩蠕变变形规律的影响分析

水对煤岩体的影响，归纳起来有两种作用：第一种是水对煤岩体的力学作用，主要表现为静水压力的有效应力作用、动水压力的冲刷作用；第二种是水对煤岩体的物理与化学作用，包括软化、泥化、膨胀与溶蚀作用，这种作用使煤岩体性状逐渐恶化，致使煤岩体变形、失稳、破坏。

虽然静水压力所产生的力不直接破坏煤岩，但能使煤岩体的有效应力降低，降低抵抗破坏的能力，同时在煤岩变形过程中，其内部的孔/裂隙水来不及四处消散，在体积变形的作用下产生很高的孔隙水压，使煤岩的孔/裂隙增加，降低煤岩强度；同时，使煤岩的有效承载面积减小，实际载荷的增加要大于自然煤岩。压力水在煤岩裂隙、节理中流动，一方面水本身起到润滑作用，另一方面水与孔/裂隙中可能存在的少量亲水物质结合，使其结构破坏，形成了类似于润滑剂的物质，造成煤岩试样在变形过程中，摩擦系数随含水量的增加而减小。煤岩中所含的少量可溶性无机矿物成分会由于水的反复溶蚀作用而分解，破坏煤岩基质骨架之间的胶连，甚至完全丧失，从而促使煤岩强度降低，变形量增加。此外，孔隙水压的孔/裂隙压力对不连续面法向应力有很大的影响。孔/裂隙压力越大，法向有效应力越小，起到使摩擦力减小的作用。孔隙水对煤岩蠕变变形的影响作用主要体现在以下几个方面。

1. 降低了煤岩的初始蠕变强度

由于孔隙水降低了煤岩强度，同时水的润滑和溶蚀作用进一步破坏了煤岩的细观结构，使其内部结构缺陷加大，在较低的外载作用下，结晶材料内部孔位或杂质的扩散就可以发生（在温度较低时，由于微元体的承载能力降低，使煤岩在较低的外载下发生蠕变变形），即降低了煤岩的初始蠕变强度。这一点已被岩石材料遇水起到了等效加载作用的现象所证实，即由于地下水或者人为注水的浸入、流动造成的活化作用，使煤岩受到浸水-干燥的反复作用，遇水前，其应力水平仍在长期强度之下，煤岩每遇水一次，其变形就增加一次，随后变形就稳定一段时间，直到下一次发生浸水，此结果与逐级加载所得结果相一致。这是由于含水率的变化降低了蠕变的初始强度，使遇水前应力水平处于蠕变起始强度之下的煤岩遇水后应力高于蠕变起始强度，这将使处于长期强度之下的煤岩蠕变变形增加。

2. 增加了极限蠕变变形量

由于水的润滑和溶蚀作用，进一步破坏了煤岩的细观结构，使煤岩细观结构的内部缺陷加大，在相同的外载荷作用下，有更多的孔位、位错或杂质分子扩散，发生更大的蠕变变形；由于含水率较高，饱水煤岩强度降低，而且在相同的蠕变变形下含水率较高的饱水煤岩中承载能力低的微元体承载能力会下降到更小值，此外，由于孔隙水的存在，使实际载荷比表观载荷的增加量更大，因此，在相同的外应力作用下，含水率较高的岩石会发生更大的极限蠕变变形。

由于在相同的应力下，含水率较高的煤岩有更多的极限蠕变变形量，因此会在较小的应力下与峰后破坏曲线相交，有较小的长期强度。这样，遇水前应力水平处于长期强度之上的煤岩，遇水后第二阶段稳定蠕变持续的时间就变短；遇水前应力水平处于长期强度之下的煤岩，遇水后应力很可能高于长期强度，发生第二、三阶段蠕变。

3. 增大了蠕变速率

与影响煤岩蠕变极限变形量的机制类似，在相同的应力作用下，含水率较大的煤岩具有较高的蠕变速率。

4. 减小了蠕变黏度系数

水对煤岩结构和性质的破坏作用，尤其是其润滑和腐蚀作用，对煤岩蠕变性质的影响体现在性能指标上，即降低了蠕变黏度系数。

三、蠕变特性对煤岩渗流特性的影响分析

蠕变引起采动岩体孔隙度的变化，从而引起其渗透特性的变化，反过来，孔隙和渗透特性的变化引起渗流场的变化，从而引起岩体蠕变特性参数的变化，因此蠕变和渗流之间存在耦合作用，这种耦合作用演化到一定程度，便使岩体的渗透特性与压力梯度满足渗流失稳条件，从而引发煤岩破坏断裂。

目前基于岩石应力-应变过程中的渗透特性研究成果已经很多，李世平、孟召平、朱珍德、杨永杰、盛金昌、杨天鸿等对各类岩石进行了不同围压条件下的全应力-应变过程渗流试验，分析了岩石在整个变形过程中的渗透性变化特点及渗流机制，研究了岩石变形过程中渗透性与变形破坏形式之间的相关关系；另外，针对岩石破裂过程的渗透特性试验和数值模拟研究及相关成果也比较多。但目前关于岩石尤其是组分与结构不相同的煤岩在蠕变全过程中渗流特征及其渗透性演化规律方面的相关研究成果较少。为此，在煤岩三轴压缩蠕变试验过程中，利用孔隙水压系统，采用恒压法进行稳态渗流测试，初步探讨了煤岩蠕变全过程中的渗流特征及其渗透率演化规律。

试验过程中，试验煤岩试样可视为连续介质，其渗流规律符合达西定律，岩样上下两端渗透压力差为3.5 MPa，试验数据采集由计算机自动控制，每施加一级应力水平，可以采集到每一时刻通过试验试样的渗流量，进而求出试样蠕变过程中渗流速率随时间的变化关系。将煤岩蠕变全过程分为初始加载瞬时应变阶段、分级稳态蠕变阶段、加速蠕变阶段，分析在煤岩蠕变全过程中渗流速率随时间的变化关系，研究岩石的渗透性演化规律。

试验煤样渗透率与体积应变的时间变化关系如图5-8所示。初始加载瞬时应变阶段，应力加载初始，煤岩首先进入非线性压密阶段，其内部的天然缺陷随轴向应力的增加呈逐渐闭合的趋势，煤岩处于压密过程，进而使试验过程中的渗透率随加载时间的增长而逐渐降低；当进入弹性变形阶段时，煤岩的渗透率虽有所降低，但变化趋势较为缓慢，进而使渗流速率随时间的增长趋于较为稳定的缓慢下降状态。

在低于煤岩强度极限的每一级加载应力水平下，瞬时加载和初始蠕变阶段的渗流速率发生较明显的突变，但当进入稳态蠕变阶段后，煤岩渗流基本处于稳定缓慢下降状态。产生上述现象的原因主要是在进行瞬时加载过程中，煤岩内部材

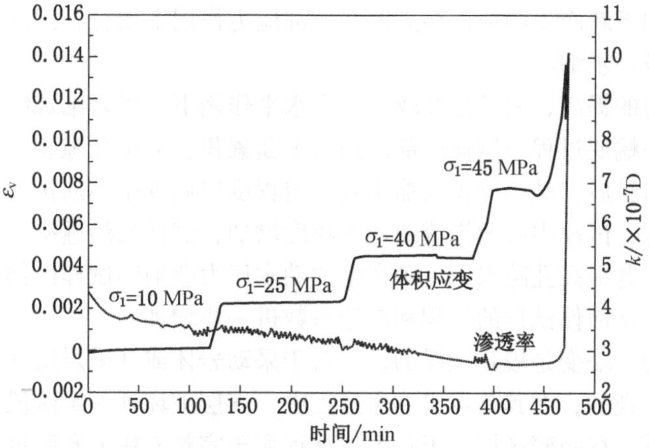

图5-8　试验煤样渗透率与体积应变的时间变化关系

料强度低及微缺陷局部部位产生了微裂隙，致使煤岩渗透率变化较大。但是，当加载应力恒定，进入稳态蠕变阶段以后，由于煤岩还处于弹性变形阶段，产生的部分微裂隙经过材料内部结构调整后又逐渐闭合。

在最后一级恒定破坏应力水平下，煤岩变形进入加速蠕变阶段，蠕变曲线也出现了较为明显的3个阶段，初始蠕变阶段的渗流速率同样出现较大波动，且波动原因与试验开始时瞬时加载情况下出现的渗流速率波动原因相似；煤岩进入稳态蠕变阶段后，由于此时应力水平超过煤岩长期强度，煤岩内部微裂隙扩展，稳态蠕变速率增大，煤岩渗透率也随之变大，呈现上升趋势。煤岩进入加速蠕变阶段后，蠕变过程中大量细观裂纹产生、扩展，并逐渐累积，最终形成宏观主裂纹，煤岩发生蠕变破裂，此过程中渗流速率明显增大。煤岩渗流由最初微孔/裂隙渗流逐渐演变为宏观裂隙渗流。

从煤岩内部结构对试验煤样渗透率、体积应变与时间的变化关系进行解释。煤岩内部存在大量微小孔隙及裂纹等初始损伤，在低应力水平作用下，试样主要表现为原生裂隙压密及孔洞闭合等局部结构的调整，体现在变形中为煤岩体积应变不断增加，呈压缩状态。随着时间的增长，试样体积进一步缩小，渗流的主要通道是试样内部固体骨架之间相互连通的孔/裂隙及各种类型的毛细管，而在此阶段由于应力的作用，体积减小，部分渗流通道会因应力压实而闭合，从而失去过水渗流能力，因此试样的渗透率会随着试样体积的压缩而减小。若在此阶段提高水压，虽然渗流对试样内部孔/裂隙及其内部充填物质的作用力将加大，但仍无法改变试样内部微裂隙被压密闭合、试样体积不断缩小的总体趋势，而且高的动水压力作用下新产生的损伤会立即在外部应力作用下闭合，因此使试样的体积及渗透系数进一步缩小。

随着应力的提高，尤其是在较高应力水平作用下，煤岩细观结构开始随时间不断变化。在蠕变过程中试样内部的损伤不断累积，大量孔隙相互连通，细观裂隙不断产生与扩展，试样体积在缩小到一定程度以后开始不断扩大，形成扩容效应。由于扩容，试样内部的渗流通道大幅度增加，试样的渗透率也呈现快速增长的趋势。此时若提高孔隙水压，则产生的动水压力会加剧试样内部孔隙的连通与裂隙的扩展，从而使试样的体积和渗透系数进一步增加。

通常认为，蠕变是极其缓慢的，但对于采动岩体或开采煤层而言，蠕变效应有时是不可忽视的，尤其是煤层注水过程中，煤层破坏到一定阶段会产生破裂区域和破碎区域，在破碎区域由于孔隙度远远大于完整岩块的孔隙度，蠕变速度很大，可能引起渗透特性急剧变化，煤层中流体的渗流发生急剧变化。

第二节　基于逾渗理论的煤层注水渗流过程分析

逾渗理论作为描述流体在孔隙介质中运动的一个数学模型，由于其自身的普适性和对自然现象描述的精确性，近年来，在众多领域中不断发展应用。将逾渗理论引入煤层注水技术中，建立孔/裂隙双重介质逾渗模型，分析地应力作用下煤岩高压注水逾渗规律，为解决深部开采低孔隙率难渗透煤层的注水问题提供了理论依据。

一、逾渗理论与孔/裂隙双重介质理论

（一）逾渗理论

逾渗理论从本质上讲是概率论的一个分支，其在数学上的表述非常简单，但内涵和性质却极其丰富，可以成功地描述很多临界相变现象。其作为处理强无序和具有随机几何结构的系统的最好理论方法之一，具有普适性和对自然现象描述的精确性。逾渗理论因其简单浅显的数学理论，能够直观、明确地描述无序和随机结构，使其不仅应用于孔隙介质渗流领域，还广泛应用于说明众多物理、化学、生物及社会现象等其他众多相关领域（表5－2）。

逾渗模型中最基本的模型为键逾渗模型和座逾渗模型，这两种模型通过变化、组合可生成很多更加符合实际的逾渗模型，如经典的粒子系统模型、Ising模型、定向逾渗、分形逾渗、连续逾渗、混合逾渗等。逾渗模型也是一种随机图模型，所以在逾渗研究中，经常可以利用图论中的很多方法和结论。

表5-2 逾渗理论的应用例子

现象或体系	转变
多孔介质中流体的流动	堵塞/流通
群体中疾病的传播	抑制/流行
通信或电阻网络	断开/联结
导体和绝缘体的复合材料	绝缘体/金属导体
超导体和金属的复合材料	正常导电/超导
不连续的金属膜	绝缘体/金属导体
螺旋状星系中恒星的随机形成	非传播/传播
核物质中的夸克	禁闭/非禁闭
表面上的液 He 薄膜	正常的/超流的
稀磁体	顺磁性的/铁磁体的
聚合物凝胶化、流化	液体/凝胶
玻璃化转变	液体/玻璃
非晶态半导体的迁移率	局域态/扩展态
非晶态半导体中的变程跳跃	类似于电阻网络

在研究多孔介质时，就直观感觉而言，因逾渗模型与多孔介质的相似性，人们很容易将二者联系起来，多孔介质中的孔隙和孔道可以根据其半径大小直接映射到逾渗模型中的“座”和“键”，从而构成一个逾渗模型。另外，大量的试验研究成果也证实了逾渗模型可以被应用到对多孔介质的研究中。

（二）逾渗理论在渗流研究中的应用

渗流是指流体在多孔介质中的流动，是自然界普遍存在的现象。在早期的渗流研究中，通常用一簇不同直径的等高圆柱形毛细管来表示多孔介质，但由于这种毛细管模型结构比较简单，毛细管之间相互不连通，且毛细管的半径也不发生变化，是一种高度理想化的模型，忽略了多孔介质本身固有的随机特性，导致对某些渗流现象模拟所得到的结果与实际情况差别很大。经过大量的试验分析和研究，可以用微孔体和微管道的半径分布函数来表征多孔介质的孔隙结构，微孔体代表较大的孔隙空间，微管道代表相对狭长的孔隙空间。在适当的映射关系下，多孔介质中的微孔体和微管道可以根据其半径的大小直接映射到逾渗模型中的“座”和“键”，形成逾渗网络。如果构建的模型能真实地反映实际多孔介质的孔隙特征，在对其赋予一定的渗流机制和传输特性的条件下，就能定量预测出一些渗流参数，从而可以模拟流体的渗流过程。

（三）孔/裂隙双重介质理论

双重孔隙介质的概念是为了研究流体在裂缝性非均匀多孔介质中的流动而于1960年由Barenblatt首先提出的。他认为裂缝性多孔介质的每一代表性体积单元中同时存在裂缝孔隙和基质孔隙，并且认为裂缝是流体的主要流动通道，孔隙度小而渗透性高；基质孔隙是流体的主要储存空间，孔隙度高而渗透性低，一般来说，裂缝与基质孔隙之间存在着流体交换。双重孔隙介质理论借助连续介质理论的研究方法和成果，是研究裂缝性介质最成功的典范之一。1963年经Warren和Root改进后首先应用于石油工程。以此为标志，开始了双重孔隙介质理论及其应用的研究。那时的模型还只是研究流体在刚性不变形的多孔介质中的流动，作为研究裂缝性孔隙介质中流体流动与固体骨架变形作用的双重孔隙介质流固耦合理论的提出还是最近几十年的事。Afantis于20世纪80年代初基于混合物理论推导出了双重孔隙介质单相流体流固耦合的基本方程，从此掀起了双重孔隙介质研究的新热潮。随后，两相流体、多相流体在双重孔隙介质中流动的流固耦合作用，热弹塑性双重孔隙介质流固耦合作用，非线性渗流的双重孔隙介质流固耦合作用等研究方向相继得到发展，工程应用领域也日益扩大。典型双重介质模型示意如图5-9所示。

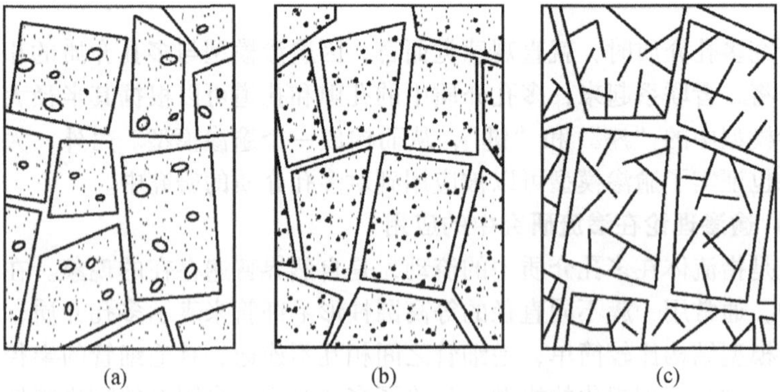

图5-9　典型双重介质模型示意图

这一模型中，假定岩基中的流体和岩隙中的流体为相互独立的连续体，并都处于流动状态，且用交换函数描述岩基与岩隙中流体交换。从数学上来看，对岩隙和岩基建立各自的流动方程，两方程通过源汇项耦合。因而裂隙中流体的流失意味着岩基孔隙中流体增加。这一双孔介质模型可以看作等效孔隙模型和离散模型的折中。对于工程应用，这是在简单与复杂之中的合理选择。

（四）煤层结构的双重介质特性

煤层中的裂隙将煤体分割成很多基质煤块，基质煤块中存在着原生孔隙，煤体具有典型的双重介质特性。

1. 双重结构特性

煤岩作为裂隙性介质具有双重结构，即原生的粒间孔隙结构和次生的裂隙、纹理结构。孔隙与裂隙之间是互相连通的，两者各有自己的孔隙度和渗透率。一般来说，裂隙介质的孔隙度小于孔隙介质或基质块的孔隙度，而裂隙介质的渗透率大于基质块的渗透率，因为裂隙连通性很好且裂隙尺寸大于孔隙尺寸。基岩块中的孔隙主要提供流体的储存空间，而裂缝主要提供流动通道，形成两个彼此独立而又相互联系的水动力学系统。由于在空间中每一点定义两个孔隙度和两个渗透率，因而空间中每一点就有两个压力（即裂隙中流体压力和孔隙中流体压力）和两个速度（即裂隙中流体渗流速度和孔隙中渗流速度）。两个系统之间的流体交换与两个压力的差值密切相关。

2. 裂隙介质和孔隙介质具有不同的压缩性

煤岩作为双重介质不仅有两个不同的孔隙度和渗透率，而且裂隙介质和孔隙介质的压缩性也有明显差别。一般来说，裂隙介质的压缩系数比孔隙的大。因此，当裂隙中流体压力降低时，裂缝的孔隙度明显减小，而渗透率也随之降低。这表明随着流体压力的降低，岩石在外压的作用下，裂隙有闭合的趋势。与此同时，孔隙介质的孔隙度和渗透率并无太大变化。

3. 裂隙介质和孔隙介质具有介质各向异性

煤岩双重介质通常是各向异性的。不仅水平方向的渗透率与铅垂方向的不同，而且水平方向不同方位的渗透率也不一样。为简单起见，通常把水平方向的渗透率当作同一个值处理。

二、煤岩孔/裂隙双重介质逾渗模型分析

（一）座逾渗模型与键逾渗模型

逾渗是一种非常常见的物理现象，在许多领域得到了广泛应用。逾渗的基本模型有座逾渗和键逾渗两种，它们都是从规则的、周期性的点阵出发，对每个座（键）无规的指定反映问题统计特征的非几何性的两态（或多态）性质，从而把规则几何结构的问题转变成随机几何结构的问题，为描述空间分布的随机过程提供一个明确、清晰、直观的模型。

逾渗现象是一种相变，如孔隙介质由不渗透变为可渗透等。孔隙介质由固体骨架和孔隙构成，孔隙可以看作“开”座点，固体骨架可以看作“闭”座点，

随机分布的孔隙互相连通从而构成了许多连通的孔隙基团，简称为团或者簇，其中包含孔隙数量最多的团称为最大团。随着孔隙率的增加，最大团所包含的孔隙数在某一临界值时会有一个剧烈的增加，这一临界孔隙率称为逾渗阈值，此时的最大团称为逾渗团。在不同类型的网格模型中，逾渗阈值是不同的，表5－3列出了一些常见网格模型的逾渗阈值。

表5－3　不同模型的逾渗阈值

欧氏维数 D	网格结构	键逾渗阈值	座逾渗阈值
1	链	1	1
2	三角形	0.3473	0.5
	正方形	0.5	0.593
	Kagome	0.45	0.6527
	蜂窝形	0.6527	0.698
3	面心立方	0.119	0.198
	体心立方	0.179	0.245
	立方体	0.247	0.311
	金刚石	0.388	0.428
	无规密堆积		0.27

逾渗现象可以这样形象地描述：在可渗透的孔隙介质中，当介质中的孔隙逐渐被随机堵塞时，孔隙介质的孔隙率下降，当孔隙率下降到某一临界值 n_c 时，介质就由完全渗透转变为完全不渗透的状态。反之，当孔隙介质的孔隙率由零逐渐增大到某一临界值 n_c 时，介质就由完全不渗透转变为可渗透。介质的渗透性随孔隙率的增加而发生质的转变称为逾渗转变；单位面积或体积的介质中最大孔隙连通团的面积或体积所占的比率定义为逾渗概率，其数值等于任意孔隙点属于最大孔隙连通团的概率。

对逾渗概率 $\theta(p)$ 准确的数学描述是

$$\theta(p) = P_p(|C| = \infty) \tag{5-1}$$

式中，$|C|$ 表示最大团包含的顶点数目。很明显，函数 θ 在 $\theta(0)=0, \theta(1)=1$，且其是关于 p 的非减函数。

对逾渗理论而言，存在一个临界值 $p_c = p_c(d)$，使得

$$\theta(p)\begin{cases} =0 & \text{if} \quad p < p_c \\ >0 & \text{if} \quad p > p_c \end{cases} \tag{5-2}$$

$p_c(d)$为临界逾渗概率，或者逾渗阈值，定义为

$$P_c(d)=\sup\{p:\theta(p)=0\} \tag{5-3}$$

从20世纪70年代开始，国际上对单一孔隙介质的逾渗进行了广泛而深入的研究，主要研究有：Stauffer（1979）、ESSam（1950）采用概率论及分形几何学的方法对单一孔隙介质的逾渗机理与规律进行了研究，建立了由孔隙和固体颗粒组成的正方形或立方体点阵的单一孔隙介质的逾渗模型。大量理论与试验证实：正方形的单一孔隙介质逾渗模型的逾渗阈值是59.275%，立方体的单一孔隙介质逾渗模型的逾渗阈值是31.16%。

（二）双孔隙率单渗透率系统与双孔隙率双渗透率系统

在双重孔隙介质理论中，由于孔隙率和渗透率是独立的系数，因而即使对具有相同孔隙率的介质，也可按不同的渗透率进行分类。

1. 双孔隙率单渗透率系统

对于裂隙介质，通常认为由于裂隙的存在而把岩体介质分成岩隙（裂隙体）和岩基（孔隙体），其中裂隙体中的裂隙称为次生孔隙，其孔隙度（裂隙度）称为次生孔隙率；而孔隙体是由裂隙分割成的小岩块，其孔隙称为原生孔隙，其孔隙度称为原生孔隙率。裂隙介质的双孔隙率概念，认为在裂隙中的流体和在岩基中的流体是相互独立（有各自独立的控制方程）而又相互重叠的（由公用函数联系在一起）介质。与通常的双孔隙率介质不同，流体流动主要通过高渗透性的裂隙流动，如图5-10所示，非渗透性的裂隙系统等效成具有不同孔隙率的单渗透介质。这种双孔隙率单渗透率模型可模拟具有低渗透率及高存储率的储层。此时，固体变形控制方程可表示为

$$Gu_{i,jj}+(\lambda+G)u_{k,ki}+\sum_{m=1}^{2}\alpha_m p_{m,i}=0 \tag{5-4}$$

式中　G——剪切模量；

λ——拉梅常数；

α_m——比奥系数；

$m=1$——岩基；

$m=2$——岩隙。

相应的流体相控制方程为

$$-\frac{k}{\mu}p_{m,kk}=\alpha_m\varepsilon_{kk}-c^*p_m\pm\Gamma(\Delta p) \tag{5-5}$$

式中　k——等效单渗透率值，或者总体系统的平均渗透率；

μ——流体动力黏度；

ε_{kk}——应变；

c^*——集总可压缩性；

Γ——因压差 Δp 引起的裂隙流体和孔隙流体交换强度的流体交换速率；前面的正号表示从孔隙中流出，负号表示流入孔隙中。

2. 双孔隙率双渗透率系统

含裂隙的介质普遍被接受的模型是：裂隙和孔隙具有各自不同的孔隙率和不同的渗透率。双孔隙率双渗透率系统如图 5－11 所示。介质是由具有高孔隙率低渗透性的孔隙体和具有低孔隙率高渗透性的裂隙体组成的。对于固体相控制方程，与双孔隙率单渗透率模型方程形式相同。而流体相控制方程为

$$-\frac{k_{m}}{\mu}p_{m,kk}=\alpha_{m}\varepsilon_{kk}-c_{m}^{*}p_{m}\pm\Gamma(\Delta p) \tag{5-6}$$

式中，k_m是 m 相的渗透率。双孔隙度双渗透率模型适用于具有低渗透性孔隙的含裂隙地层。

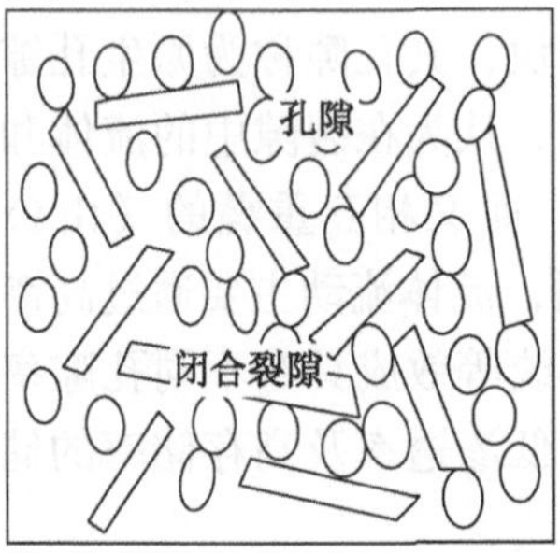

图 5－10　双孔隙率单渗透率系统

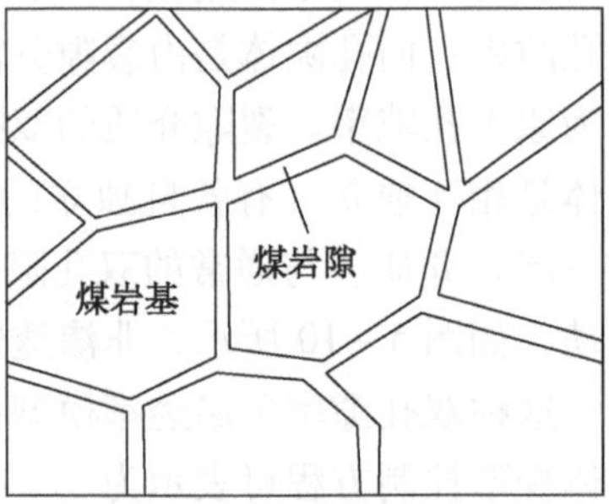

图 5－11　双孔隙率双渗透率系统

（三）煤岩孔/裂隙双重介质逾渗模型分析

在二维情况下，设 A 为二维平面的四方格子，以开或者闭依次表征四方格子的每条边状态，设定每条边仅存在开或闭两种状态。开的意义为容许流体通过，闭则为不容许流体通过。如果将整块的煤岩体视为 A 的一个有限的子集，煤岩中心能否被浸湿取决于是否存在“开路”从煤岩的边界点到达煤岩的中心点。“开路”是由四方格子的开边构成的通路。这一模型称为二维键逾渗模型，如图 5－12 所示。在很多情况下，流体通过的是一整块区域而不是一条边，这就产生了另外一种简单的随机介质模型——座逾渗模型。同样，在二维情况下，令 B 为二维平面的四方格子，同样设定四方格子所占区域仅有开或闭两种状态，并以开或者闭依次表征四方格子所占有的区域的状态。开的意义为容许流体通过，闭则为

阻止流体通过。煤岩体中心能否被浸湿取决于是否存在“开路”从煤岩的边界点到达煤岩的中心点，“开路”是由开的四方格子构成的通路，如图5－13所示。

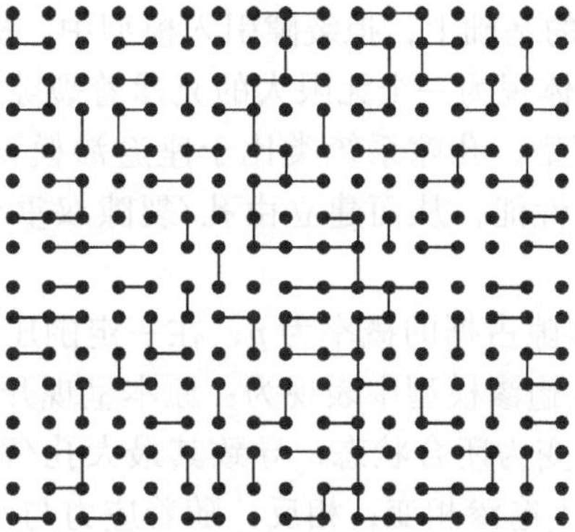

（线表示开边，闭边未在图中标出）

图5－12　二维键逾渗模型示意图

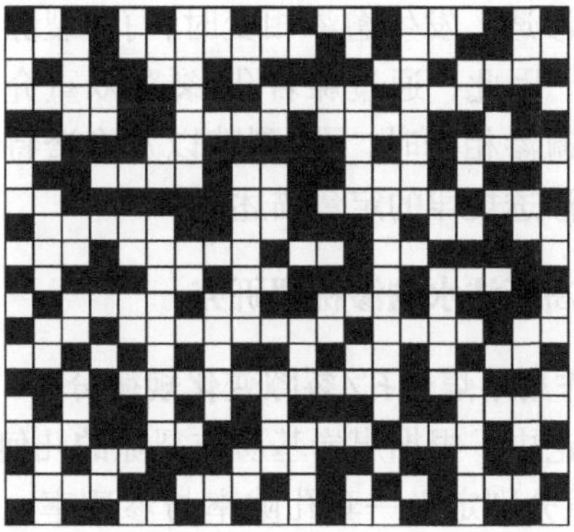

（黑格子座点表示流体可通过，白色表示阻止流体通过的座点）

图5－13　二维座逾渗模型示意图

以上考虑的都是纯键或纯座逾渗，而对于大多数自然的逾渗现象而言，座逾渗与键逾渗情况是随机混合并存的。如果一个逾渗模型中，键的被占概率为q，座的被占概率为p，则称为键－座逾渗模型。长期以来，国内外学者对孔隙介质逾渗模型进行了深入研究，并取得了很多重要的成果，这一模型也得到了广泛应用，然而在很多情况下，这一模型并不适用，或者应用效果不佳，尤其在研究煤体中流体的运移、渗流及油气储层中油气的渗流等问题上。因为，在煤层与油气储层介质中不仅存在孔隙，还存在裂隙这一个非常重要的渗流通道，单纯的孔隙介质模型没有考虑到裂隙这一重要因素的影响，所以其应用受到很大限制。

为了解决这一问题，针对煤层结构结合孔/裂隙对煤岩逾渗转变的影响，在原有孔隙介质逾渗模型的基础上，把裂隙引入模型中，提出了煤岩孔/裂隙双重介质逾渗模型。将煤岩体视为一个无限大的充斥着裂隙与孔隙的立体结构，裂隙系统类比于键逾渗模型，孔隙系统类比于座逾渗模型，利用孔/裂隙的开闭状态来表征煤岩的渗透性能，从而建立由孔/裂隙双重介质组成的键－座逾渗模型。

设煤岩体中被孔/裂隙占据的概率为 p，在一定围压应力条件下，煤岩中的孔/裂隙被压密闭合，在逾渗模型中表现为：原本呈现开启状态的裂隙键逾渗模型与孔隙座逾渗模型转变为闭合状态，导致其最大孔/裂隙连通团的面积降低，概率 p 减小，使煤岩发生逾渗相变；相反，随着应力与水压等外界条件的改变，煤岩结构被破坏，在逾渗模型中表现为：原本呈现闭合状态的裂隙键逾渗模型与孔隙座逾渗模型转变为开启状态，使最大孔/裂隙连通团的面积升高，概率 p 增大，当煤岩体内孔/裂隙所占据的总额达到某一数值时，煤岩从不渗透或者低渗透转变为渗透或较容易渗透。发生逾渗相变时，孔/裂隙最大连通团的面积（即概率 p）为其逾渗阈值。因此，通过煤岩孔/裂隙双重介质逾渗模型，利用煤岩体在应力、水压下发生逾渗相变时，孔/裂隙以及渗透特性的变化情况分析煤岩逾渗阈值，实现对煤岩渗透规律的定量描述。

三、深部开采煤层高压注水逾渗机理研究

（一）应力－水压作用下煤岩孔/裂隙变化规律分析

在双重孔隙介质理论中，根据煤岩基质与裂隙的几何形状、尺寸及其排列状况、连通性，对孔/裂隙分别定义一套孔隙率与渗透率，但是很多情况下，煤岩基质块的渗透率远小于裂隙介质的渗透率，可以忽略，从而得到双孔隙率单渗透率系统模型，简称为双孔介质模型。表 5－4 给出了双孔介质有关参数的计算方法。

表 5－4　双孔介质有关参数的计算方法

参数	裂隙系统	基质系统	整体系统
体积比	V_f = 裂隙系统体积/整体体积	V_m = 基质孔隙体积/整体体积	$V_{f+m} = V_f + V_m = 1$
孔隙率	ϕ_f = 裂隙空隙体积/裂隙系统总体积	ϕ_m = 基质孔隙体积/基质系统总体积	$\phi = V_f\phi_f + V_m\phi_m$

双孔介质模型中原生孔隙率与次生孔隙率是相互独立而又相互重叠的。在实

际中，一方面是由于双孔介质参数数量多；另一方面是难以区分煤岩基质和煤岩裂隙的单独影响，因此，由试验方法来确定双孔介质参数是非常困难的。在此，为了能够利用煤岩力学试验来分析孔/裂隙系统对煤岩逾渗相变的影响规律，将裂隙与孔隙统称为空隙，利用煤岩中的空隙率来分析不同条件下煤岩的孔/裂隙变化情况，以及其对煤岩渗透性能的影响。

类比于煤岩孔隙率的计算方法，空隙率可按式（5－7）计算：

$$\varphi = \frac{V_{空隙}}{V_{整体体积}} \times 100 = \frac{V_{孔隙+裂隙}}{V_{整体体积}} \times 100 \qquad (5-7)$$

煤层的结构、力学性能变化受垂直主应力与水平应力以及孔隙水压、瓦斯压力等方面的影响。在共同作用下，煤岩处于平衡状态，而在矿井开采过程中，煤岩所处的力学环境发生变化，使其孔/裂隙体积随之变化。在煤岩力学试验参数中，轴向位移 l 与环向位移 d 分别代表不同条件下煤岩纵向、横向以及体积的变化情况。设定长为 L_0、半径为 r_0 的圆柱形煤岩其原始体积为 V_0，在应力与水压等外界条件的作用下其轴向位移为 Δl，环向位移为 Δd，其体积 V_1 根据式（5－8）可得

$$V_1 = (L - \Delta l) \times \pi \left(r_0 + \frac{\Delta d}{2\pi} \right)^2 \qquad (5-8)$$

由分析可知，煤体的受压变形破坏过程与其内部原生裂隙的压密，新裂隙的产生、扩展、贯通等演化过程密切相关，因此，煤体受压变化破坏过程中产生的体积变化可以反映其内部孔/裂隙体积的变化。将一定应力环境下的体积变化值等同于该应力环境下煤岩孔/裂隙体积的变化值，则该应力条件下的煤岩空隙率可由式（5－9）计算得出

$$\varphi_n = \varphi + \frac{V_1 - V_0}{V_0} \times 100 = \varphi + \frac{(L - \Delta l) \times \pi \left(r_0 + \frac{\Delta d}{2\pi} \right)^2 - V_0}{V_0} \times 100 \qquad (5-9)$$

根据煤岩渗透特性试验数据，绘制不同围压、水压条件下煤岩试样应力、渗透率、体积变化曲线，如图5－14～图5－19所示。由图5－14～图5－19可以看出，不同围压条件下煤岩试样的体积先后出现了不同程度的压缩与扩容现象，其变化趋势与渗透率变化趋势基本一致。

设煤岩试样的初始空隙率都相等为 φ，则根据式（5－9）计算得到不同围压、应力下煤岩的空隙率变化值，见表5－5。

（二）深部开采煤层高压注水逾渗机理研究

深部开采煤层处于高地应力、高地温、高岩溶水压与瓦斯压力的复杂生产环境中，煤体中孔/裂隙的演变以及受外界条件影响下的扩展发育，压力水在孔/裂隙中的运移流动存在着不同于浅部开采时的特点。试验表明，在高围压的作用下，

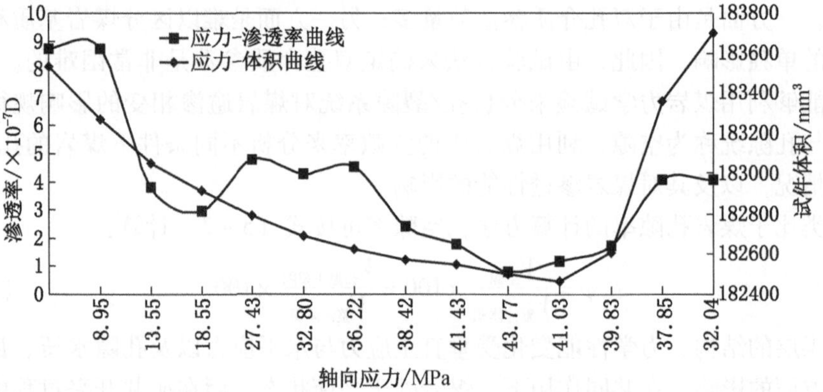

图 5-14　围压 5 MPa、水压 3.5 MPa 条件下煤岩轴应力与渗透率、体积变化曲线

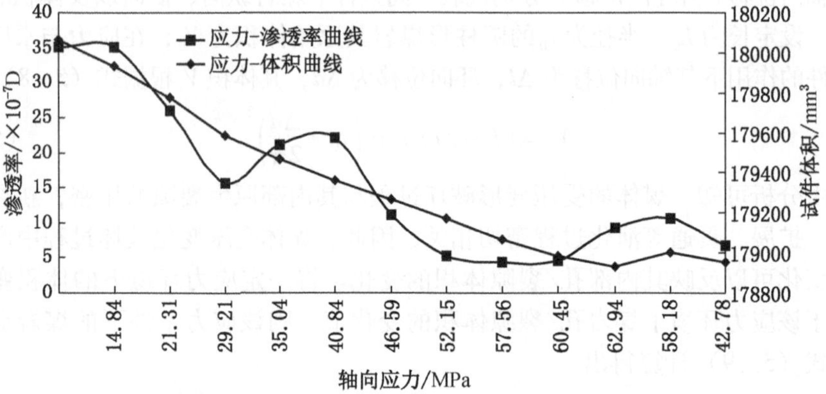

图 5-15　围压 8 MPa、水压 3.5 MPa 条件下煤岩轴应力与渗透率、体积变化曲线

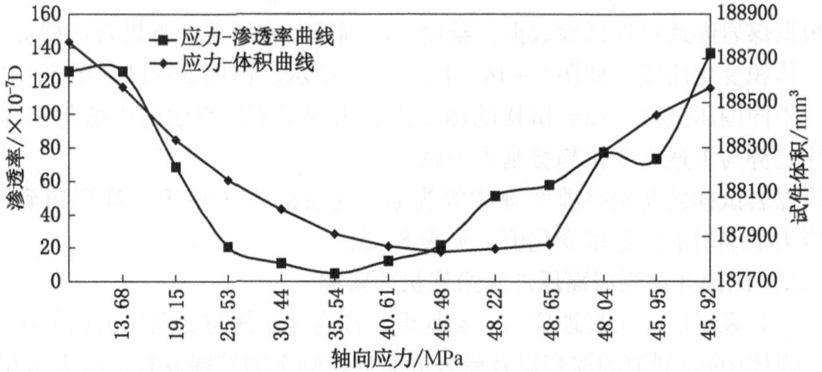

图 5-16　围压 8 MPa、水压 7 MPa 条件下煤岩轴应力与渗透率、体积变化曲线

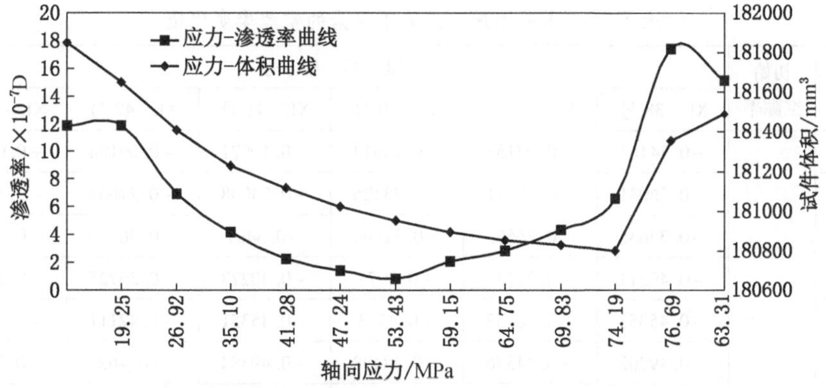

图 5－17　围压 12 MPa、水压 3.5 MPa 条件下煤岩轴应力与渗透率、体积变化曲线

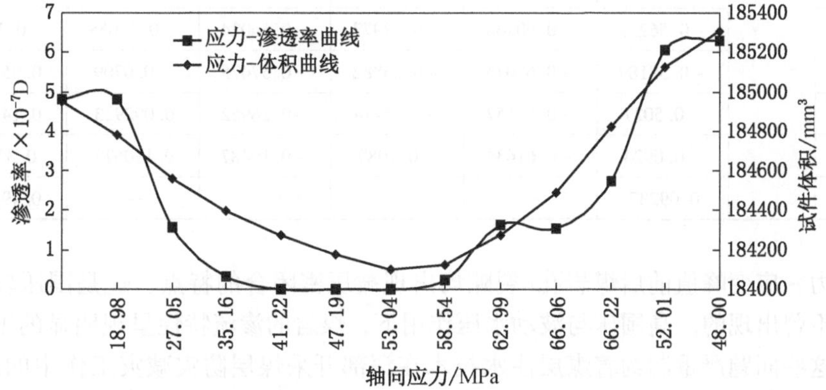

图 5－18　围压 12 MPa、水压 7 MPa 条件下煤岩轴应力与渗透率、体积变化曲线

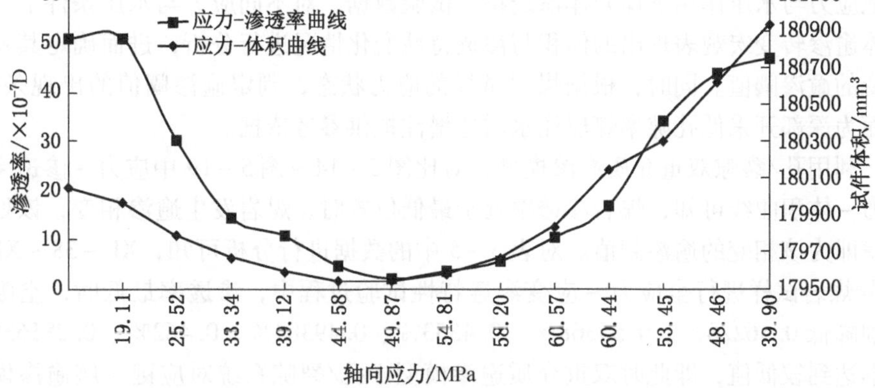

图 5－19　围压 12 MPa、水压 10 MPa 条件下煤岩轴应力与渗透率、体积变化曲线

表5-5 不同围压、应力下煤岩的空隙率变化值

测点	初始空隙率	试样编号					
		XL-38号	XL-39号	XL-40号	XL-41号	XL-42号	XL-43号
1	φ	-0.14161	-0.07153	-0.10513	-0.10971	-0.09124	-0.04781
2		-0.26031	-0.16251	-0.23126	-0.24048	-0.21069	-0.14617
3		-0.33645	-0.26665	-0.32906	-0.3407	-0.30119	-0.21429
4		-0.40311	-0.33138	-0.3974	-0.40273	-0.36725	-0.25648
5		-0.45853	-0.38952	-0.4553	-0.45351	-0.42111	-0.28214
6		-0.49202	-0.44376	-0.48498	-0.49384	-0.462	-0.28163
7		-0.52116	-0.4946	-0.49987	-0.52415	-0.44992	-0.26102
8		-0.53509	-0.55368	-0.49071	-0.54629	-0.36784	-0.2137
9		-0.56228	-0.60148	-0.47977	-0.56024	-0.25058	-0.12003
10		-0.58189	-0.63075	-0.25882	-0.57475	-0.0709	0.054306
11		-0.5027	-0.59157	-0.17414	-0.26952	0.092923	0.141745
12		-0.0924	-0.61634	-0.1089	-0.19487	0.190672	0.32071
13		0.09237	—	—	—	—	0.493593

全应力-应变峰值前后煤岩孔/裂隙均出现被压密闭合的特点，这是围压较低环境下不曾出现的。高围压与波动水压作用下，煤岩的渗流特性呈现明显的下降趋势。这些问题严重制约着煤层注水技术在深部开采煤层防灾减灾工作中的应用。面对上述问题，以往成熟的煤层注水理论不能较好地解释深部煤层高地应力、高水压条件下的煤层注水过程，因此，在孔/裂隙双重介质逾渗模型的基础上，结合地应力与水压作用下煤岩体渗透特性试验数据，对不同应力与水压条件下，煤岩体逾渗转变宏观表现出的体积与渗透特性变化情况进行分析，进而确定其发生相变的逾渗阈值。同时，根据煤岩试样的应力状态，判定逾渗阈值的出现条件，从而为深部开采低孔隙率煤层注水增透增注提供参考依据。

利用孔/裂隙双重介质逾渗模型，对比图5-14~图5-19中应力-渗透率与应力-体积曲线可知，煤岩渗透率处于最低位置时，煤岩发生逾渗相变，该处空隙率即为该相变的逾渗阈值。对表5-5中的数据进行分析可知，XL-38~XL-43号煤岩试样进行全应力-应变渗透特性试验过程中，渗透率最低时，空隙率分别降低0.56228%、0.55368%、0.4553%、0.49384%、0.462%、0.28163%，基本达到较低值，即此时双重介质逾渗模型中孔/裂隙系统对应键-座逾渗模型大部分的“键”“座”被压闭合，孔/裂隙连通团出现最小值，煤岩由渗透转变

为低渗透甚至不渗透，出现逾渗相变，则对应的相变逾渗阈值及其所处应力环境见表5-6，当空隙率小于该逾渗阈值时，煤岩会出现低渗透或者不会渗透现象；而当空隙率大于该逾渗阈值时，煤岩会较容易发生渗透，这对合理确定煤层注水区域、钻孔布置位置与注水参数具有重要意义。

在全应力-应变渗透特性试验过程中，煤岩发生低渗透或不渗透转变为渗透的逾渗相变后，出现两处渗流增速较高点，分别处于低轴向应力区和高轴向应力区，其空隙率及所处应力环境见表5-6。当空隙率大于两点处数值时，煤岩呈现较高渗透特性，有利于煤层注水工作的进行。

表5-6　煤层注水逾渗相变阈值及其应力状态分布

试样编号		XL-38号	XL-39号	XL-40号	XL-41号	XL-42号	XL-43号
逾渗阈值	空隙率	$\varphi-0.56228$	$\varphi-0.55368$	$\varphi-0.4553$	$\varphi-0.49384$	$\varphi-0.462$	$\varphi-0.28163$
	应力	43.77487	57.55961	35.53521	53.43452	53.04435	49.87281
渗透峰值	空隙率	$\varphi-0.26031$	$\varphi-0.26665$	$\varphi-0.23126$	$\varphi-0.24048$	$\varphi-0.21069$	$\varphi-0.21429$
	应力	13.55336	29.21247	19.15049	26.91578	27.05249	33.34422
渗透峰值	空隙率	$\varphi-0.5027$	$\varphi-0.63075$	$\varphi-0.17414$	$\varphi-0.57475$	$\varphi-0.0709$	$\varphi+0.054306$
	应力	39.83222	62.93796	45.94955	74.19258	66.21935	60.43893

对比图5-14~图5-19中应力-渗透率与应力-体积曲线以及表5-5中的数据可以看出，煤岩受应力、水压作用，空隙率会发生改变，但改变数值一般较小；在发生逾渗相变之后，煤岩渗透率出现上升趋势，而此时部分煤岩空隙率仍然呈减小趋势，且当应力-应变峰后煤岩恢复原空隙率数值时，煤岩渗透率却大于原状态下的煤岩渗透率。由此可见，空隙率对煤岩渗透性能的改变有一定的作用，除此之外，煤岩内部的结构（主要是指孔/裂隙的分布及贯通状态）对煤岩渗透性能的变化起到重要作用。

进一步分析表5-5，可以发现相同围压条件下，逾渗阈值随着水压的升高而增大，即同等围压作用下，较高的水压能够提高煤岩空隙率，从而提高煤岩的渗透特性，因此，在煤层注水工作中，尤其是深部开采煤层的注水工作，采用较高的水压有利于改变煤层渗透性能，增加煤层注水量，提高煤层注水效果。

第三节　煤层分区逾裂强化注水增渗作用机理

我国的煤层普遍具有低渗透的特点，近年来，对于煤层气勘探开发以及低渗透煤层的瓦斯治理工作成为研究热点，为此，众多学者分别对煤岩体的裂隙发育特征、瓦斯流动规律进行了深入研究，取得了大量的研究成果。但对水力耦合作用下的煤层渗透性能变化规律方面的研究较少，且未考虑煤炭开采过程中采动应力变化和孔隙水压作用导致的煤体变形，而煤体体积变形对煤层渗透性能具有重要影响。因此，以体积改变量为切入点，分析采动应力以及孔隙水压对煤岩的增透机理，更好地指导煤层分区逾裂强化注水增渗抑尘技术的现场应用。

一、水力耦合作用下煤岩变形与渗透率的关系

(一) 采动应力作用下的煤岩变形与渗透率变化规律分析

渗透率的变化主要是由于煤岩在力的作用下，其孔/裂隙的大小、数量、排列、分布和演化而形成的，其中作用于煤岩的力主要有应力与孔隙水压。图 5 - 20 给出了不同孔隙水压作用下煤岩全应力 - 应变过程中煤岩应力、体积应变以及渗透率的变化曲线。以 $P_1=3.5$ MPa 的试验为例，全应力 - 应变试验过程中，煤岩在轴向应力、围压以及孔隙水压的作用下，依次经历了弹性变形段、非线性变形段、峰值强度段与应变软化段，而在此作用下渗透率、体积应变也呈现出与之相对应的变化趋势，即渗透率呈现出压密降低、缓慢增加、急剧增加、峰值等变化状态；体积应变则表现出体积压缩、缓慢扩容、急剧扩容过程。

全应力 - 应变过程中，煤岩试样在应力作用下其体积依次出现受压缩小、损伤扩容的动态变化现象，煤岩渗透率的变化受其应力状态作用下的煤岩内部孔/裂隙损伤演化过程的影响，而孔/裂隙损伤过程宏观上表现为煤岩体积应变的变化。试验结果也表明，煤岩渗透率与体积应变的变化趋势具有较好的对应性。

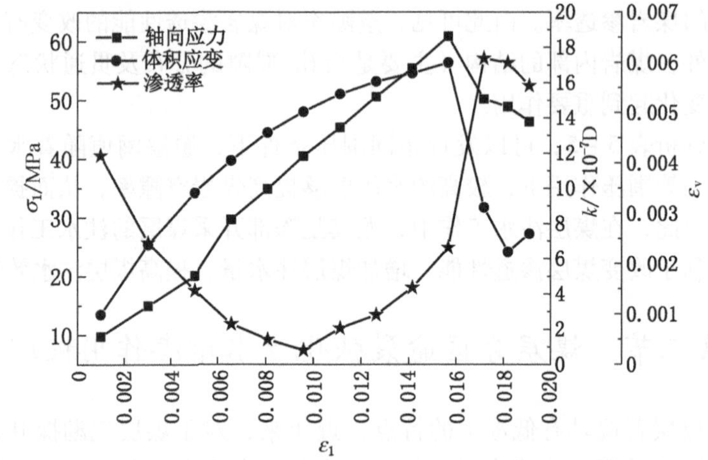

(a) P_1=3.5 MPa

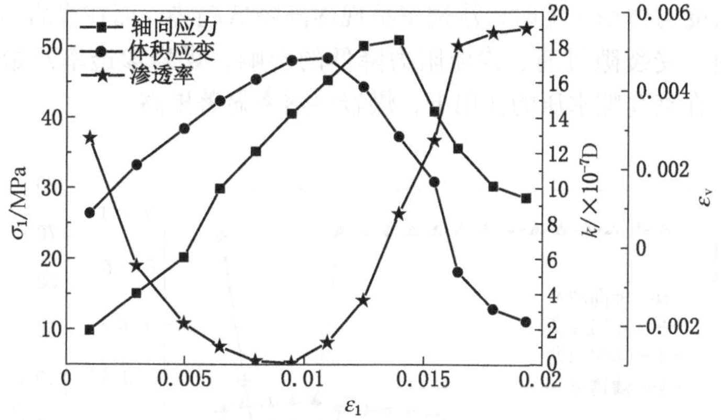

(b) P_1=5 MPa

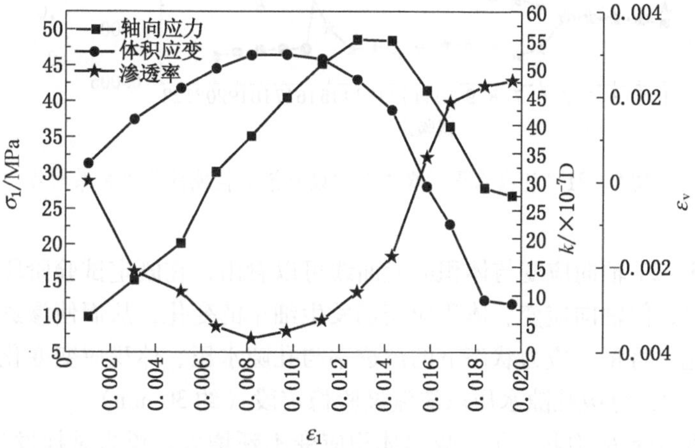

(c) P_1=7 MPa

图5-20　煤岩全应力-应变过程中渗透率与体积应变曲线

(二) 孔隙水压作用下的煤岩变形与渗透率变化规律分析

采动应力作用下渗透试验结果表明，不同应力阶段孔隙水压对煤岩渗透性能的影响作用不同，孔隙水压对渗透性能的作用效果与该煤岩的孔隙水压临界阈值有关。高于临界阈值的孔隙水压对煤岩渗透性能起到了显著的促进作用，而低孔隙水压对煤岩渗透性能的改善作用效果不明显，甚至出现反作用，致使煤岩渗透率降低。图5-21给出了不同应力状态下孔隙水压与煤岩渗透性能以及渗流特性的关系曲线。由图5-21可以看出，体积变形与渗透率有着较为明显的对应关系，当煤岩受力体积压缩时，渗透率呈现逐渐降低趋势，而在煤岩达到屈服发生膨胀变形时，受裂隙贯通、渗流阻力降低的影响，煤岩渗透率开始呈现上升趋势，尤其是在高孔隙水压的作用下，煤岩渗透率显著提高。

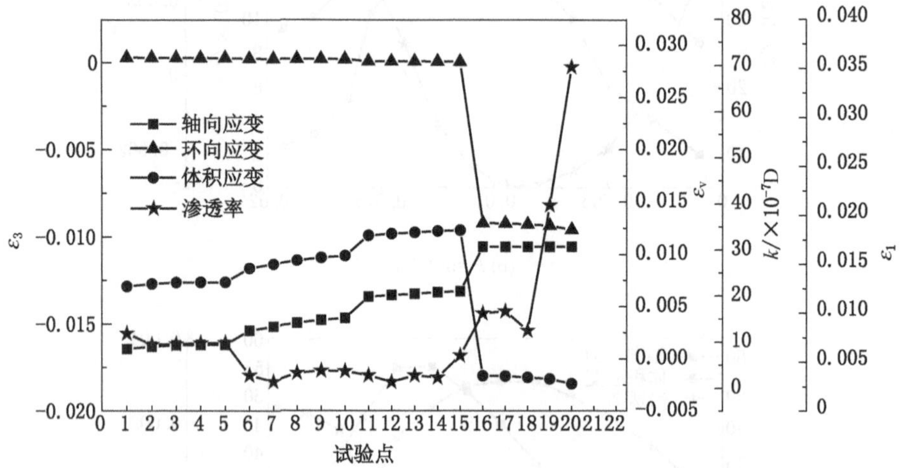

图 5-21　孔隙水压对煤岩变形以及渗透性能的作用关系曲线

由图 5-21 轴向应变与体积应变曲线可以看出，在既定试验阶段虽然保持轴向应力恒定，但轴向应变、体积应变仍发生细小的变化，从而使渗透率时刻发生着动态变化。将每一应力状态下的渗透率与孔隙水压、体积应变变化曲线分别绘制于图 5-22，每级孔隙水压取渗流试验稳定段（约 30 min）。

10 MPa 恒定应力状态下，煤岩体积应变不断增大，煤岩试样发生压缩变形，内部孔/裂隙不断被压密，使煤岩渗透率整体呈现下降趋势。当孔隙水压逐级升高时，除 3.5 MPa 孔隙水压外，煤岩渗透率也显著提高，但随着应力压密作用的延续，出现短暂升高的煤岩渗透率随后逐渐降低，而孔隙水压 3.5 MPa 作用下的煤岩渗透率并未出现明显提高，反而呈现下降趋势，这与该应力状态下煤岩孔隙水压的临界阈值有关。

25 MPa 恒定应力状态下，随着试验时间的推延，煤岩体积应变也不断增大，煤岩试样内部孔/裂隙进一步受压变形，不断被压密，使每级孔隙水压下的渗透率在短暂升高后均出现下降趋势。值得注意的是，在孔隙水压逐级升高时，煤岩的体积应变均出现不同程度的增大，由此可见，孔隙水压对煤岩试样的作用除提供渗透水压外，还对煤岩基质骨架产生力学作用，在 25 MPa 应力状态下升高孔隙水压对该煤岩试样明显产生了增大轴向应力的作用效果。

40 MPa 恒定应力状态下，煤岩试样逐步进入塑性变形阶段，煤岩内部细观结构不断出现损伤破坏，使加载初期渗透率出现波动升高的趋势，然后随着试验的继续，煤岩试样的体积应变不断增大，说明在该应力状态下细观结构虽然出现

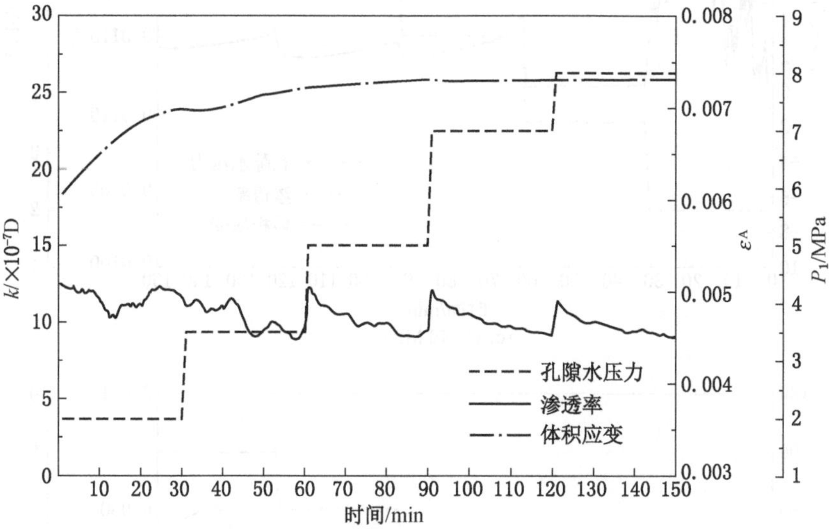

(a) σ_1=10 MPa

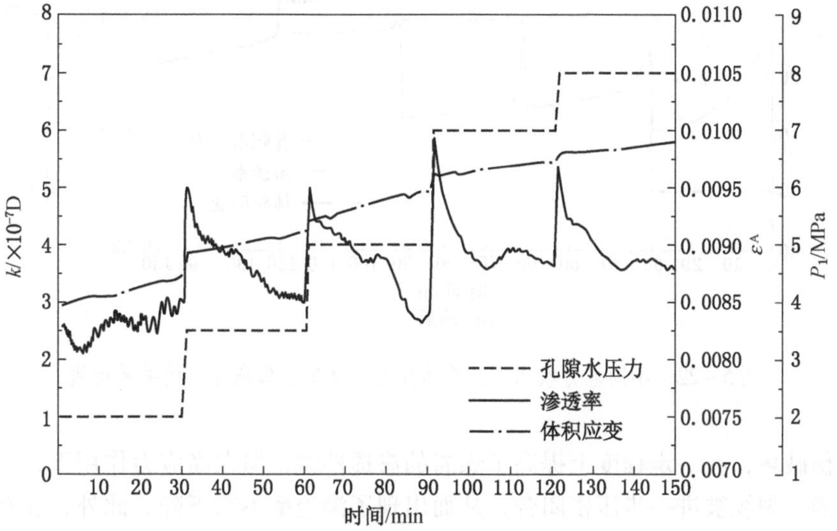

(b) σ_1=25 MPa

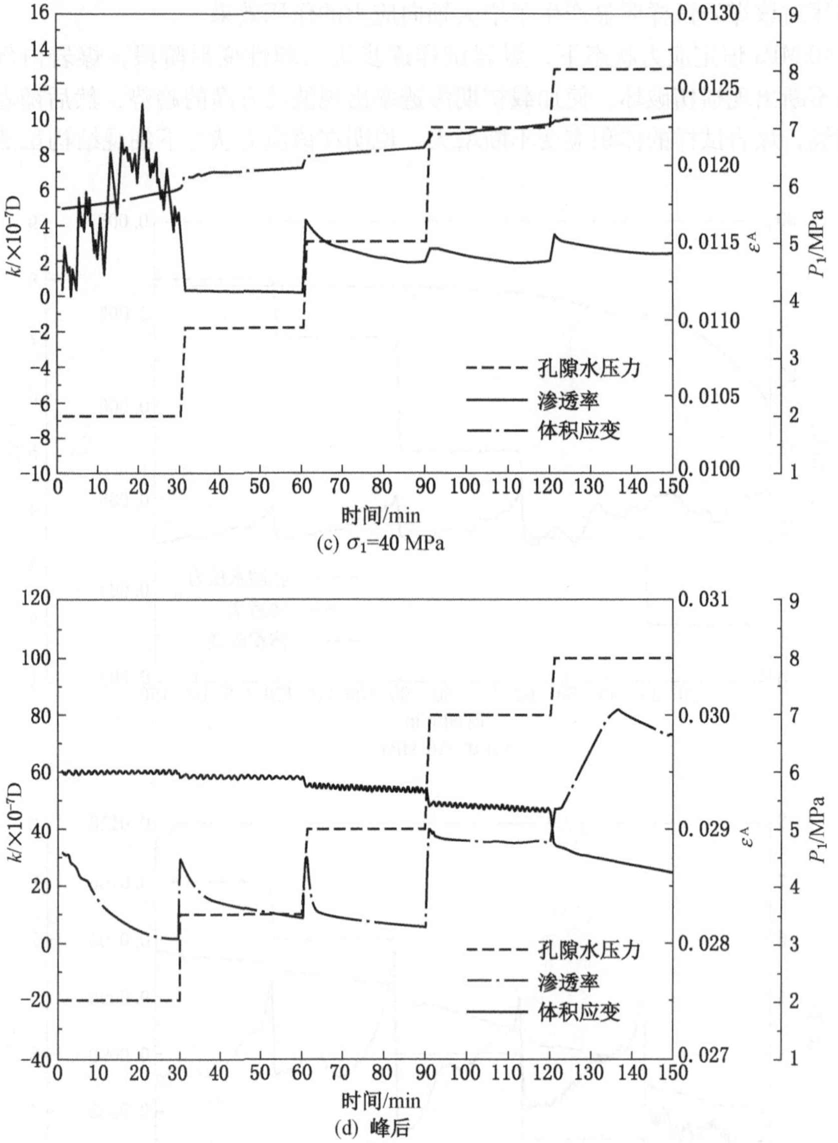

(c) σ_1=40 MPa

(d) 峰后

图 5-22　不同应力状态下孔隙水压与渗透率、体积应变的关系曲线

了损伤破坏，在一定程度上提高了煤岩的渗透性能，但在高应力作用下，损伤萌生的细小裂纹被进一步压密闭合，从而出现了渗透率不断下降。此外，在孔隙水压逐级升高时，煤岩体积应变也出现不同程度的增大，从而进一步说明该应力状

态下升高孔隙水压对该煤岩试样产生了明显压缩作用效果。

在煤岩试样达到强度极限后，体积应变不断减小，说明煤岩内部孔/裂隙发育变形，细观结构相互贯通，使试样体积膨胀，渗透率出现升高趋势，尤其是在高孔隙水压作用下，煤岩渗透率出现较大的增幅。但在围压与轴向应力的作用下，限制了煤岩的进一步膨胀变形，被破坏的煤岩试样出现一定程度的压密闭合，试样渗透率有所下降。在孔隙水压逐级升高时，受孔隙水压作用煤岩体积应变不断减小，说明峰后孔隙水压对煤岩试样的膨胀变形具有促进作用。

综上所述，较高的孔隙水压对煤岩的渗透性能具有明显的提高作用，随着孔隙水压的升高，煤岩渗透率出现不同程度的升高，但是煤岩的渗透性能具有明显的时间效应，这与煤岩的蠕变特性具有直接关系，在恒定应力作用下，煤岩不断被压缩，孔/裂隙空间减小，使渗流阻力增大，渗透率降低。此外，孔隙水压对煤岩具有双重作用效果，除了为赋存于孔/裂隙的自由水提供渗透动力外，还对煤岩基质骨架产生明显的力学作用，且不同应力状态下孔隙水压的力学作用效果也不相同。

二、水力耦合作用下煤层增透机理分析

煤岩体渗透率对应力最为敏感，应力变化会导致煤岩体渗透率发生变化。煤层中的孔/裂隙系统构成了煤层注水渗流的通道，使煤岩体具有渗透能力。因此，水力耦合作用下对煤岩体渗透性能的影响机制主要为应力与孔隙水压对煤岩体孔/裂隙系统的影响。

（一）煤岩水力耦合相互作用力学机理

煤岩水力耦合相互作用力学机理如图 5－23 所示，由应力场与渗流场通过自身力学参数、水力参数的直接相互作用产生的过程称为“直接”耦合；通过孔隙体积的改变而引起力学参数与水力参数的变化，最终导致应力场与渗流场之间的相互作用称为“间接”耦合。

“直接”耦合主要包括以下两个过程。

（1）应力场中的应力直接作用于煤岩基质骨架，使其变形，由于骨架变形，进而引起流体压力或流体质量的改变过程，如过程Ⅰ。

（2）当渗流场中的流体压力或质量发生变化时，根据有效应力原理，会引起固体骨架变形，进而改变煤岩应力状态，如过程Ⅱ。

“间接”耦合主要包括以下两个过程。

（1）在应力场的应力作用下，煤岩基质骨架发生变形，使孔/裂隙介质体积

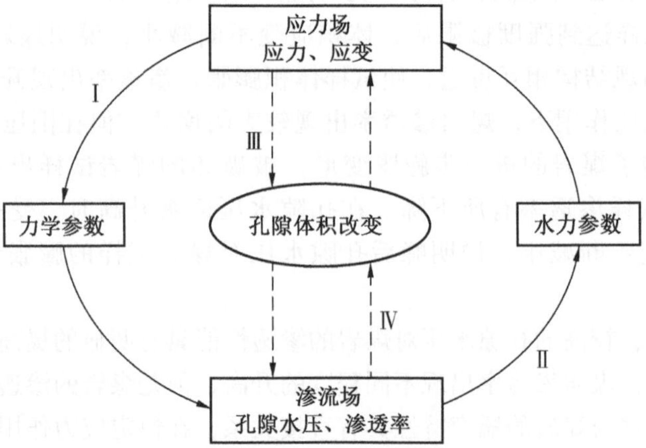

图 5-23　煤岩水力耦合相互作用力学机理

发生变化，进而引起孔隙水压改变，使渗流场中渗透率以及孔隙水压等参数发生变化，如过程Ⅲ。

（2）当渗流场中的孔隙水压等水力参数发生变化时，孔隙水压在孔/裂隙所产生的力学效应使孔/裂隙体积发生变化，进而影响基质骨架受力，使骨架的力学性质发生变化，如过程Ⅳ。

煤岩中存在大量的孔/裂隙，在应力的作用下，孔/裂隙不断萌生、扩展和贯通，最终导致煤岩内部结构发生变化，这些变化使煤岩渗透率在不同的应力条件下表现出不同的特征。引起煤岩渗流过程变化的原因主要有两个：①煤岩加载初期，原生孔/裂隙的受力状态改变，产生变形引发渗流过程变化；②煤岩损伤破坏后，原生孔/裂隙扩展及贯通，新裂隙的形成引起渗流过程变化。可见，煤体的渗透性主要取决于煤体内部的孔/裂隙发育状况。裂隙密度大，张开性、连通性好，排列齐整，则压力水在其中流动的通道多，阻力小，煤体渗透率大；反之，渗透率小。

（二）采动应力作用下煤层增透机理模型分析

利用所建立的水力耦合作用下煤岩三轴压缩力学模型，分析采动应力作用下的煤层增透机理，如图 5-24 所示。其中 F 为煤岩所受应力；P_1 为外载孔隙水压，由作用于基质骨架上的力 P_s 与渗透压力 P_{w1} 组成；k_s 为煤岩基质骨架的弹性系数；k_1 为煤岩自身渗透阻力系数，k_1 随着煤体所受应力状态的变化而改变；k_2 为外载孔隙水压调节系数。

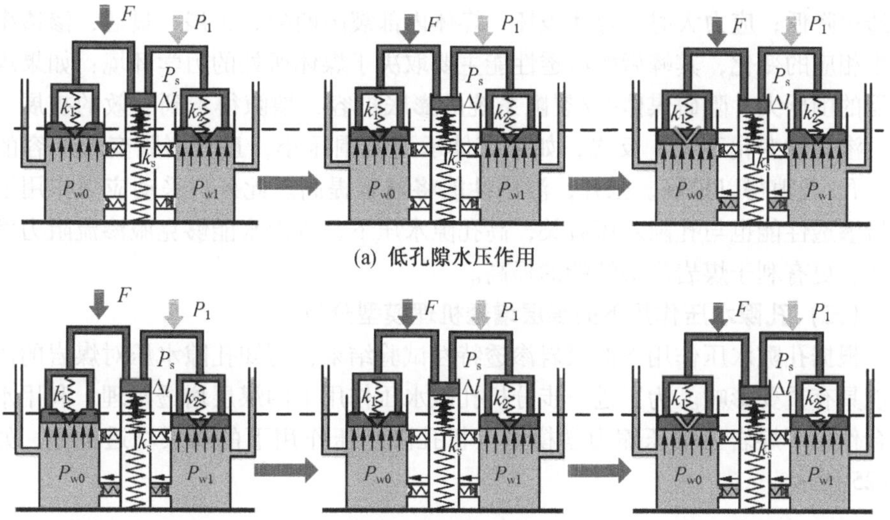

(a) 低孔隙水压作用

(b) 高孔隙水压作用

图 5-24　采动应力作用下煤层增透机理模型

采动应力作用过程中，设外载孔隙水压 P_1 恒定，不断加载煤岩所承载的应力，直至煤岩发生破坏。当外载孔隙水压较小时（图 5-24a），静水应力状态下，孔/裂隙尚未完全被压密闭合，但由于孔隙水压较小，不足以克服孔/裂隙介质渗流阻力，从而难以在煤岩内部发生渗透。随着应力的不断增加，煤岩内部孔/裂隙逐渐被压密闭合，使低孔隙水压作用下的煤岩更难以发生渗透。当应力加载超过煤岩强度极限时，煤岩内部孔/裂隙不断发育贯通，降低了煤岩的渗流阻力系数 k_1，细观结果发生损伤破坏，产生新的裂隙，增加了煤岩的渗流通道，提高了煤岩渗透性能，从而使孔隙水在较低的孔隙水压作用下发生渗流。当外载孔隙水压较高时（图 5-24b），静水应力状态下，赋存于孔/裂隙的自由水在较高的孔隙水压作用下，能够克服孔/裂隙介质渗流阻力，通过尚未完全被压密闭合的孔/裂隙系统，在煤岩内部发生渗透。但随着应力的不断增加，煤岩内部孔/裂隙逐渐被压密闭合，使孔隙水压作用下的煤岩渗透率降低，甚至难以发生渗透。而当应力加载超过煤岩强度极限时，在高孔隙水压的促进作用下，煤岩内部孔/裂隙不断发育贯通，降低了煤岩的渗流阻力系数 k_1，细观结果发生损伤破坏，产生新的裂隙，增加了煤岩的渗流通道，提高了煤岩渗透性能。

由此可知，采动应力对煤体渗透性能的影响机制主要体现在应力对煤体的孔/裂隙系统的影响——应力压缩孔/裂隙时，渗流通道减少，渗流截面积减小，渗透率降低；应力大时，煤体破坏，煤体内部裂隙萌生、扩展、贯通，渗透率将发生相应的变化，其峰后的渗透性能主要取决于煤体所处的力学环境：如果煤体承受的围压大，阻碍煤体孔/裂隙系统的膨胀扩容，裂隙得不到有效的扩展、贯通，渗透性变化不大。反之，如果煤体承受的围压小，且有膨胀变形扩容的空间，孔/裂隙得以扩展、张开，渗透性能将显著提高。此外，采动应力作用下的煤岩渗透性能也与孔隙水压有关，高孔隙水压下，压力水能够克服渗流阻力发生渗透，更有利于煤岩渗透性能的提高。

（三）孔隙水压作用下的煤层增透机理模型分析

根据孔隙水压作用下的煤岩渗透特性试验结果，可知孔隙水压对煤岩的渗透性能具有重要影响。为了进一步分析孔隙水压作用下的煤层增透机理，利用水力耦合作用下煤岩三轴压缩力学模型分析孔隙水压作用下的煤层增透机理，如图5-25所示。

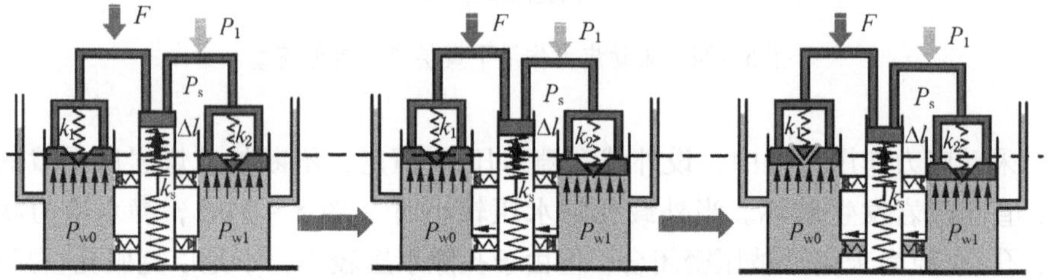

图5-25　孔隙水压作用下煤层增透机理模型

设定煤体所承受的应力恒定，不断施加外载孔隙水压，利用孔隙水压作用下煤层增透机理模型分析施加外载孔隙水压条件下煤岩渗透性能的变化机理。如图5-25所示，忽略恒定载荷 F 作用时的煤岩蠕变特性，煤岩内部孔/裂隙在合力 F 的作用下被压密闭合，增加了渗流阻力系数 k_1，使外载孔隙水压 P_1 较小时，难以克服渗流阻力发生渗透。升高外载孔隙水压 P_1，由于外载孔隙水压 P_1，除了提供渗流所需的孔隙水压 P_{w1} 外，还对煤岩基质骨架产生力的作用，促使煤岩内部原生孔/裂隙进一步压密闭合，而自由水在高孔隙水压的作用下，通过煤岩内部渗流阻力较低的裂隙通道，可以发生局部渗流。随着孔隙水压的继续升高，其对煤岩基质骨架的压缩作用达到极限，而高孔隙水压在通过煤岩内部渗流阻力较低的裂隙通道渗流的同时，迫使被压密闭合的孔/裂隙重新张开，降低其渗流阻力，提高煤层渗透性能。然而，试验结果表明，煤岩在达到强度极限之前，不高于围压的孔隙水压对煤岩渗透性能的改善作用较小，而煤岩所处的应力环境对煤岩渗透性能的改变占主导地位，因此，应充分利用采动应力对煤岩产生的卸压增透效果，达到提高煤层渗透性能的目的。此外，利用高于煤岩起裂压力的孔隙水压对煤岩孔/裂隙系统进行改造，促使原生孔/裂隙发育贯通，并在高孔隙水压作用下致裂煤体，产生新的裂隙，实现煤层增透，也是利用孔隙水压实现煤层增透的一种有效途径。

综上所述，孔隙水压对煤体渗透性的影响机制与应力相类似，也主要体现在孔隙水压对煤体的孔/裂隙系统的影响，较高的孔隙水压作用于孔/裂隙系统，抑制煤岩基质压缩引起的孔/裂隙体积减小过程，促使煤岩渗透率的稳定与提高。高于煤岩起裂压力的孔隙水压作用于煤体孔/裂隙系统以及煤岩基质骨架，使煤岩孔/裂隙系统以及基质骨架发生破坏，贯通原生孔/裂隙系统，并产生新的裂隙，使煤岩渗透性能得到增强。此外，煤岩渗透性能也与其所处应力环境有关，采用应力作用下所产生的卸压增透效果对利用较低的孔隙水压实现煤层增透效果具有显著功效。

第六章 水力耦合作用下煤岩注水渗流演化规律的数值模拟研究

煤岩的力学性能及渗透性能与其所赋存条件有关，其中地应力、地下水环境的作用是影响煤岩性能变化的重要因素。因此，研究不同应力及水力环境下的煤岩性能变化，探明不同应力及水压条件下煤岩力学性能及渗透性能的变化规律，对地下煤岩的工程应用具有重要意义。随着计算机技术的迅速发展，工程研究、科学发展等发生了翻天覆地的变化，数值模拟即为这一技术革命的具体体现。本章研究不同应力条件下的煤岩力学性能及不同水力耦合作用下煤岩渗透性能及孔隙率变化规律，通过建立1：1的煤岩模型，运用UDF（用户自定义函数）加载孔隙率随孔隙水压变化程序，使孔隙率在数值模拟过程中呈动态变化，分析应力、渗流速度及密度分布等变化规律，研究在煤体注水渗流过程中，孔隙水压对煤岩渗透性等方面的影响作用。

第一节 煤岩基本力学性能试验与渗透性分析

一、岩石多场耦合渗流与增透系统

煤岩基本力学性能试验采用自主研发的岩石多场耦合渗流与增透试验系统进行试验，如图6－1所示。在实验室条件下，岩石多场耦合渗流与增透试验系统可以模拟三轴应力、不同温度和水压（静载与动载）的地层赋存与交变注水的工作环境，实现其应力、应变、泊松比、杨氏模量、流体稳态和非稳态渗透率的测定，实现煤岩多场耦合（热－流－固－化学耦合）效应、煤岩水力增透、渗流特性试验分析。煤岩基本力学性能及渗透性试验全部是在此试验系统上进行的。

岩石多场耦合渗流与增透试验系统主要包括液体注入系统、拟三轴岩心夹持器、围压加载系统及轴压加载系统、检测系统、控制系统、ISCO高压无脉冲计量泵、数据采集处理系统等，数据采集处理系统如图6－2所示。该试验系统配置先进、精度高，能够满足试验要求。

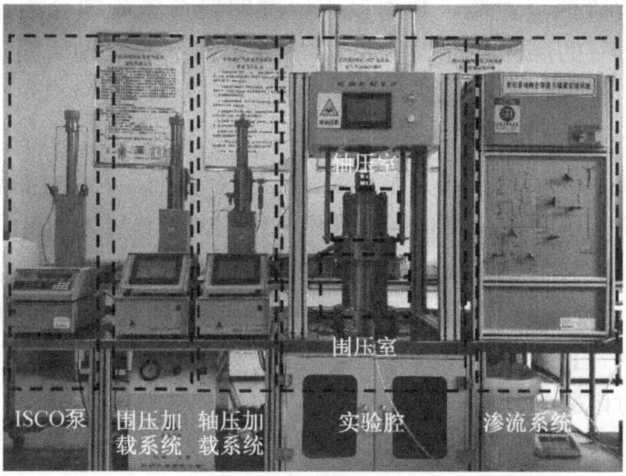

图6-1 岩石多场耦合渗流与增透试验系统

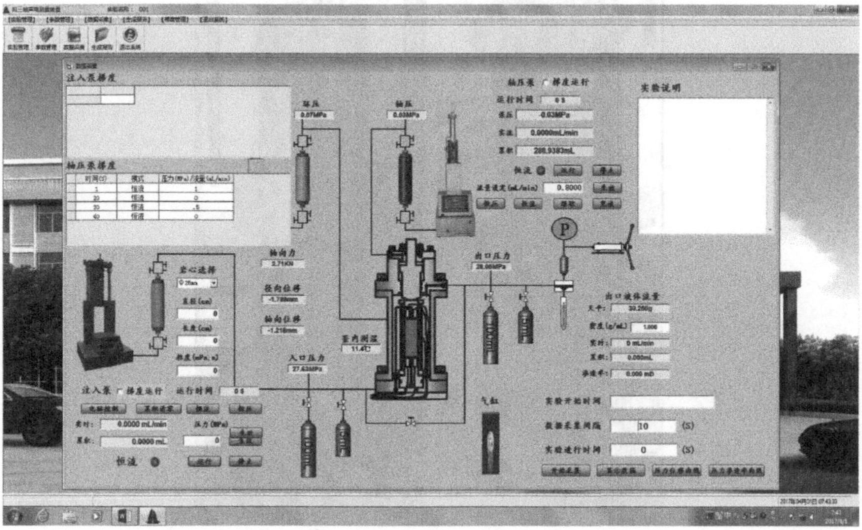

图6-2 数据采集处理系统

二、煤岩三轴压缩力学性能试验与分析

煤岩三轴压缩试验是研究煤岩强度、变形特性及其破裂发展过程的基本方法之一。对煤岩的力学性能进行评价前，需要对煤岩在不同应力条件下的变形及强

度变化特征进行研究。为此，利用自主研发的岩石多场耦合渗流与增透试验系统，对浸泡饱水后的煤样进行围压为 10 MPa 条件下的三轴压缩试验，研究煤岩强度和孔隙率变化规律。

（一）煤岩三轴压缩试验步骤

煤岩三轴压缩试验的详细步骤为：首先应将煤岩试样用耐油热缩橡胶保护套套住，安装并调整引伸计，调整好煤岩试样位置，将试样对准上下承压板；然后将煤岩试样放入试验台，调整试样、承压板与球座的位置，使三者保持在同一轴线上，如图 6－3a 所示；连通油压管路，向压力室注油，同时打开抽真空泵，排除压力室内空气，直至油液充满压力室为止，关闭排气阀密闭压力室。图 6－3b 为安装好并进行试验的三轴室。

进行试验时，首先将围压及轴压加载至预定静水压力水平，而后以位移控制方式增大轴向压力直到试样破坏，记录数据。

(a)

(b)

图 6－3　煤岩三轴压缩试验测试装置

（二）试验结果分析

煤岩三轴压缩条件下的试验结果数据见表 6－1，根据所采集的试验数据绘制的饱水煤岩三轴压缩应力－应变曲线，如图 6－4 所示。

表6-1 三轴压缩试验结果

试样状态	试样编号	高度/mm	直径/mm	围压/MPa	破坏主应力差/kN	强度极限/MPa	弹性模量/MPa
饱水	1号	101	51	10	48.37	23.68	2797.43
	2号	102.5	52	10	43.82	20.57	2313.91
	平均值				46.095	22.125	2555.67

由图6-4可以看出，当初始施加轴压时，在轴向载荷的作用下，煤样的孔/裂隙逐渐被压实，此阶段对应的全应力-应变曲线呈现微凹形；然后煤样继续承受轴向载荷，煤样中的孔/裂隙基本闭合，表现出相对明显的线弹性；之后随着轴向载荷的不断增加，煤样变形量随之继续增大，而煤样内部应力的变化则导致新裂纹的出现，伴随应力的增大，裂纹数量也不断增加。整体裂纹规模的逐渐增大，导致煤体内的裂隙、裂纹逐渐开始连接、贯通，使煤岩试样内部结构失去稳定性，沿着试样的某一结构面产生剪切滑移，进而导致宏观裂隙贯通，煤样失去承载力，曲线呈现下降趋势，煤岩试样进入破裂阶段。在裂隙发育过程中，裂隙逐渐连接，并逐渐发展为碎裂煤。随着塑性变形的逐渐发展，煤岩试样达到剩余强度及松散和破碎的状态。

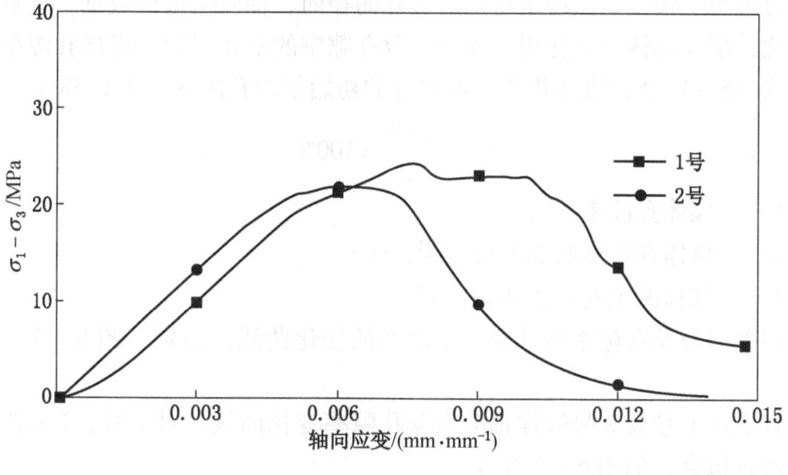

图6-4 围压为10 MPa条件下饱水煤岩三轴压缩应力-应变曲线

综上可知，煤岩三轴压缩变形破坏过程大致可以分为 5 个阶段，即压密阶段、表观线弹性变形阶段、加速非弹性变形阶段、破裂及其发展阶段，以及塑性流动阶段，各个阶段的变化特征如下。

(1) 压密阶段：初始载荷对煤样中的孔隙、裂隙、层理、节理等大量缺陷有明显的影响，这些缺陷在初始载荷作用下基本上是压实封闭的。

(2) 表观线弹性变形阶段：这一阶段，煤岩全应力－应变曲线是线性和连续的，可以称为线性弹性。当煤岩试样变形达到一定程度时，煤体就会断裂、破坏。在表观线弹性变形阶段，煤样的大部分变形是可逆的。若在这一阶段卸载荷后，煤岩试样大部分变形将恢复，但仍会有一小部分残余变形，即塑性变形的一小部分。所以，这一阶段不是严格的线性弹性变形，可以称为表观线弹性变形阶段。

(3) 加速非弹性变形阶段：经过线性弹性变形阶段后，煤岩试样中裂纹的数量和尺寸会逐渐开始增加，煤体承载力显著降低。如果轴向载荷继续增加，煤岩试样会积累足够的能量，变形随之开始加速。试样中大量的微裂纹汇聚并连接，最终发生破坏和失稳。

(4) 破裂及其发展阶段：煤岩试样发生破坏后，应力逐渐减小，变形增大，裂纹更为连接、贯通。

(5) 塑性流动阶段：随着塑性变形的不断发展，煤岩试样的残余强度最终达到松动和破碎状态，最终进入塑性流动阶段。

通过煤岩三轴压缩试验中得到的煤样的径向、轴向位移的数据，计算煤样的体积变化，根据其体积变化得出煤样大致孔隙率的变化规律，煤样孔隙率的计算公式见式 (6－1)，兴隆庄煤矿所取煤样的初始平均孔隙率约为 6.38%。

$$P=\frac{V_0-V}{V_0}\times 100\% \qquad (6-1)$$

式中 P——煤体孔隙率，%；

V_0——煤体在自然状态下的体积，m^3；

V——煤样的绝对密实体积，m^3。

绘制轴向力及孔隙率与轴向应变之间的变化曲线，分别如图 6－5、图 6－6 所示。

根据上述 1 号及 2 号煤样轴向力及孔隙率变化曲线，对 1 号、2 号煤样峰前孔隙率进行拟合，如图 6－7 所示。

由图 6－7 可以看出，饱和含水状态下煤样峰前孔隙率与轴向力之间呈非线性关系，二者拟合曲线的数学模型为

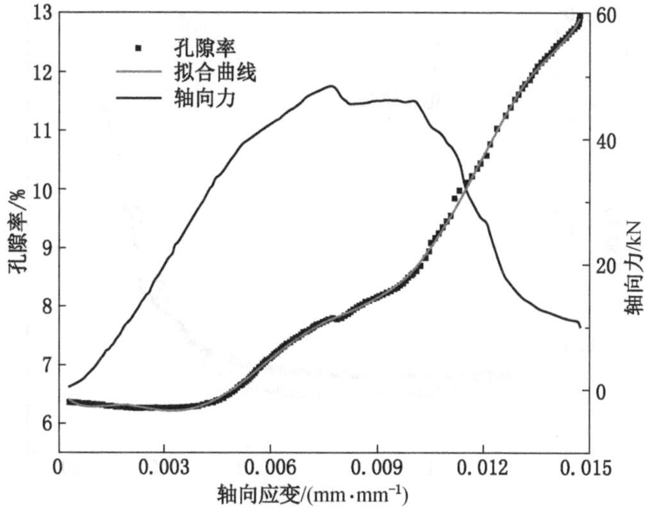

图 6－5　1 号煤样轴向力及孔隙率变化曲线

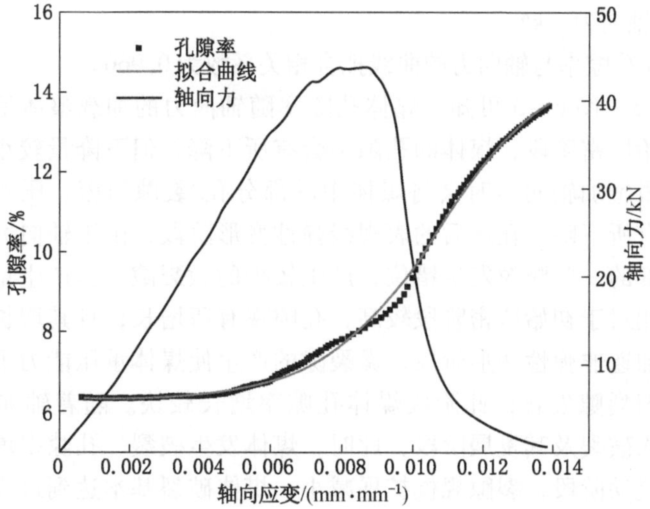

图 6－6　2 号煤样轴向力及孔隙率变化曲线

$$y = 0.001e^{\frac{x}{6.539}} + 6.32 \tag{6-2}$$

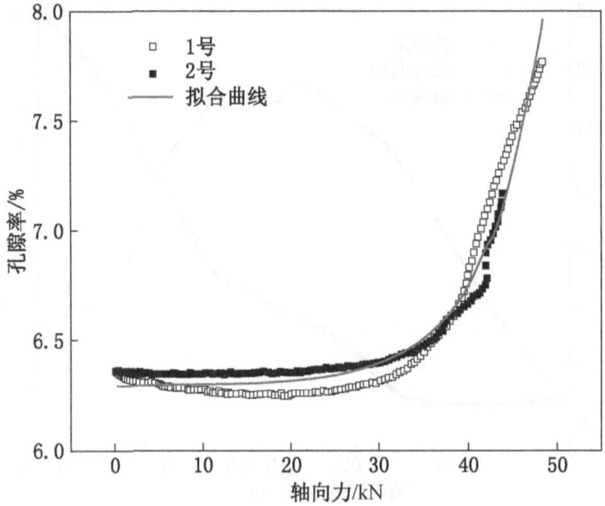

图6-7 煤样峰前孔隙率拟合曲线

式中 y——煤岩孔隙率,%;

x——轴向力, kN。

煤样峰前孔隙率与轴向力的曲线拟合相关系数为0.966。

由图6-3~图6-5可知,煤体孔隙率随轴向力的加载整体呈现增长的趋势,但在初始压密阶段,煤体的孔隙率会有所下降,但下降量较小,主要是因为在压密阶段施加轴向力时会将煤体中的部分孔/裂隙压密、压实,从而导致煤体孔隙率有所下降。在之后的表观线弹性变形阶段,由于轴向力达到一定程度,煤体内部的一些颗粒发生错位,产生较少的微裂隙,其产生量较少,但煤体孔隙率仍相对于初始压密阶段较高,孔隙率有所增长,且其增长趋势较为缓慢。而到了加速非弹性变形阶段,微裂隙的产生使煤体承压能力下降,产生新裂隙,同时旧裂隙发育,此阶段煤体孔隙率增长较快。随着轴向力的继续增加,煤体进入破裂及其发展阶段,此时,煤体发生破裂,孔隙率增长迅速,到后期的塑性流动阶段,裂隙规模扩展减小,煤体破裂基本达到最终阶段,煤体孔隙率的增长速度逐渐放缓。

三、应力-水压作用下煤岩渗透性试验分析

为了分析研究应力与孔隙水压作用下煤岩的渗透性特征,按照煤岩试样的三

轴压缩试验有关结果及煤矿在日常开采的应力作用情况，进行一定围压、轴压与孔隙水压作用下的煤岩渗透性特征试验，进而研究不同轴向水平力及孔隙水压作用下的煤层岩石渗透率变化以及孔隙率变化曲线，为煤岩应力－渗流耦合数值模拟提供准确的试验依据及分析理论支持。

（一）孔隙水压作用下煤岩渗透性试验原理

煤岩的渗透性能除与自身孔/裂隙等细观结构有关外，与其所处应力状态、孔隙水压等外界条件也有直接关系。为了系统研究煤岩的渗透性能与地应力、孔隙水压之间的变化规律，试验为不同轴向应力及孔隙水压下的煤岩渗透性试验，模拟了不同采动应力状态下孔隙水压对煤岩渗透性的影响。水渗透试验示意如图6－8所示。

$$k = -\frac{Q}{A}\frac{\Delta L}{\Delta P}u \tag{6-3}$$

式中　k——渗透率，D；

Q——单位时间通过试样的渗流量，m^3/s；

A——试样断面面积，m^2；

ΔL——试样高度，m；

ΔP——试样两端压差，Pa；

u——流体黏滞系数，Pa·s。

（二）孔隙水压作用下煤岩变形与渗透率变化规律研究

煤岩渗透性试验以自然浸泡10 d以上的饱水煤岩为试样，进行轴压与孔隙水压作用下的煤岩渗流特性试验。试验时，在静水应力条件下，加载孔隙水压达到试验设定条件后，维持足够的孔隙水压恒定时间，并采取不同孔隙水压下的渗流稳定值为该应力与孔隙水压下的渗透率，从而分析孔隙水压对煤岩渗透性能的影响作用。

具体试验步骤为：首先将围压和轴压分别加载到预设压力并保持恒定，而后以0.05 mm/min的位移加载速度加载轴向水平应力达到设定需要应力水平，并保持轴向应力加载水平；而后加载进水端孔隙水压 P_1 达到试验预定值，出水端与大气相通，因此出水端孔隙水压 P_0 即为大气压，维持孔隙水压 P_1 一段时间，直到测定该应力水平下的煤岩渗透率；继续升高孔隙水压至下一设定值，依次重复上述试验步骤，直至完成该应力状态下的孔隙水压试验。

表6－2为试样参数及试验条件，图6－9为不同煤层样品孔隙水压与应力状态下煤岩渗透率变化曲线。

由图6－9可以看出，煤岩渗透率整体变化趋势随着孔隙水压的增大而增加。

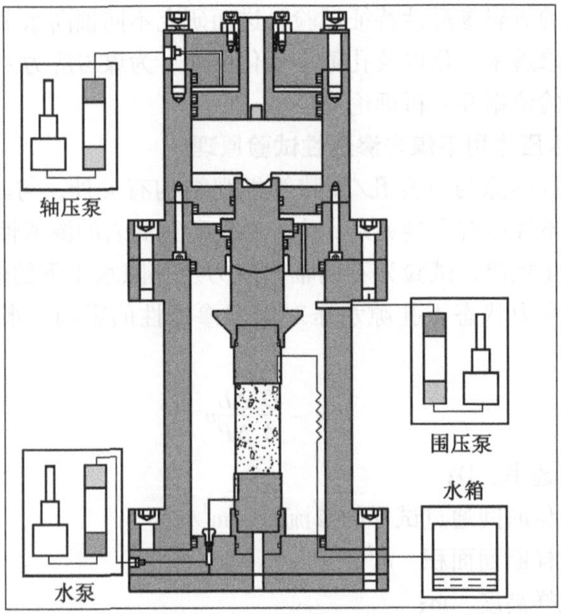

图 6-8　水渗透试验示意图

表 6-2　试样参数及试验条件

试样状态	试样编号	高度/mm	直径/mm	围压/MPa	轴压/MPa	孔隙水压/MPa
饱水	11	100	50.5	10	15.42	2~8
	12	99	50	10	22.67	2~8

11 号煤样在 15.42 MPa 应力条件下处于弹性阶段，加载孔隙水压后，煤岩渗透率变化较小，这是由于煤样在弹性阶段其孔隙率较小，煤体内部孔/裂隙较少，所以其渗透性较差，在 2 MPa、4 MPa、6 MPa、8 MPa 孔隙水压作用下，11 号煤样的渗透率分别为 -0.01776、-0.00623、0.00103、0.0541，几乎为微渗透甚至非渗透；而 12 号煤样在 22.67 MPa 应力条件下处于加速非弹性变形阶段，加载孔隙水压后，煤岩渗透率变化较为明显，这是由于煤样在加速非弹性变形阶段相较于弹性阶段其孔隙率较大，煤体内部孔隙、裂隙较为发育，所以其渗透性较好，在 2 MPa 低孔隙水压条件下，渗透率为 -0.00573，随着孔隙水压的增大，尤其是在 8 MPa 高孔隙水压作用下，渗透率为 0.69957，远远大

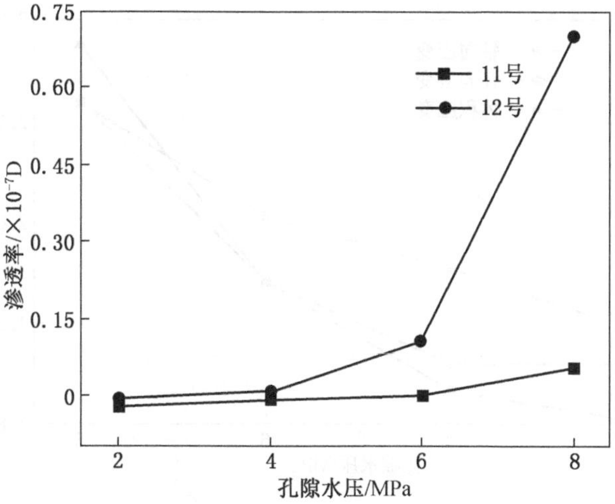

图6-9　不同煤层样品孔隙水压与应力状态下煤岩渗透率变化曲线

于应力为15.42 MPa条件下的渗透率，此时煤样渗透率呈直线增长。

根据试验数据，绘制不同应力状态下煤岩轴向应变及径向应变的变化规律，如图6-10、图6-11所示。

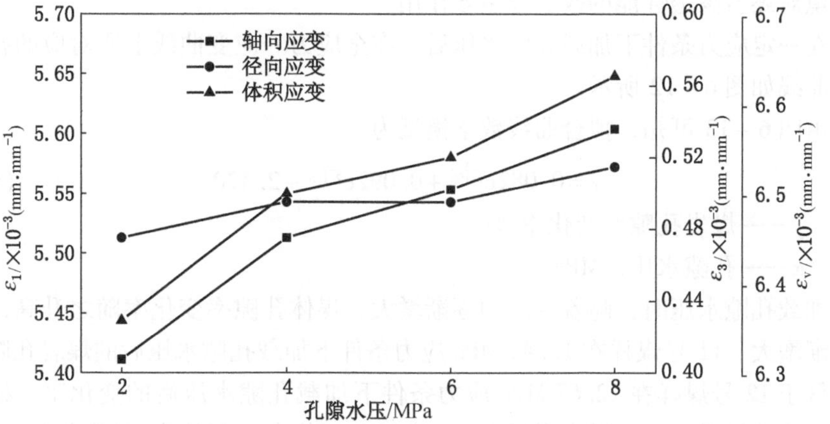

图6-10　轴压为15.42 MPa条件下煤岩变形特征

由图6-10、图6-11可以看出，无论是轴压为15.42 MPa状态下还是22.67

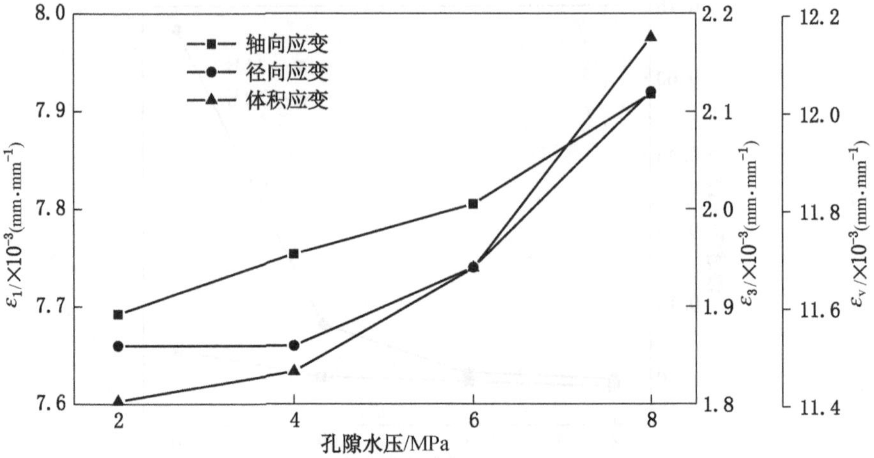

图 6 - 11　轴压为 22.67 MPa 条件下煤岩变形特征

MPa 状态下，随着孔隙水压的升高，煤岩的轴向应变、径向应变及体积应变均呈现不同程度的增加，在高孔隙水压条件下煤体的应变程度及增长趋势相较低孔隙水压更为明显。同时，孔隙水压相同时，轴向压力为 22.67 MPa 条件下的煤岩变形程度较 15.42 MPa 条件下的煤岩变形程度更为明显。综上所述，煤岩所处的应力环境对煤岩渗透性能的改变起主导作用。

在一定应力条件下加载孔隙水压后，在全应力 - 应变曲线上所对应的孔隙率变化曲线如图 6 - 12 所示。

由图 6 - 13 可知，拟合曲线数学模型为

$$y = 0.082e^{\frac{x}{2.190}} + 0.092e^{\frac{x}{2.186}} + 2.470 \qquad (6-4)$$

式中　y——煤岩孔隙率变化率，%；

x——孔隙水压，MPa。

加载孔隙水压时，随着水压的逐渐增大，煤体孔隙率变化率随之升高，孔隙率逐渐增大。11 号煤样在 15.42 MPa 应力条件下加载孔隙水压后的煤岩孔隙率变化率低于 12 号煤样在 22.67 MPa 应力条件下加载孔隙水压后的变化率，根据三轴压缩试验结果，可以看出煤样在 22.67 MPa 应力条件下的孔/裂隙发育比 15.42 MPa 应力条件下的孔/裂隙发育更加成熟，其孔/裂隙占比更大，因此在 22.67 MPa 应力条件下的注水效果更加明显。在 2 ~ 6 MPa 孔隙水压下，孔隙率呈较慢增长；在 6 ~ 8 MPa 孔隙水压下，孔隙率增长速率较快，说明在高孔隙水压作用

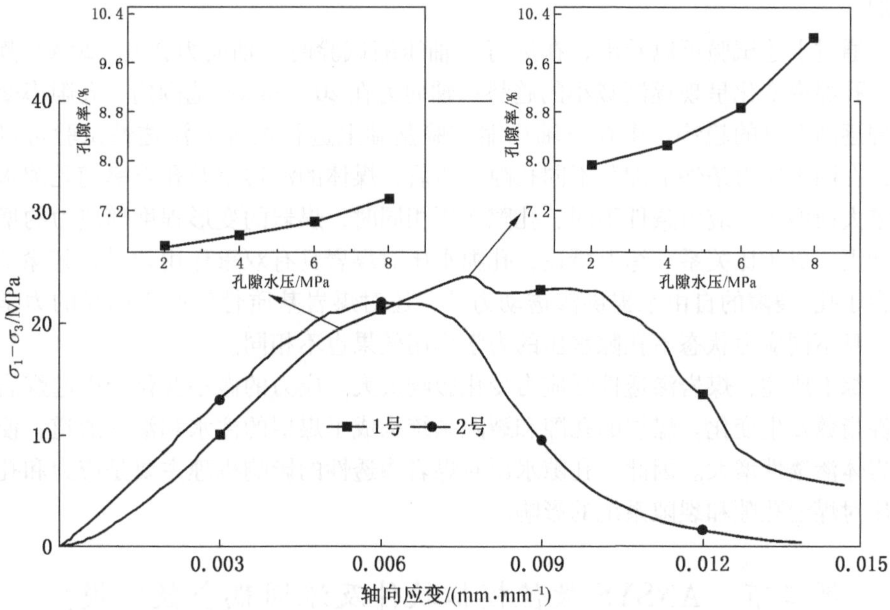

图 6-12　不同孔隙水压条件下煤岩孔隙率变化曲线

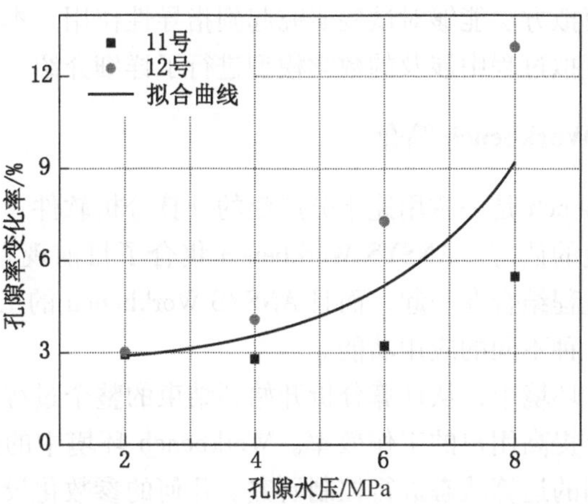

图 6-13　不同孔隙水压条件下煤岩孔隙率变化率拟合曲线

下，煤体孔/裂隙充分发育贯通，此时煤体体积变形较明显，其渗透率也会随之增加。

通过上述试验可以看出，在进行三轴压缩试验时，轴向力在 0 ~ 20 kN 范围内，孔隙率变化呈现逐渐减小的趋势；轴向力在 20 ~ 48 kN 范围内，孔隙率变化呈现逐渐上升的趋势。由在三轴压缩试验基础上进行的煤岩渗透性试验可以看出，在同等应力条件下加载不同孔隙水压后，煤体的渗透率及孔隙率随孔隙水压的增大而增大。应力条件不同、孔隙水压相同时，煤岩的变形程度随应力的增大而增大，成正比关系。综上所述，孔隙水压对煤岩具有双重作用效果，其除了为赋存于孔/裂隙的自由水提供渗透动力外，还对煤岩基质骨架产生明显的力学作用，且不同应力状态下孔隙水压的力学作用效果也不相同。

综上所述，煤岩渗透性受应力变化影响最大。应力的微小变化会引起煤岩渗透性指数发生变化。煤层的孔隙和裂隙系统构成了煤层的注水和渗水通道，使煤和岩体渗透性增大。因此，孔隙水压对煤岩渗透性的影响机理主要是应力和孔隙水压对煤岩孔隙和裂隙系统的影响。

第二节　ANSYS 数值模拟软件及流固耦合数学模型

随着计算机技术的迅速发展，工程研究、科学发展等也随之发生了翻天覆地的变化，数值模拟即为这一技术革命的具体体现。对于条件复杂、成本高的试验研究，结合数值模拟方法能够对试验研究起到指导性作用。本节对应用到的相关数值模拟软件及模拟过程中涉及的数学模型进行了详细介绍。

一、ANSYS Workbench 简介

ANSYS Workbench 是一款用途十分广泛的计算分析软件，在许多领域得到了广泛的应用和高度的认可。ANSYS Workbench 集合了目前现有的各种应用程序，并将仿真的各个过程结合在一起，而且 ANSYS Workbench 的工作台可以根据不同的工程要求组成各种不同的应用功能。

在 Workbench 环境中，从计算分析开始到结束的整个过程都是统一的，因此能够在极大程度上提高用户的工作效率。Workbench 环境中的设置能够与数据相关联，能够对不同的运算状态进行控制研究。几何的参数化设置与物理描述的快速建立模型二者都结合了自动化的计算方法。由于使用者可以根据不同要求对几何、网格、计算求解等方面进行设置，因此能够用较短的时间建立物理原型，进而更快更好地设计出新产品。

二、Fluent 简介

Fluent、CFX、Phoenics 等是目前主要用于求解流体和传热等问题的数值模拟软件，其中 Fluent 软件应用广泛，可用于求解与流体、传热、化学反应相关的各种问题。

Fluent 能够用于各种几何区域内流体流动、传热等的模拟、计算、分析。Fluent 软件主要包括前处理器、求解器和后处理器 3 部分。

使用 Fluent 软件求解计算时，需要按以下特定的求解流程进行：首先要选用并构建物理模型，其次要明确所要模拟物理模型的计算区域及边界条件，确定要求解问题的边界参数之后，按图 6－14 所示的步骤进行求解。

三、Transient Structural 简介

Transient Structural 也就是瞬态动力学分析，也称作时间历程分析，是一种能够计算随时间变化的载荷作用下的各种几何结构响应的技术。Transient Structural 能够应用于承受各种形式下的载荷结构。同时在瞬态动力学分析中可以使用线性或者非线性单元，模拟计算的材料性质可以是线性、非线性、各向同性、各向异性等多种性质。

瞬态动力分析运动方程见下式：

$$[M]\{\ddot{u}\}+[C]\{\dot{u}\}+[K]\{u\}=\{F(t)\} \qquad (6-5)$$

式中 $[M]$——质量矩阵；

$[C]$——阻尼矩阵；

$[K]$——刚度矩阵。

所以模拟的材料的密度或质点质量、弹性模量、泊松比、阻尼等因素在瞬态动力分析中都应考虑到。在 Transient Structural 分析过程中所选材料的密度、质量、弹性模量一般情况下是必须输入的，材料的阻尼可以根据计算要求选择性忽略。Transient Structural 的一般求解步骤如图 6－15 所示。

四、UDF 简介

UDF 即用户自定义程序，是 Fluent 中的二次开发功能，使用者可以通过 UDF 与 Fluent 模拟计算的内部数据进行交流，进而能够解决 Fluent 中的某些标准模块所不能解决的问题。例如，使用者可以通过 UDF 设定实际需要的边界条件、材料属性等，也可以通过 UDF 添加源项、设置模型的参数、计算初始化等。

使用 UDF 时，源文件只能采用以后缀 . c 格式保存，需要采用 FLUENT. Inc

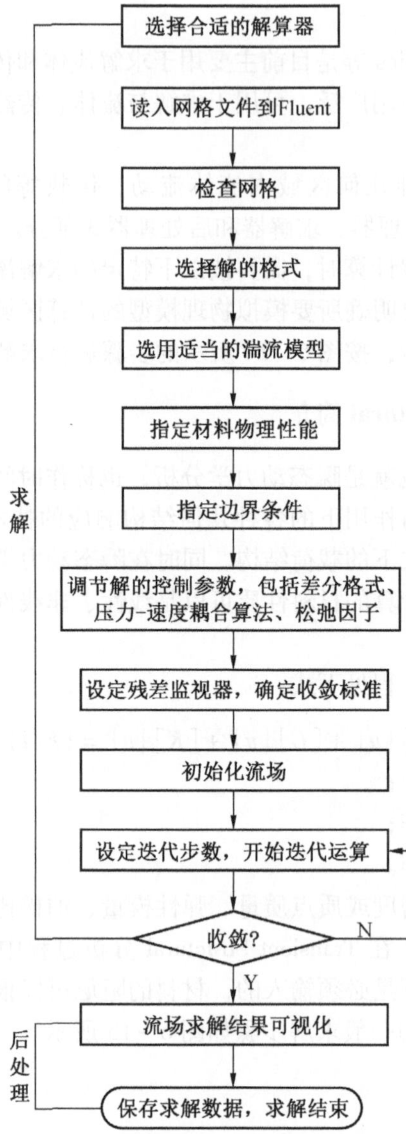

图 6－14　Fluent 求解步骤

提供的 DEFINE 宏定义。在程序编译过程中，所有后缀为“. c”的 UDF 源文件开头的第一句必须是#include udf. h，这样 DEFINE 宏以及由其他宏函数所定义的

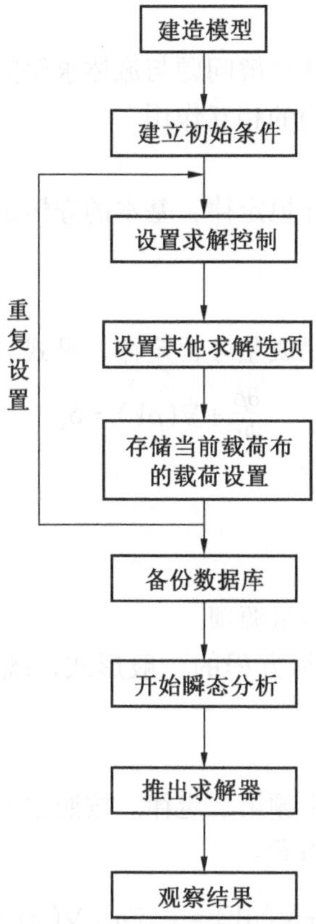

图 6－15　Transient Structural 的一般求解步骤

内容都能被引用。

UDF 函数的源文件在 Fluent 中可以分为解释型 UDF 与编译型 UDF。解释型 UDF 能够直接利用 Fluent 软件自带的解释源代码，不需要其他编译器。当 UDF 的计算性能比较重要时，建议采用编译型 UDF。所有解释型 UDF 的编译方式都可以被 Fluent 加载。在 UDF 被解释后保存为 case 文件，之后打开文件时，UDF 无须重新解释即能够直接加载。在 UDF 的编译过程中，一般需要涉及源代码的编译及其加载两个步骤，如果计算机操作系统或 Fluent 版本发生了改变，必须重新构建 UDF 的对象库，源代码的编译及加载也需要重新开始。本章数值模拟研究所使用的 UDF 源文件为编译型 UDF。

五、流固耦合数学模型

流固耦合问题包含了固体求解问题与流体求解问题，而且在研究流固耦合问题时，需要同时考虑两者之间的相互作用。

（一）基本控制方程

流体流动需要遵守物理守恒定律，基本的守恒定律包括质量守恒定律、动量守恒定律、能量守恒定律。

1. 质量守恒定律

任何流体流动都必须满足质量守恒定律，见式（6－6）：

$$\frac{\partial \rho}{\partial t} + \nabla(\rho V) = S_{m} \tag{6-6}$$

式中 ρ——流体密度，g/m³；

t——时间，s；

V——速度矢量；

S_{m}——加入连续相的质量源项。

式（6－6）属于质量守恒方程的一般形式，既适用于可压流动，也适用于不可压流动。

2. 动量守恒定律

动量守恒定律的本质是牛顿第二定律。按照这一定律，可以得出在惯性（非加速）坐标系中的动量守恒方程：

$$\frac{\partial(\rho V)}{\partial t} + \nabla(\rho V) = -\nabla p + \nabla(\tau) + \rho g + F \tag{6-7}$$

$$\tau = \mu\left[(\nabla V + \nabla V^{T}) - \frac{2}{3}\nabla V I\right] = \tau_{ij} = \mu\left[\left(\frac{\partial u_{i}}{\partial x_{j}} + \frac{\partial u_{j}}{\partial x_{i}}\right) - \frac{2}{3}\frac{\partial u_{k}}{\partial x_{k}}\delta_{ij}\right] \tag{6-8}$$

式中 p——流体微元体上的压力（静压），Pa；

τ——因分子黏性作用而产生的作用在微元体表面上的黏性应力张量。

式（6－7）对任何类型的流体（包括非牛顿流体）都成立。

3. 能量守恒定律

能量守恒定律需要满足的基本定律包含有热交换的流动系统，其本质是热力学第一定律，得到 Fluent 中求解的能量方程形式为

$$\frac{\partial(\rho E)}{\partial t} + \nabla[V(\rho E + p)] = \nabla[k_{eff}\nabla T - \sum h_{j}J_{j} + (\tau_{eff}V)] + S_{h} \tag{6-9}$$

多孔介质的渗流基本方程为达西定律和连续性方程，多孔介质线性渗流的基本控制方程是将达西定律代入连续性方程后得到的，把控制方程应用于岩体渗

流，这就是等效连续介质模型。

假设在直角坐标系 x、y、z 三个方向的渗流速度是 V_x、V_y、V_z，可列出质量守恒定律为

$$\frac{\partial}{\partial x}(\rho V_x)+\frac{\partial}{\partial y}(\rho V_y)+\frac{\partial}{\partial z}(\rho V_z)+\frac{\partial}{\partial t}[\rho(n_0+\Delta n)]=0 \tag{6-10}$$

Boit 方程的假设条件为孔隙中的流体为不可压缩，因此式（6-10）中的流体密度应为常数，所以式（6-10）可以写为

$$\frac{\partial V_x}{\partial x}+\frac{\partial V_y}{\partial y}+\frac{\partial V_z}{\partial z}+\frac{\partial \Delta n}{\partial t}=0 \tag{6-11}$$

对于不可压缩流体，并且考虑渗透率随孔隙率变化的渗流连续性方程为

$$\frac{\partial}{\partial x}\left[\frac{K(\Delta n)}{\mu}\frac{\partial p}{\partial x}\right]+\frac{\partial}{\partial y}\left[\frac{K(\Delta n)}{\mu}\frac{\partial p}{\partial y}\right]+\frac{\partial}{\partial z}\left[\frac{K(\Delta n)}{\mu}\frac{\partial p}{\partial z}\right]=\frac{\partial \Delta n}{\partial t} \tag{6-12}$$

在渗流场中，由于流体的渗流作用产生的除渗流体积力以外的载荷形式，并作用在煤体介质上，煤体因载荷作用发生压缩变形，使煤体介质发生位移变化进而影响煤体的孔隙率、孔隙大小及位置，而这些孔隙特征是影响煤岩介质渗透性能的重要因素，进而导致煤体渗透系数发生变化，从而影响整个渗流场的渗流稳定性。

由达西定律可知，流体的渗透系数可以表示为

$$K=k\frac{\rho g}{\mu}=k\frac{\gamma_w}{\mu}=k\frac{g}{v} \tag{6-13}$$

式中　K——渗透系数，cm/s；

　　k——渗透率，cm^2；

　　v——运动黏滞系数，cm^2/s。

由式（6-13）可以发现，影响煤体自身渗透性能的因素主要有两个：一个是流体本身的性质，即$\frac{\gamma_w}{\mu}$；另一个是煤体自身的渗透率 k。

（二）应力场控制方程

1. 平衡方程

煤岩体在外部载荷及内部流载的双重作用下，不仅流体具有一定的渗流速度，而且固体介质骨架也有一定的运动速度，设 $u_i(i=1、2、3)$ 为固体介质骨架的位移分量，即在 x、y、z 3 个方向的位移，流体的绝对运动速度为 v_f，固体介质骨架的绝对运动速度为 v_s，流体相对于固体介质骨架的相对速度为 v_r，则

$$v_s=v_f-v_r \tag{6-14}$$

设固体介质与流体的质量密度分别为 ρ_s、ρ_f，重力为 f。根据达朗伯原理，将惯性力看作重力，结合各个方向力平衡条件，可以得到固体介质整体的应力平

衡方程，用指标符号表示为

$$-\sigma_{ij,j}+f_i=\rho_s(1-\varphi)\frac{D_s v_{si}}{D_t}+\rho_f\varphi\frac{D_f v_{fi}}{D_t} \tag{6-15}$$

$$\frac{D_s}{D_t}=\frac{\partial}{\partial x}+(v_s\cdot\nabla) \tag{6-16}$$

$$\frac{D_f}{D_t}=\frac{\partial}{\partial x}+(v_f\cdot\nabla)=\frac{D_s}{D_t}+(v_s\cdot\nabla) \tag{6-17}$$

式中　f_i——煤岩体在 i 方向的重力，kN；

φ——煤岩体介质的孔隙率，%；

v_{si}、v_{fi}——固体介质骨架和流体的绝对运动速度 v_s、v_f 在 i 方向的投影；

$\frac{D_s}{D_t}$、$\frac{D_f}{D_t}$——物质导数。

式（6-15）在直角坐标系中，其分量形式可写为

$$\begin{cases}-\left(\frac{\partial\sigma_x}{\partial x}+\frac{\partial\sigma_{xy}}{\partial y}+\frac{\partial\sigma_{xz}}{\partial z}\right)+f_x=\rho_s(1-\varphi)\frac{D_s v_{sx}}{D_t}+\rho_f\varphi\frac{D_f v_{fx}}{D_t}\\ -\left(\frac{\partial\sigma_{yx}}{\partial x}+\frac{\partial\sigma_{y}}{\partial y}+\frac{\partial\sigma_{yz}}{\partial z}\right)+f_y=\rho_s(1-\varphi)\frac{D_s v_{sy}}{D_t}+\rho_f\varphi\frac{D_f v_{fy}}{D_t}\\ -\left(\frac{\partial\sigma_{zx}}{\partial x}+\frac{\partial\sigma_{zy}}{\partial y}+\frac{\partial\sigma_{z}}{\partial z}\right)+f_z=\rho_s(1-\varphi)\frac{D_s v_{sz}}{D_t}+\rho_f\varphi\frac{D_f v_{fz}}{D_t}\end{cases} \tag{6-18}$$

2. 几何方程

物体受力后，多孔介质内部各点产生位移，原来点 P 位移后达到点 P'。PP' 连线的矢量用位移矢量 u 表示，即

$$u=u_x e_2+u_y e_2+u_z e_3 \tag{6-19}$$

对于煤岩体的线应变正方向为压缩方向，3 个方向的线应变分别记为

$$\varepsilon_x=-\frac{\partial u_x}{\partial x}\qquad \varepsilon_y=-\frac{\partial u_y}{\partial y}\qquad \varepsilon_z=-\frac{\partial u_z}{\partial z} \tag{6-20}$$

为了对称起见，将 ε_x 写成 ε_{xx}，或用指标符号表示为 ε_1 或 ε_{11}，其余类推。剪应变用 γ 表示：

$$\begin{cases}\gamma_{xy}=-\left(\frac{\partial u_y}{\partial x}+\frac{\partial u_x}{\partial y}\right)=-2\varepsilon_{xy}\\ \gamma_{yz}=-\left(\frac{\partial u_z}{\partial y}+\frac{\partial u_y}{\partial z}\right)=-2\varepsilon_{yz}\\ \gamma_{xy}=-\left(\frac{\partial u_x}{\partial z}+\frac{\partial u_z}{\partial x}\right)=-2\varepsilon_{zx}\end{cases} \tag{6-21}$$

式（6－21）用指标符号表示为 $\gamma_{ij} = -(u_{j,i} + u_{i,j}) = -2\varepsilon_{ij}(i \neq j)$，$\gamma_{ij} = \gamma_{ji}$。由此可得出固体骨架的几何方程为

$$\varepsilon_{ij} = \varepsilon_{ji} = -\frac{1}{2}(u_{ij} + u_{ji}) \tag{6-22}$$

在直角坐标系中，其分量形式可写成：

$$\begin{cases} \varepsilon_x = \varepsilon_{xx} = -\dfrac{\partial u_x}{\partial x} & \varepsilon_{xy} = \varepsilon_{yx} = -\dfrac{1}{2}\left(\dfrac{\partial u_y}{\partial x} + \dfrac{\partial u_x}{\partial y}\right) \\ \varepsilon_y = \varepsilon_{yy} = -\dfrac{\partial u_y}{\partial y} & \varepsilon_{yz} = \varepsilon_{zy} = -\dfrac{1}{2}\left(\dfrac{\partial u_y}{\partial z} + \dfrac{\partial u_z}{\partial y}\right) \\ \varepsilon_z = \varepsilon_{zz} = -\dfrac{\partial u_z}{\partial z} & \varepsilon_{zx} = \varepsilon_{xz} = -\dfrac{1}{2}\left(\dfrac{\partial u_z}{\partial x} + \dfrac{\partial u_x}{\partial z}\right) \end{cases} \tag{6-23}$$

假定固体介质为各向同性，则固体介质的体应变可表示为

$$\varepsilon_v = \varepsilon_x + \varepsilon_y + \varepsilon_z = -\left(\frac{\partial u_x}{\partial x} + \frac{\partial u_y}{\partial y} + \frac{\partial u_z}{\partial z}\right) \tag{6-24}$$

3. 本构方程

在岩样初步压实后，对其选择多孔介质有效应力－应变本构模型，用指标符号表示为

$$\sigma'_{ij} = 2G\varepsilon_{ij} + \lambda\varepsilon_v\delta_{ij} \tag{6-25}$$

式中 σ'_{ij}——有效应力，Pa；

λ——煤岩体介质的拉梅系数；

G——煤岩体介质的剪切模量，Pa；

ε_v——煤岩体介质的体应变；

δ_{ij}——Kronecker 符号。

4. 有效应力方程

Terzaghi 提出了有效应力原理 $\sigma'_{ij} = \sigma_{ij} - p\delta_{ij}$。但在岩石力学的渗流过程中，主要采用修正后的有效应力原理。Geersman 提出的有效应力方程如下：

$$\sigma'_{ij} = \sigma_{ij} - \alpha p\delta_{ij} \tag{6-26}$$

式中，σ'_{ij}为有效应力，σ_{ij}为总应力，p 为孔隙压力，系数 α 满足 $0 \leqslant \alpha \leqslant 1$，且定义为

$$\alpha = 1 - \frac{K}{K_s} \tag{6-27}$$

式中 K_s——固体基质体积模量，Pa；

K——含有孔隙的多孔介质有效体积模量，Pa；

α——孔隙弹性系数。

孔隙率是反映多孔介质性质的一个重要参数，假定正方向为压应力及压应变，得到岩体中总的应力为

$$\sigma'_{ij} = \sigma'_{ij} + \varphi p \delta_{ij} \tag{6-28}$$

式中 p——煤岩体中的流体压力，kN；

φ——煤岩体的孔隙率，%。

5. 应力场方程

联立式（6-25）及式（6-28），并将其代入式（6-15），可以得到流固耦合的应力场控制方程为

$$-[(\lambda+G)\varepsilon_{v,i} - G\nabla^2 u_i + \varphi p_i] + f_i = \rho_s(1-\varphi)\frac{D_s v_{si}}{D_t} + \rho_f \varphi \frac{D_f v_{fi}}{D_t} \quad (i=1,2,3) \tag{6-29}$$

联立式（6-21）可以得到用位移量 u_x、u_y、u_z 表示的应力场控制方程，即式（6-25）的分量形式可写成

$$\begin{cases} -\left[-G\nabla^2 u_x - (\lambda+G)\dfrac{\partial}{\partial x}\left(\dfrac{\partial u_x}{\partial x}+\dfrac{\partial u_y}{\partial y}+\dfrac{\partial u_z}{\partial z}\right)+\varphi\dfrac{\partial p}{\partial x}\right]+f_x = \rho_s(1-\varphi)\dfrac{D_s v_{sx}}{D_t}+\rho_f\varphi\dfrac{D_f v_{fx}}{D_t} \\ -\left[-G\nabla^2 u_y - (\lambda+G)\dfrac{\partial}{\partial y}\left(\dfrac{\partial u_x}{\partial x}+\dfrac{\partial u_y}{\partial y}+\dfrac{\partial u_z}{\partial z}\right)+\varphi\dfrac{\partial p}{\partial y}\right]+f_y = \rho_s(1-\varphi)\dfrac{D_s v_{sy}}{D_t}+\rho_f\varphi\dfrac{D_f v_{fy}}{D_t} \\ -\left[-G\nabla^2 u_z - (\lambda+G)\dfrac{\partial}{\partial z}\left(\dfrac{\partial u_x}{\partial x}+\dfrac{\partial u_y}{\partial y}+\dfrac{\partial u_z}{\partial z}\right)+\varphi\dfrac{\partial p}{\partial z}\right]+f_z = \rho_s(1-\varphi)\dfrac{D_s v_{sz}}{D_t}+\rho_f\varphi\dfrac{D_f v_f}{D_t} \end{cases} \tag{6-30}$$

式（6-25）与式（6-30）为流固耦合的应力场控制方程，忽略体积力项与惯性力项后，流固耦合的应力场控制方程可简化为

$$G\nabla^2 u_i + (\lambda+G)\varepsilon_{v,i} - \varphi p_i = 0 \quad (i=1,2,3) \tag{6-31}$$

$$\begin{cases} G\nabla^2 u_x + (\lambda+G)\dfrac{\partial}{\partial x}\left(\dfrac{\partial u_x}{\partial x}+\dfrac{\partial u_y}{\partial y}+\dfrac{\partial u_z}{\partial z}\right)-\varphi\dfrac{\partial p}{\partial x}=0 \\ G\nabla^2 u_y + (\lambda+G)\dfrac{\partial}{\partial y}\left(\dfrac{\partial u_x}{\partial x}+\dfrac{\partial u_y}{\partial y}+\dfrac{\partial u_z}{\partial z}\right)-\varphi\dfrac{\partial p}{\partial y}=0 \\ G\nabla^2 u_z + (\lambda+G)\dfrac{\partial}{\partial z}\left(\dfrac{\partial u_x}{\partial x}+\dfrac{\partial u_y}{\partial y}+\dfrac{\partial u_z}{\partial z}\right)-\varphi\dfrac{\partial p}{\partial z}=0 \end{cases} \tag{6-32}$$

式（6-31）、式（6-32）为煤岩体流固耦合的应力场控制方程，式中 φ 为煤岩孔隙率，p 为孔隙压力。

（三）渗流场控制方程

由于渗流过程是在煤岩体内部发生的，所以煤岩体中包含的骨架颗粒也具有

一定的运动速度，渗流流体的绝对速度为

$$v_f = v_s + v_r \tag{6-33}$$

根据 Dupuit－Forchheimer 关系式得到流体相对于固体骨架的比流量，渗流速度为 $q_r = \varphi v_r$，所以

$$q_f = \varphi v_r \tag{6-34}$$

式中 v_r——骨架的相对速度；

φ——煤岩体介质的孔隙率。

1. 连续性方程

在不考虑质量源的情况下，可以得到流体的连续性方程为

$$\frac{\partial(\rho_f\varphi)}{\partial t} + \nabla(\rho_f\varphi v_f) = 0 \tag{6-35}$$

将式（6－35）展开，与式（6－33）联立，省略项 $v_s\nabla$，得出流体的连续性方程为

$$\varphi\frac{\partial\rho_f}{\partial t} + \rho_f\frac{\partial\varphi}{\partial t} + \nabla(\rho_f\varphi v_r) + \rho_f\varphi\,\nabla v_s = 0 \tag{6-36}$$

固体的连续性方程为

$$\frac{\partial[\rho_s(1-\varphi)]}{\partial t} + \nabla[(1-\varphi)\rho_s v_s] = 0 \tag{6-37}$$

将式（6－37）展开，省略 $v_s\nabla$项，再将各项乘以$\frac{\rho_f}{\rho_s}$，式（6－37）可改写为

$$\frac{\partial(1-\varphi)\rho_s}{\partial t}\frac{\partial\rho_s}{\partial t} - \rho_f\frac{\partial\varphi}{\partial t} + (1-\varphi)\rho_f\,\nabla v_s = 0 \tag{6-38}$$

可以通过 $\varepsilon_v = \varepsilon_x + \varepsilon_y + \varepsilon_z = -u_{i,i} = -\frac{\partial u_i}{\partial x_i} = -\left(\frac{\partial u_x}{\partial x} + \frac{\partial u_y}{\partial y} + \frac{\partial u_z}{\partial z}\right)$来表示固体骨架的体应变，因此

$$\nabla v_s = -\frac{\partial(\nabla u_s)}{\partial t} = -\frac{\partial\varepsilon_v}{\partial t} = -\frac{\partial u_{i,t}}{\partial t} \tag{6-39}$$

将式（6－36）与式（6－38）相加，可以得到整体的连续性方程：

$$\varphi\frac{\partial\rho_f}{\partial t} - \rho_f\frac{\partial\varepsilon_v}{\partial t} + \frac{(1-\varphi)\rho_f}{\rho_s}\frac{\partial\rho_s}{\partial t} + \nabla(\rho_f\varphi v_r) = 0 \tag{6-40}$$

在渗流场中，煤岩体整体介质能够发生变形，但可以将固体颗粒看作是刚性的，所以 $\rho_s = \text{const}$。同时，由于水的压缩性和固体骨架的运动速度均较小，所以式（6－40）可以简化为

$$\nabla(\rho_f \varphi v_r) - \rho_f \frac{\partial \varepsilon_v}{\partial t} + \varphi \frac{\partial \rho_f}{\partial t} = 0 \tag{6-41}$$

2. 状态方程

在温度恒定的条件下，流体状态方程的转化形式为

$$\frac{1}{\rho_f} \frac{\partial \rho_f}{\partial t} = c_f \frac{\partial p}{\partial t} \tag{6-42}$$

式中　c_f——液体的压缩系数，Pa^{-1}。

3. 控制方程

将式（6－42）代入式（6－41）可得

$$\nabla q_f - \frac{\partial \varepsilon_v}{\partial t} + c_f \varphi \frac{\partial p}{\partial t} = 0 \tag{6-43}$$

式（6－43）为渗流场的控制方程。

第三节　煤体水力耦合变形与渗流数值模拟研究分析

流固耦合问题可以认为是一个既包括固体求解又包括液体求解，两者都不容忽视的模拟问题。通过建立 1：1 的煤岩模型，对煤岩进行应力渗流耦合的数值模拟，在未考虑孔隙率变化的情况下，从应力、渗流速度及密度分布等方面进行对比，研究在煤体注水渗流过程中孔隙水压对煤岩渗透性能等方面的影响。

一、Transient Structural 相关设置及模拟分析

（一）相关参数设置

1. 材料属性

在进行 Transient Structural 数值模拟前，首先需要设置煤岩体的材料属性。本章的研究对象为原煤，所以根据第二章力学试验所得到的试验数据计算其相关力学参数，并在 Transient Structural 中进行相关参数设置，煤体的相关力学参数见表 6－3，材料属性的相关设置界面如图 6－16 所示。

表 6－3　煤体的相关力学参数

参数指标	参数值
初始孔隙率/%	6.38
密度/($kg \cdot m^{-3}$)	1.42×10^3
泊松比	0.34

表 6-3（续）

参数指标	参数值
杨氏模量/MPa	2.556×10^{3}
体积弹性模量/MPa	2.6625×10^{3}
剪切模量/MPa	953.73

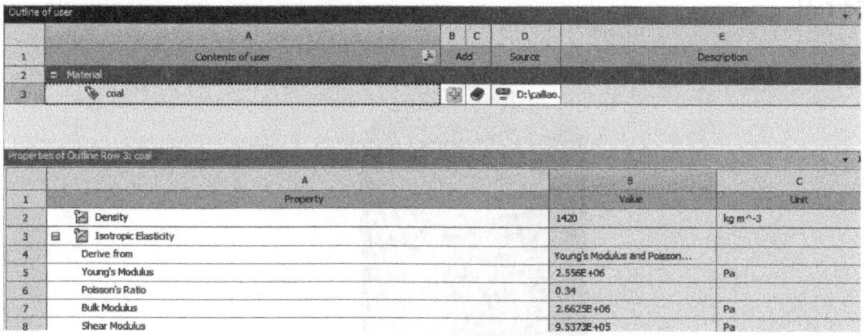

图 6-16　相关设置界面

2. 几何模型

该数值模拟研究中所建模型与实际试验模型一致，在 Gambit 中建立直径为 50 mm、高为 100 mm 的圆柱体模型，具体模拟模型如图 6-17 所示。

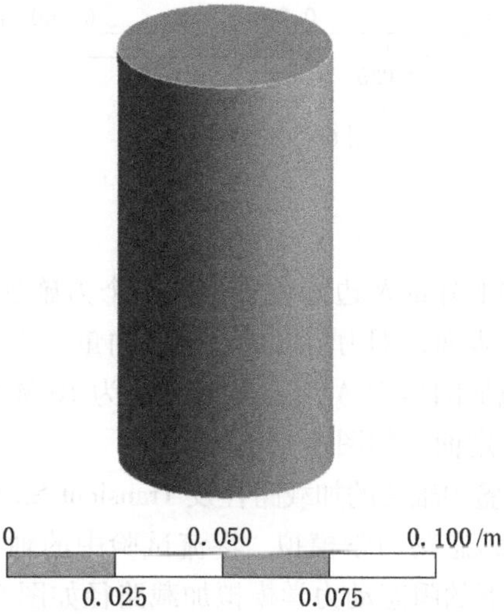

图 6-17　模拟模型

3. 网格划分

由于模型相对简单，所以采用自动划分网格，Relevance Center 及 Span Angle Center 选择 Fine，光滑度选择 Smoothing。网格划分如图 6－18 所示，网格质量如图 6－19 所示，其中 Skewness 为偏斜度，是网格质量的判据之一，其最小值越靠近 0 越好，Minimum Orthogonal Quality 为最小正交质量，其值范围为0～1，最差为 0，最好为 1，由图 6－18 可以看出该模型的网格划分质量较好。

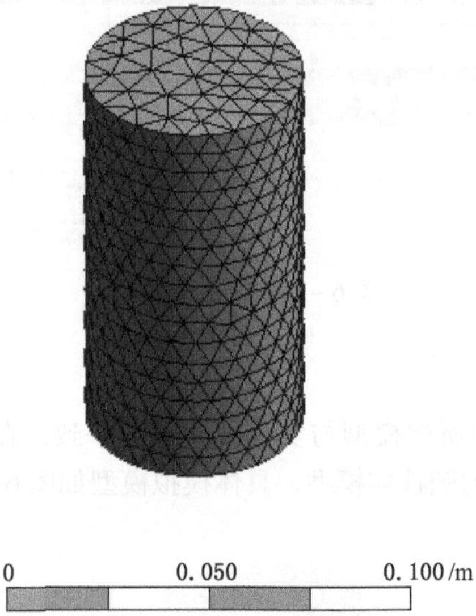

图 6－18　网格划分

4. 载荷及约束

力可以施加在结构的外部及边缘位置，当一个力施加到两个相同的表面时，力的作用将平分到每个表面，即力可以通过定义向量、大小以及分量来施加。根据煤岩三轴试验，在施加围压面 A 面上施加大小为 10 MPa 的力，B 面为施加轴向力面，底面设置为固定面，如图 6－20 所示。

根据第二章渗流试验中轴压的加载路径及 Transient Structural 中载荷步的设定，进行煤岩渗透性试验的瞬态动力学模拟。渗流试验中的轴压加载路径如图 6－21 所示，15.42 MPa 条件下的瞬态动力学模拟加载路径如图 6－22 所示，22.67 MPa 条件下的瞬态动力学模拟加载路径如图 6－23 所示。

Mesh Metric	Skewness
Min	3.0736e-004
Max	0.66645
Average	0.22475

Mesh Metric	Orthogonal Quality
Min	0.33355
Max	0.98788
Average	0.77327

图 6-19　网格质量

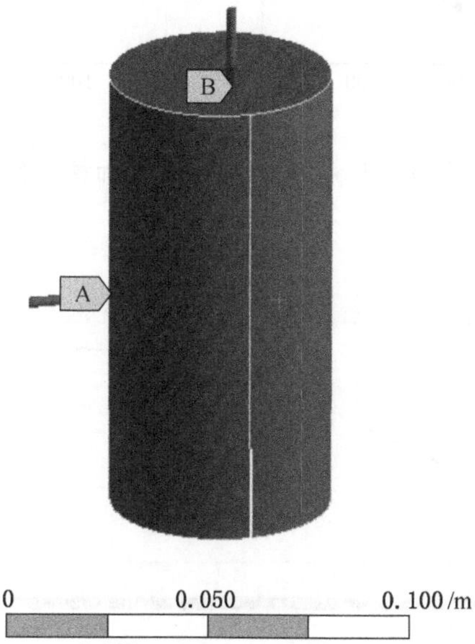

图 6-20　载荷设置

（二）应力场模拟结果分析

1. 15. 42 MPa 条件下的瞬态动力学模拟结果

在 15. 42 MPa 条件下应力场模拟中，*Y* 轴方向随时间变化的煤体变形如图 6-24所示，图 6-25 为 *Y* 轴方向变形量的对比曲线。

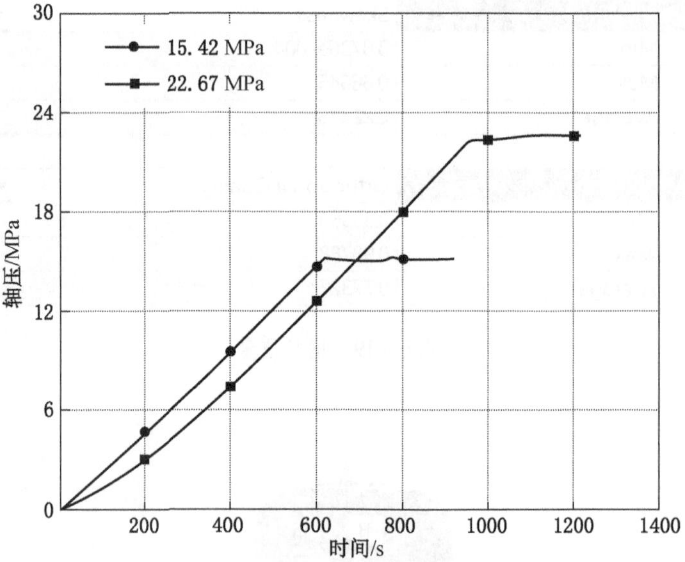

图6-21　渗流试验中的轴压加载路径

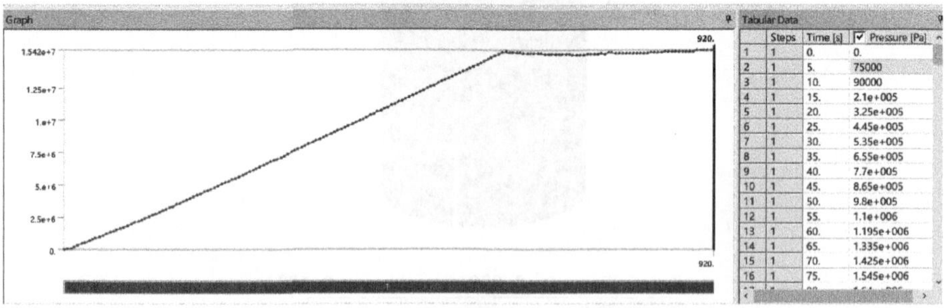

图6-22　15.42 MPa条件下的瞬态动力学模拟加载路径

图6-24中，负号仅代表位移方向，可以看出在加载轴压时，煤体顶部最先发生变形，其位移量也逐渐增大，煤体逐渐被压缩，最大处变形量约为0.335 mm，这种纵向变形结果主要是由于随着轴压的不断加载，轴向变形从顶部开始，逐渐向下传递，且煤体从上至下逐渐被压缩，而煤体底部被固定，具有一定的反作用力，底部的最小变形量为0。

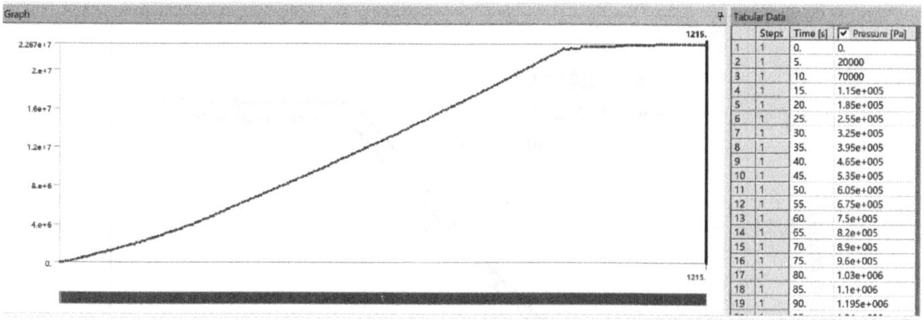

图 6－23 22.67 MPa 条件下的瞬态动力学模拟加载路径

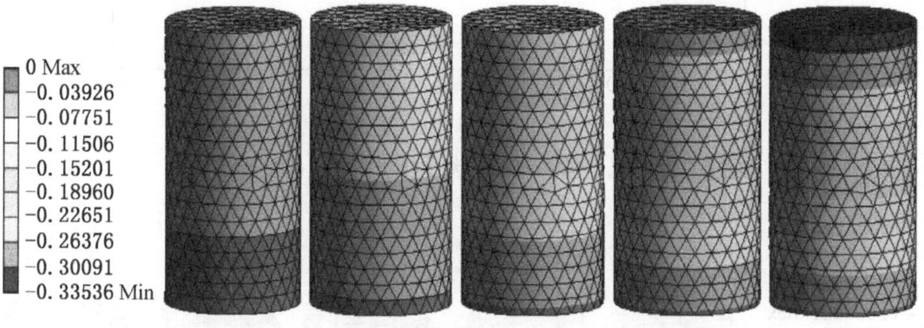

(a) 150 s (b) 300 s (c) 450 s (d) 600 s (e) 750 s

图 6－24 *Y* 轴方向煤体变形（15.42 MPa）

以圆心为原点，*X* 轴方向随时间变化的变形如图 6－26 所示，径向位移的试验结果与模拟结果对比曲线如图 6－27 所示。

由图 6－26 可知煤体外部的径向变形最大，煤体由外至内变形量逐渐减小，这种横向变形结果主要是由于随着轴压的不断加载，底部固定，煤体被压缩，煤体横向向四周扩展变形。

由图 6－25、图 6－27 可以看出，二者的煤体变形的位移变化趋势大致相同，煤体变形主要以轴向压缩变形为主。从数据上看，模拟结果的变形量明显大于试验结果的变形量，但二者的误差均在可接受范围内，分析其原因可能为模拟是在最为理想的状态下进行的，未考虑煤体自身结构及物理性质的复杂性，与试验结果相比较还有一定的差别，同时试验过程中存在一定的误差，引伸计的精度也是

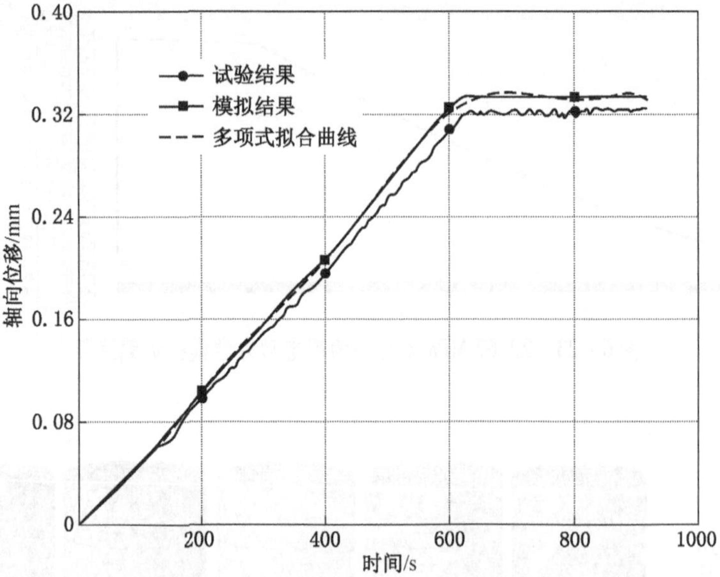

图 6-25　试验结果与模拟结果对比曲线（15.42 MPa）

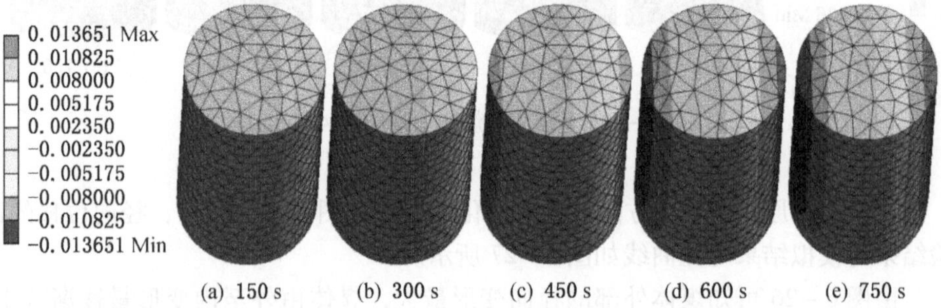

(a) 150 s　(b) 300 s　(c) 450 s　(d) 600 s　(e) 750 s

图 6-26　X 轴方向煤体变形（15.42 MPa）

需要考虑的因素。

2. 22.67 MPa 条件下的瞬态动力学模拟结果

在 22.67 MPa 条件下应力场模拟中，Y 轴方向随时间变化的煤体变形如图 6-28所示，图 6-29 为 Y 轴方向变形量的对比曲线。

以圆心为原点，X 轴方向随时间变化的变形如图 6-30 所示，径向位移的试

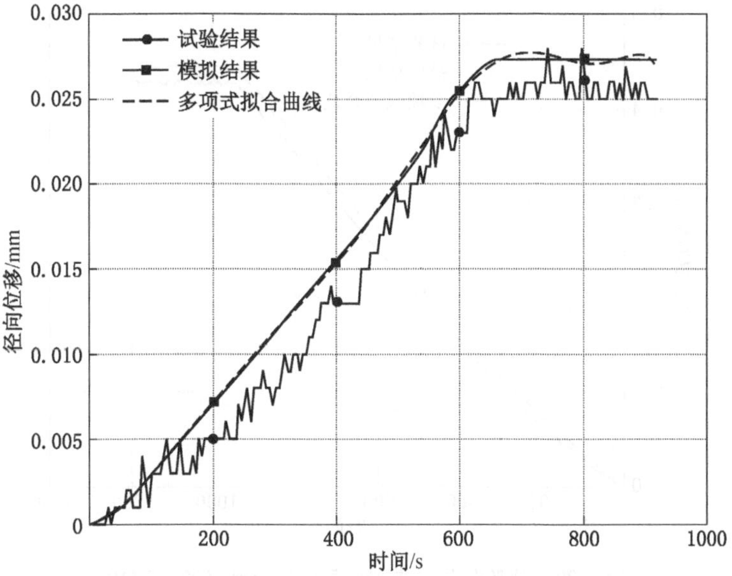

图 6-27　试验结果与模拟结果对比曲线（15.42 MPa）

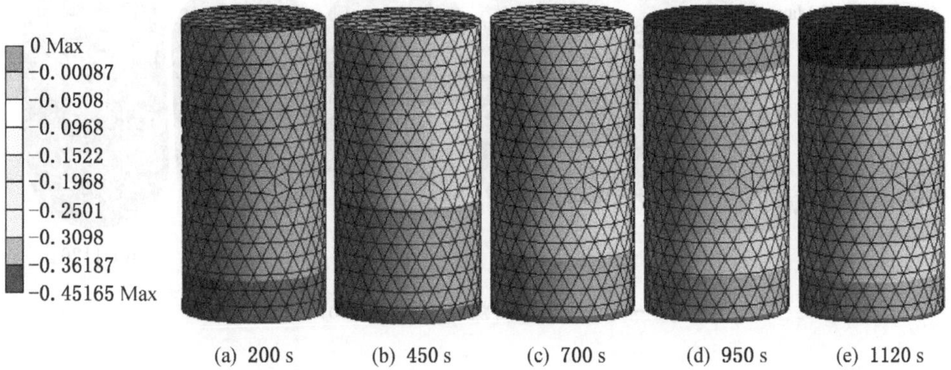

图 6-28　*Y* 轴方向煤体变形（22.67 MPa）

验结果与模拟结果对比曲线如图 6-31 所示。

由 22.67 MPa 条件下的瞬态动力学模拟结果可以看出，其大致的位移变化趋势与 15.42 MPa 条件下的瞬态动力学模拟结果相似，煤体变形随着应力的加载而

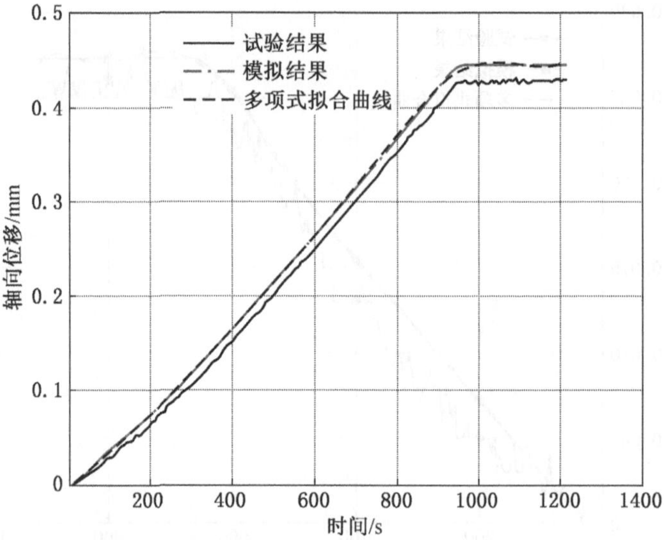

图 6-29　试验结果与模拟结果对比曲线（22.67 MPa）

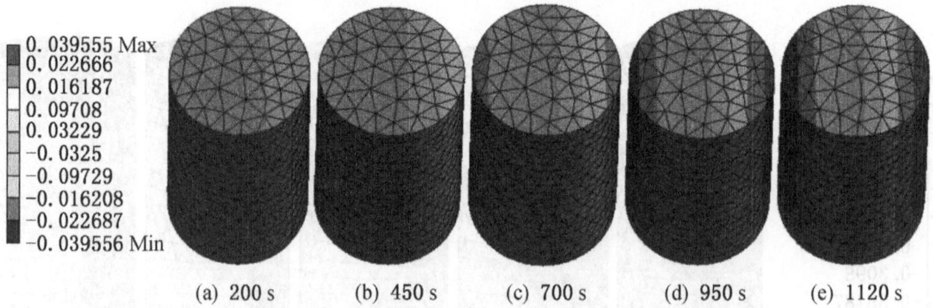

图 6-30　*X* 轴方向煤体变形（22.67 MPa）

不断增大，且煤体变形仍主要以轴向压缩变形为主。但 15.42 MPa 条件下径向变形结果的对比图存在较大误差，这与所选煤样自身的复杂物理结构、力学性能以及仪器精度有较大关系，所以在试验时应尽量选用无损伤、完整的煤样。

二、UDF 的编写及设置

模型计算涉及 UDF 的设定，首先需要对计算机的环境变量进行设定，将

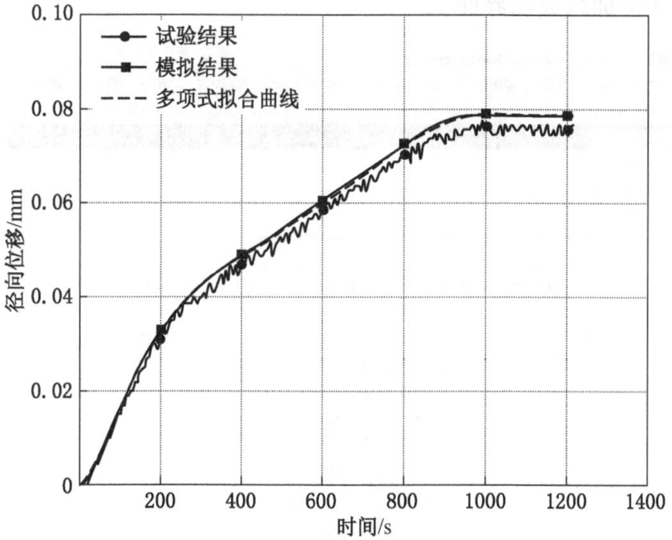

图 6-31 试验结果与模拟结果对比曲线（22.67 MPa）

Visual Studio 与 Fluent 连接，以保证 UDF 程序能够成功加载，然后利用 Visual Studio 软件编写 UDF 程序。

编写 UDF 程序时，首先要确定 DEFINE 宏的类型，根据宏的功能，选择宏的类型。其中孔隙水压入口 UDF 的编写采用 DEFINE_ PROFILE 宏，孔隙率变化 UDF 的编写采用 DEFINE_ PROPERTY 宏，应力场煤体变形采用 DEFINE_ CG_ MOTION 宏编写。

在模型顶部施加孔隙水压，inlet 设定为 pressure - inlet，孔隙水压入口 UDF 的编写内容主要为孔隙水压为 2 MPa、4 MPa、6 MPa、8 MPa 分段加载，每种孔隙水压加载 500 s。

孔隙率变化的 UDF 的编写主要是将第二章中孔隙率随孔隙水压变化的数学模型用 UDF 编写。

应力场煤体变形的 UDF 的编写主要是将 Transient Structural 模拟后的模型变形量通过函数拟合，采用 DEFINE_ GRID_ MOTION 宏将拟合的数学模型进行 UDF 编写，并将其导入 Fluent 中。

动网格中的宏函数采用 DEFINE_ GRID_ MOTION。在 Fluent 中，如果想单独地控制每个节点的运动，那么就可以采用 DEFINE_ GRID_ MOTION 宏函数来实现“网格移动”的 UDF。图 6-32 为 Visual Studio 程序编写界面，图 6-33 为

UDF 在 Fluent 中加载成功界面。

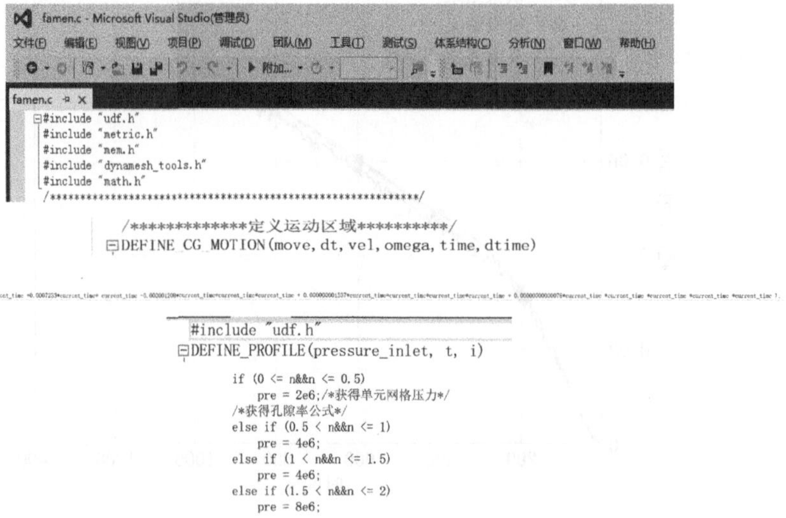

```
famen.c - Microsoft Visual Studio(管理员)
文件(F) 编辑(E) 视图(V) 项目(P) 调试(D) 团队(M) 工具(T) 测试(S) 体系结构(C) 分析(N) 窗口(W) 帮助(H)
famen.c

#include "udf.h"
#include "metric.h"
#include "mem.h"
#include "dynamesh_tools.h"
#include "math.h"
/*********************************************************/

/*************定义运动区域***********/
DEFINE_CG_MOTION(move, dt, vel, omega, time, dtime)

vel[0]=0;
vel[1]=0;
vel[2] = -0.008+0.037*current_time +0.0007253*current_time* current_time -0.00001208*current_time*current_time*current_time + 0.000000001537*current_time*current_time*current_time*current_time + 0.00000000000076*current_time *current_time *current_time *current_time *current_time ;

#include "udf.h"
DEFINE_PROFILE(pressure_inlet, t, i)

    if (0 <= n&&n <= 0.5)
        pre = 2e6;/*获得单元网格压力*/
    /*获得孔隙率公式*/
    else if (0.5 < n&&n <= 1)
        pre = 4e6;
    else if (1 < n&&n <= 1.5)
        pre = 4e6;
    else if (1.5 < n&&n <= 2)
        pre = 8e6;
```

图 6-32　应力场变形及压力入口的部分程序编写界面

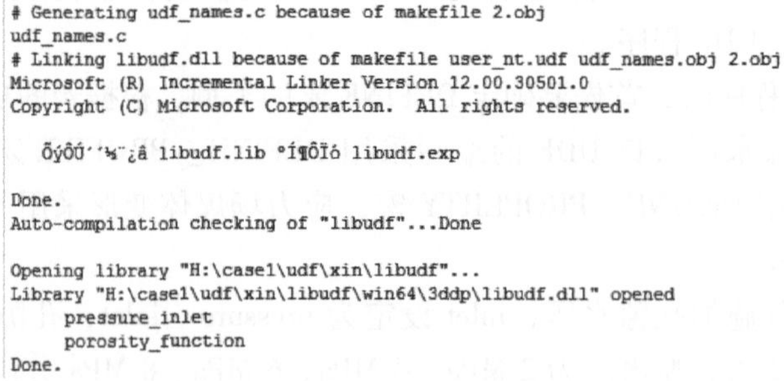

```
# Generating udf_names.c because of makefile 2.obj
udf_names.c
# Linking libudf.dll because of makefile user_nt.udf udf_names.obj 2.obj
Microsoft (R) Incremental Linker Version 12.00.30501.0
Copyright (C) Microsoft Corporation.  All rights reserved.

   õýÔú´´½¨¿â libudf.lib °Í¶ÔÏó libudf.exp

Done.
Auto-compilation checking of "libudf"...Done

Opening library "H:\case1\udf\xin\libudf"...
Library "H:\case1\udf\xin\libudf\win64\3ddp\libudf.dll" opened
     pressure_inlet
     porosity_function
Done.
```

图 6-33　UDF 加载成功界面

煤岩流固耦合数值模拟暂不考虑孔隙率变化对数值模拟结果的影响，因此，此案例数值模拟只设置两种 UDF，即孔隙水压随时间的动态加载及应力场中煤体变形的动网格设置。

三、Fluent 参数设置及模拟分析

在进行渗流场模拟时，采用瞬态求解器，介质材料选用 water - liquid，outlet 设定为 pressure - outlet，模型材料设定为多孔介质材料，轴压为 15.42 MPa 条件

下的渗流场的初始孔隙率设置为常数 6.32% 不变，轴压为 22.67 MPa 条件下的渗流场的初始孔隙率设置为常数 7.478% 不变。

（一）15.42 MPa 条件下的瞬态动力学模拟结果

在轴压加载至 15.42 MPa 时，孔隙水压为 2 MPa、4 MPa、6 MPa、8 MPa 条件下的压力云图及速度矢量图如图 6－34、图 6－35 所示。

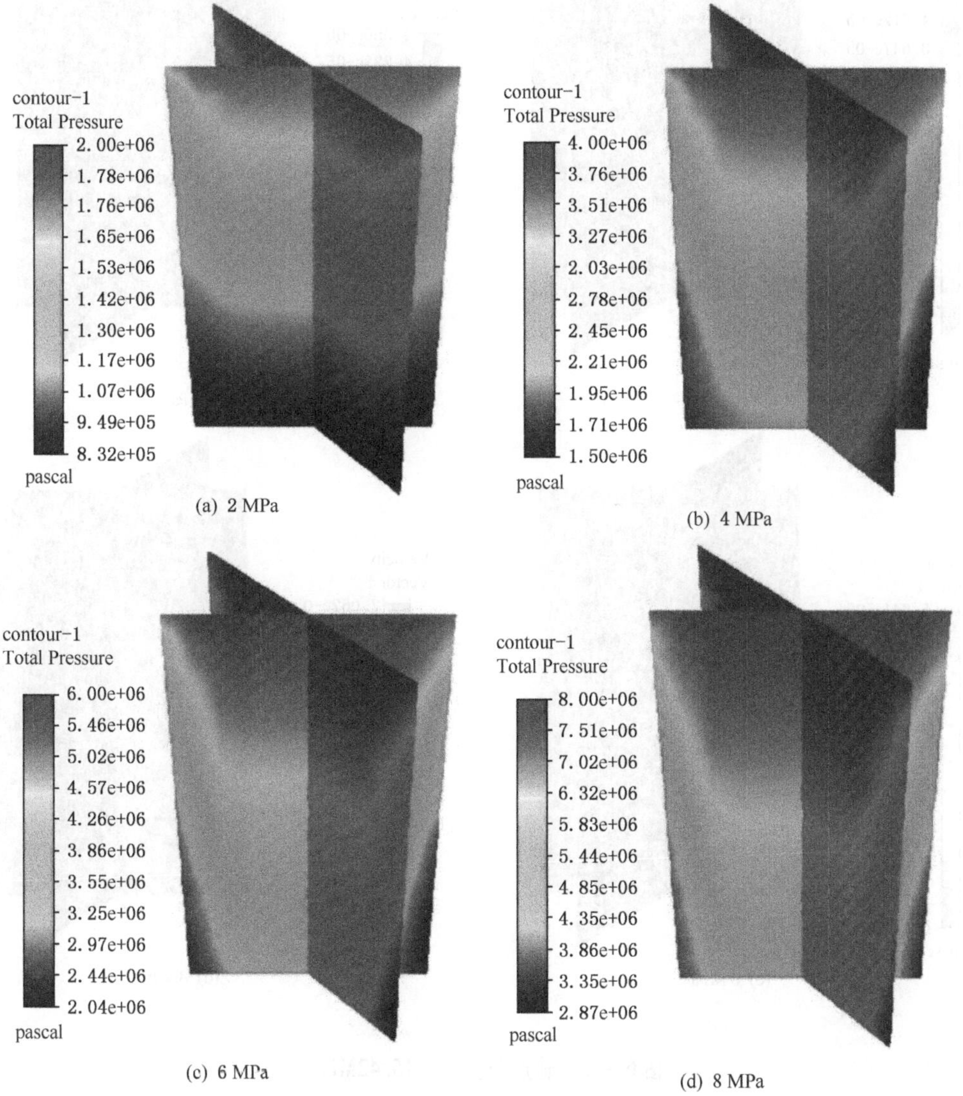

图 6－34　压力云图（15.42 MPa）

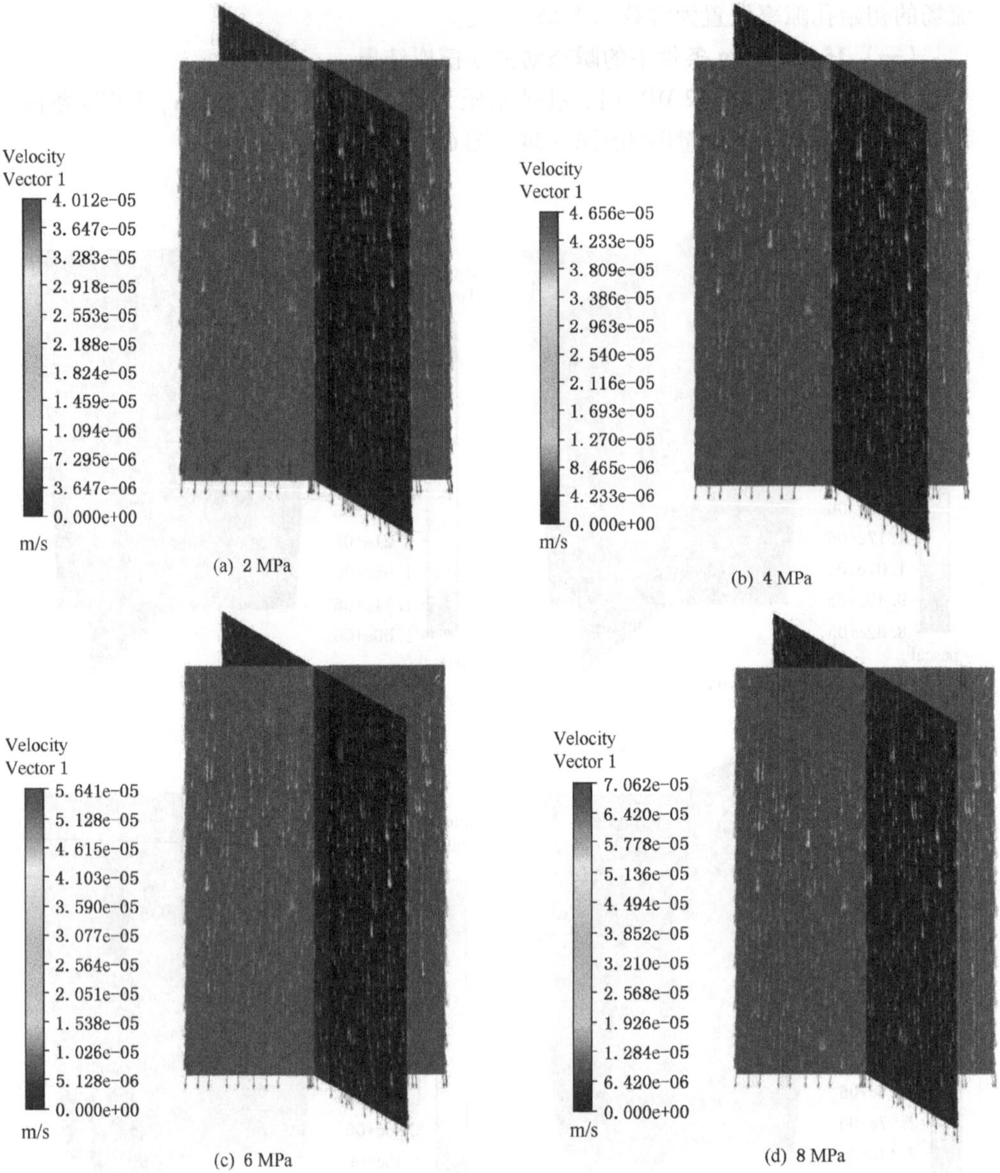

(a) 2 MPa (b) 4 MPa

(c) 6 MPa (d) 8 MPa

图 6－35　速度矢量图（15. 42MPa）

由图6－34、图6－35可以看出，在轴压为15.42 MPa时加载孔隙水压，煤体内部所受压力由上至下逐渐传递，并呈逐渐降低的趋势，入口处压力最大；同时煤体内部的渗流速度也由上至下逐渐减小，下降趋势较明显，这是由于煤体内部具有较大的阻力，当水从入口进入煤体后，煤体内部的阻力使渗流速度骤减，渗流速度越来越小。随着孔隙水压的增大，煤体内部的压力及渗透速度也随着孔隙水压的增大而增大。由图6－35可知，在2 MPa时，注水入口的速度约为4.001×10^{-5} m/s；在8 MPa时，注水入口的渗流速度最快，最大速度约为7.039×10^{-5} m/s，在煤体底部出口处，渗流速度则趋近于0。

通过监测入口流速，分别将2 MPa、4 MPa、6 MPa、8 MPa孔隙水压下的入口流速进行绘制，如图6－36所示，不同孔隙水压对应的湍流动能变化如图6－37所示。图6－38为在4种不同水压作用下计算200 s、300 s、400 s时的密度分布模拟剖面图。

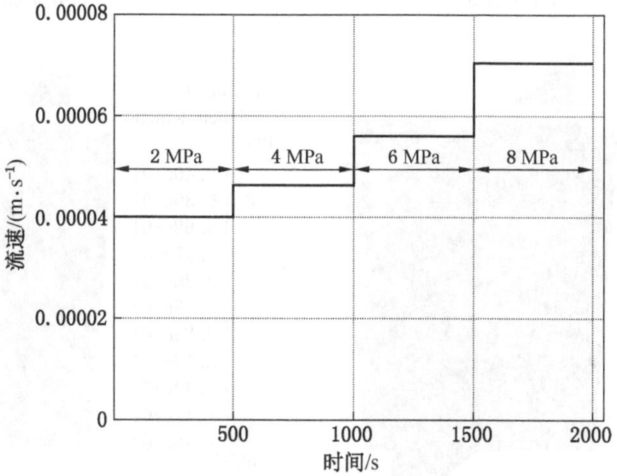

图6－36　入口流速（15.42 MPa）

由图6－36可知，随着孔隙水压的增大，入口流速呈阶段性增长。由图6－37可知，在煤体注水过程中，湍流动能主要存在于煤体注水入口处，且随着孔隙水压的增大，湍流动能也随之增大。

由图6－38可以推断出，随着孔隙水压的不断增大，煤体内部含水率逐渐增大，渗透分布范围从顶部的压力入口至底部出口逐渐扩大。如图6－38中虚框位置所示，在相同孔隙水压下，煤体内部水分分布随时间的推移其渗透范围逐渐扩

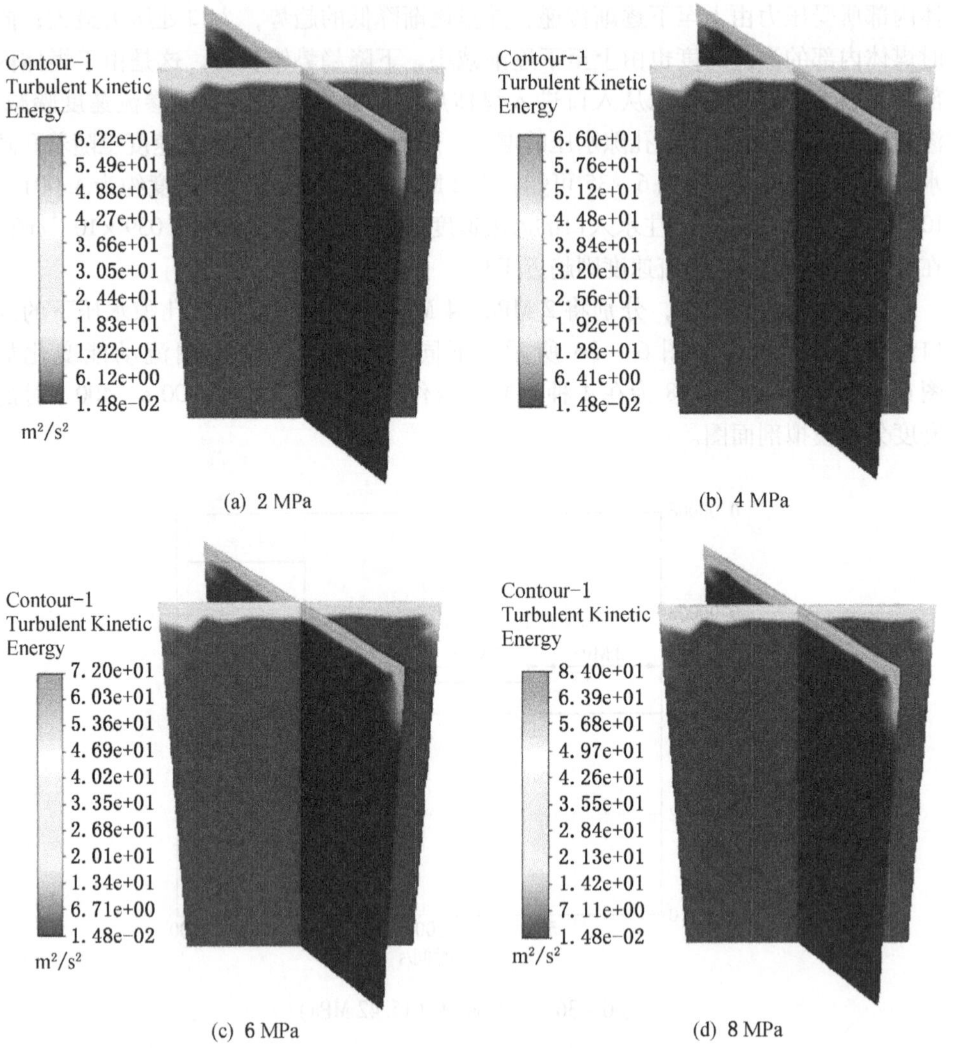

图 6-37　湍流动能（15.42 MPa）

大。在 2 ~4 MPa 较低孔隙水压下，虽然入口速度有较大变化，但由于煤体孔隙率小，内部阻力大，所以其渗透范围变化不明显。在 6 ~8 MPa 较高孔隙水压下，煤体内部的渗透范围有较明显的变化。因此，在煤层注水渗流过程中，孔隙水压对于煤体渗透性的影响作用较明显。

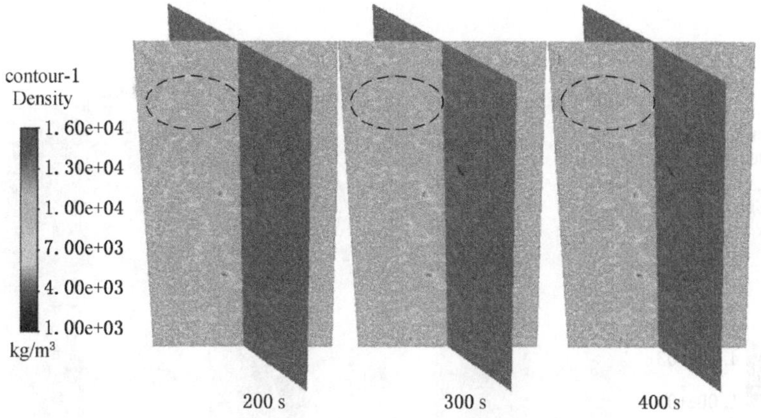

(a) 2 MPa

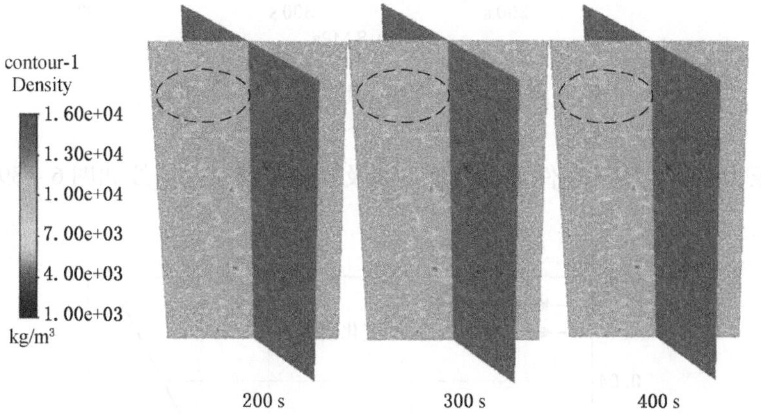

(b) 4 MPa

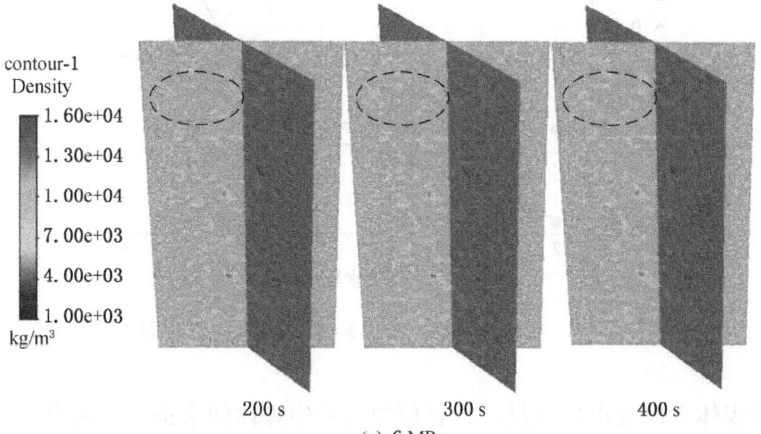

(c) 6 MPa

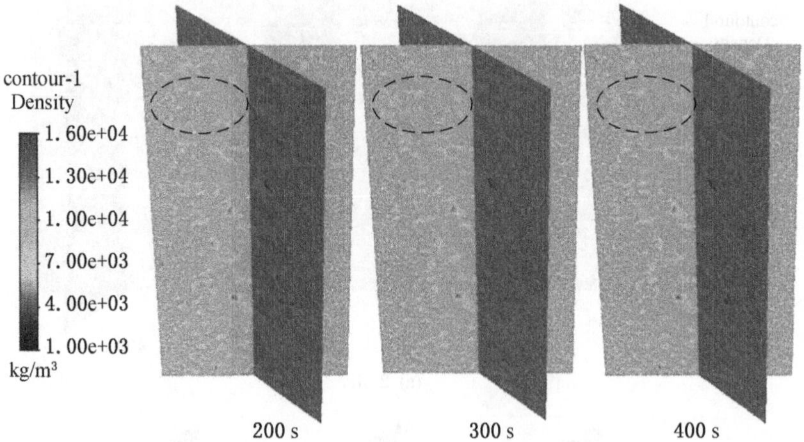

(d) 8 MPa

图 6－38　密度分布模拟剖面图（15. 42 MPa）

轴压为 15. 42 MPa 条件下的渗透试验及模拟结果对比曲线如图 6－39 所示。

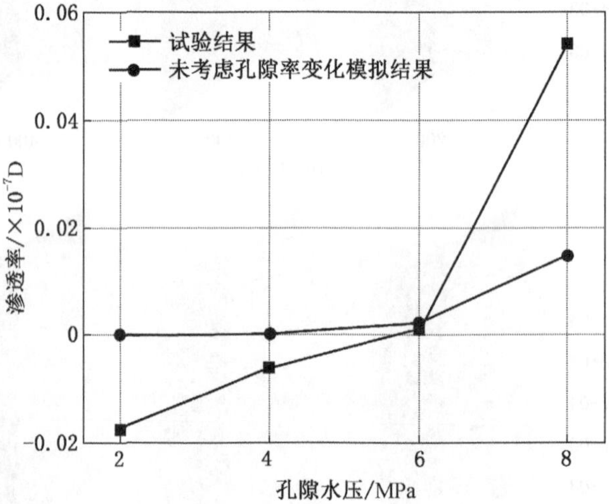

图 6－39　试验及模拟的渗透率对比曲线（15. 42 MPa）

监控煤体入口及出口流量，计算模拟过程中煤体的渗透率，将其与试验结果进行对比，在轴压为 15.42 MPa 且未考虑孔隙率变化的前提下，从其煤体渗透率的模拟结果对比试验可以看出，在 2～4 MPa 孔隙水压条件下，煤体渗透率的模拟结果数值为正值，而试验结果则为负值，这是由于真实的煤岩试样内部阻力较大、结构复杂，而数值模拟的模型较为理想化，虽然设置了煤体的阻力系数，但其内部结构无法真实体现，从而导致煤体渗透率的模拟结果大于试验结果。

在 6～8 MPa 孔隙水压条件下，煤体渗透率的试验结果数值大于模拟结果数值，这是由于在未考虑孔隙率变化进行模拟时，煤体孔隙率为初始孔隙率且为定值，无法随孔隙水压的变化而发生较大改变，而试验中的煤体孔隙率是随着孔隙水压的增大而增大的，因此在未考虑孔隙率变化时，模拟结果与试验结果相比较存在较大误差。

由此可以看出，在注水试验前期孔隙率变化较小，对煤体渗透性能影响较小，但随着孔隙水压的加载孔隙率逐渐增大，对煤体渗透率的影响作用也越来越显著。在未考虑孔隙率变化时进行煤岩体流固耦合数值模拟后，数值模拟结果与试验结果差别较大。

（二）22.67 MPa 条件下的瞬态动力学模拟结果

轴压加载至 22.67 MPa 时，孔隙水压为 2 MPa、4 MPa、6 MPa、8 MPa 条件下的压力云图及速度矢量图如图 6－40、图 6－41 所示。

由图 6－40、图 6－41 可以看出，轴压为 22.67 MPa 时加载孔隙水压，煤体内压力与速度的变化相似。但由图 6－41 可以看出，在相同孔隙水压下，轴压为 22.67 MPa 的煤体注水渗流速度明显大于轴压为 15.42 MPa 的渗流速度。轴压为 22.67 MPa 时，煤体内同一位置处的渗流速度随着孔隙水压的增大而增大。

通过监测入口流速，分别将 2 MPa、4 MPa、6 MPa、8 MPa 孔隙水压下的入口流速进行绘制，如图 6－42 所示。不同孔隙水压对应的湍流动能变化如图 6－43 所示。图 6－44 为在 4 种不同水压作用下计算 200 s、300 s、400 s 时的密度分布模拟剖面图。

由图 6－42、图 6－43 可以看出，在轴压为 22.67 MPa 条件下，煤体的入口流速与湍流动能随着孔隙水压的增大而增大，入口流速呈阶段性增长。通过图 6－44 中的虚框位置可以观察出，轴压为 22.67 MPa 且未考虑孔隙率变化的情况下，随着孔隙水压的不断增大，煤体内部含水率逐渐增大，相较于轴压为 15.42 MPa 条件下的模拟结果，轴压为 22.67 MPa 时的渗透分布范围更大，说明在煤体注水渗流过程中，应力的变化对煤岩渗透性能具有一定的影响。

根据监控煤体入口及出口流量，计算轴压为 22.67 MPa 时加载孔隙水压模拟过程中煤体的渗透率，并将其与试验结果进行对比，如图 6－45 所示。

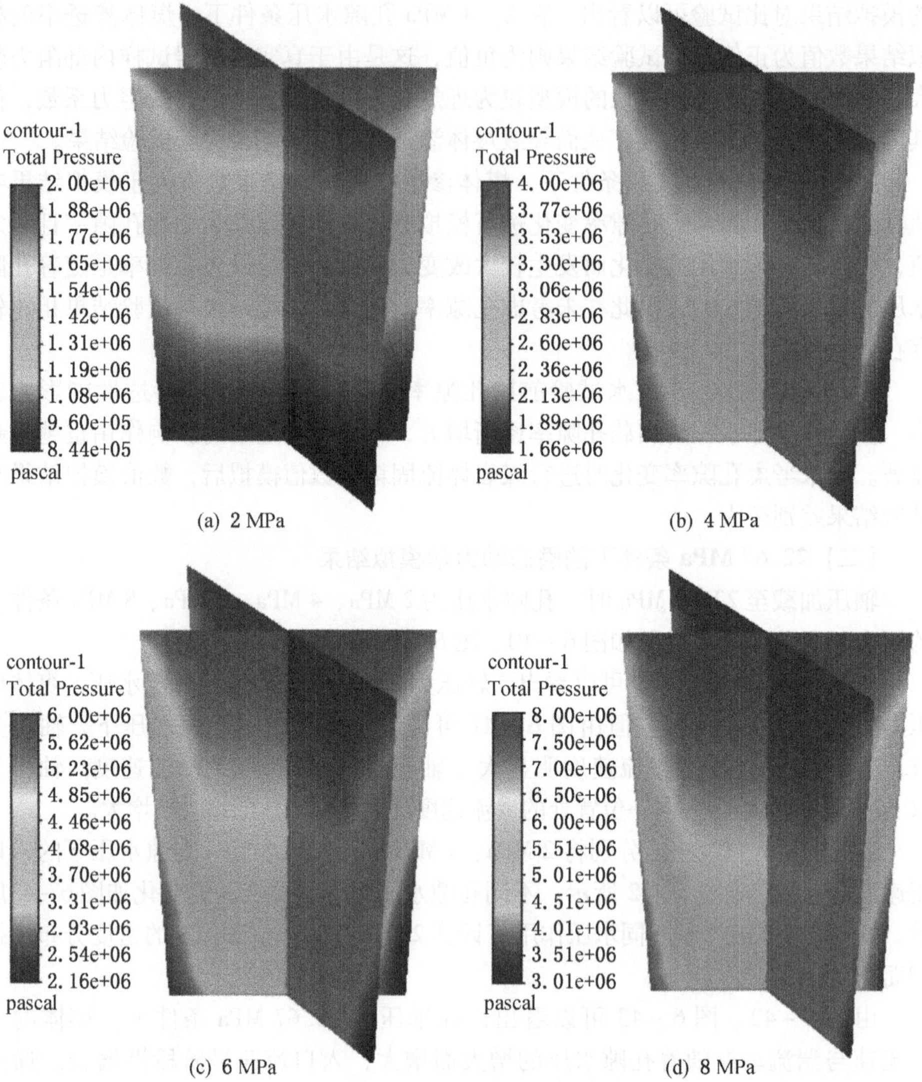

图 6-40　压力云图（22.67 MPa）

轴压为 22.67 MPa 时，未考虑孔隙率变化的前提下，煤体渗透率的模拟结果对比试验可以看出，在 2~4 MPa 孔隙水压条件下，煤体渗透率的模拟结果数值分别为 8.1×10^{-12}D、7.15×10^{-10}D，相较于试验结果，二者变化趋势大致相同，

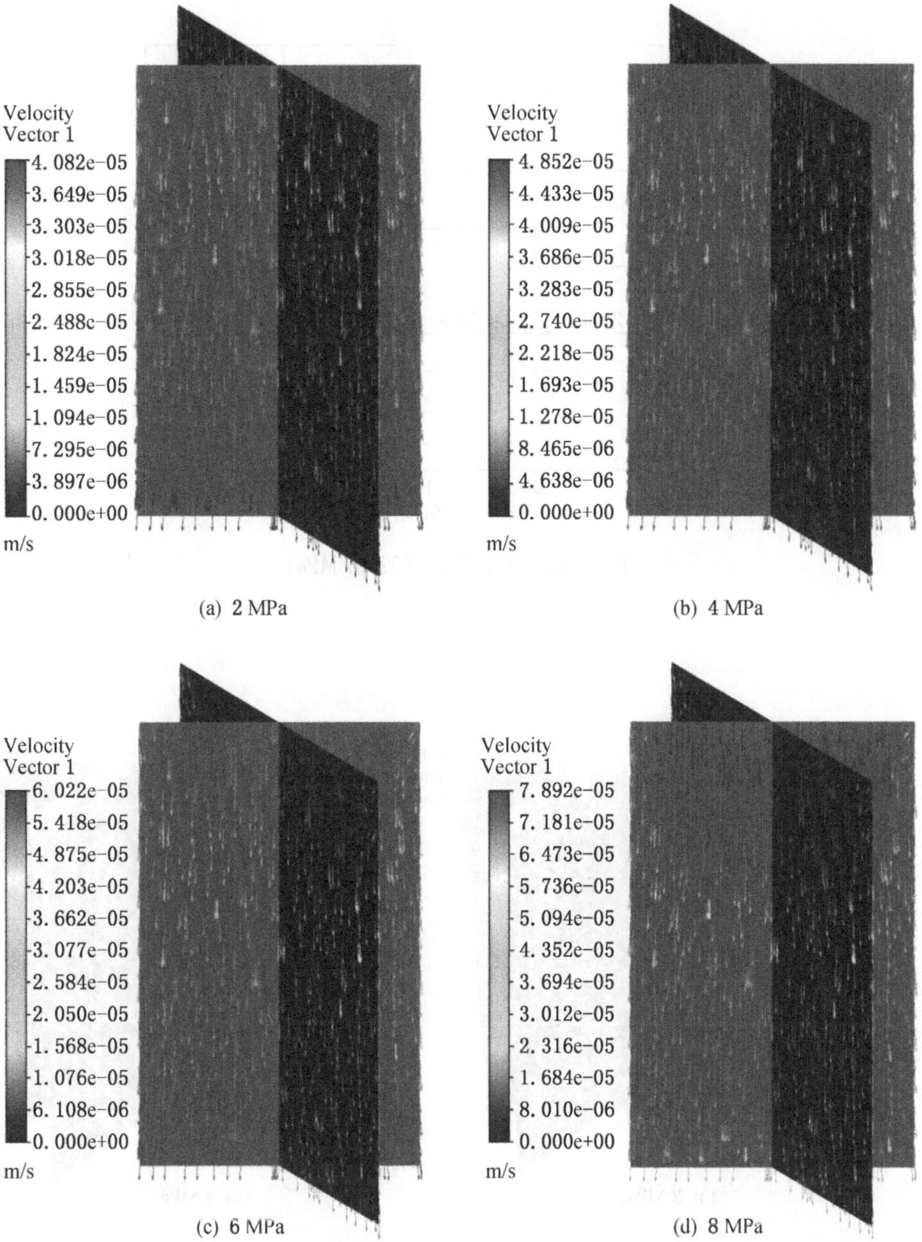

(a) 2 MPa　(b) 4 MPa

(c) 6 MPa　(d) 8 MPa

图 6 -41　速度矢量图 (22.67 MPa)

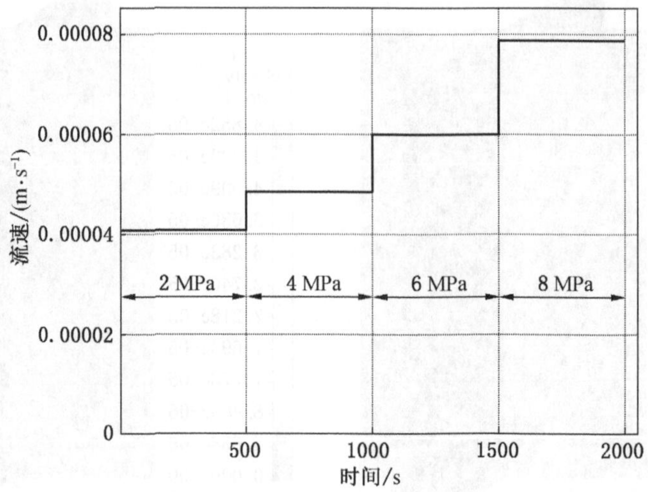
0.00008
0.00006
0.00004
0.00002
0
流速/(m·s-1)
2 MPa
4 MPa
6 MPa
8 MPa
500
1000
1500
2000
时间/s

图 6-42　入口流速 (22.67 MPa)

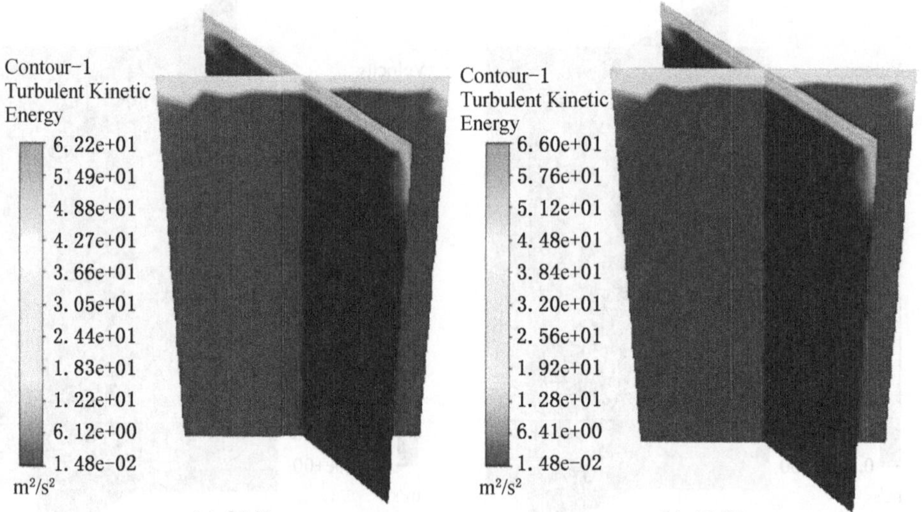
Contour-1
Turbulent Kinetic
Energy
6.22e+01
5.49e+01
4.88e+01
4.27e+01
3.66e+01
3.05e+01
2.44e+01
1.83e+01
1.22e+01
6.12e+00
1.48e-02
m2/s2
Contour-1
Turbulent Kinetic
Energy
6.60e+01
5.76e+01
5.12e+01
4.48e+01
3.84e+01
3.20e+01
2.56e+01
1.92e+01
1.28e+01
6.41e+00
1.48e-02
m2/s2

(a) 2 MPa　　(b) 4 MPa

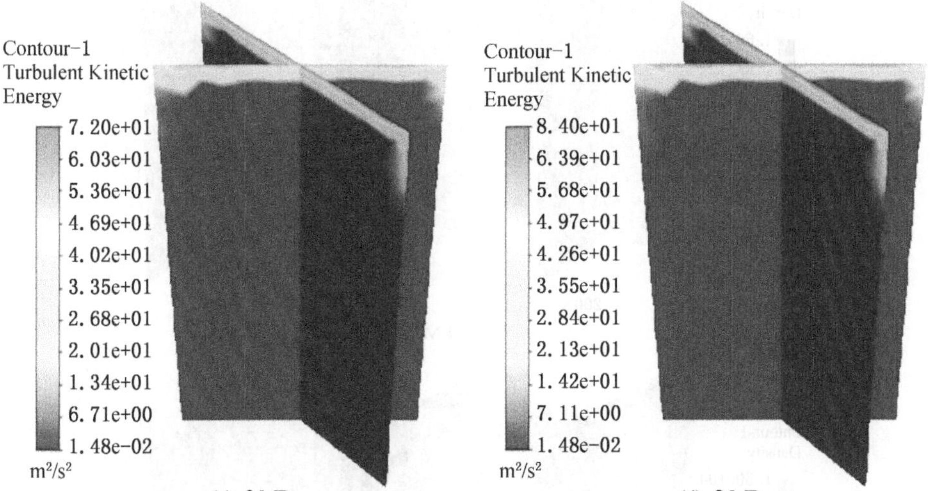

(c) 6 MPa　　(d) 8 MPa

图 6-43　湍流动能（22.67 MPa）

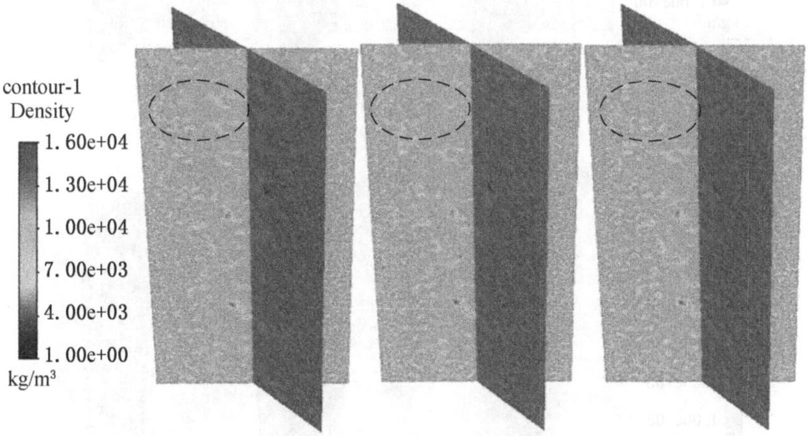

200 s　　300 s　　400 s

(a) 2 MPa

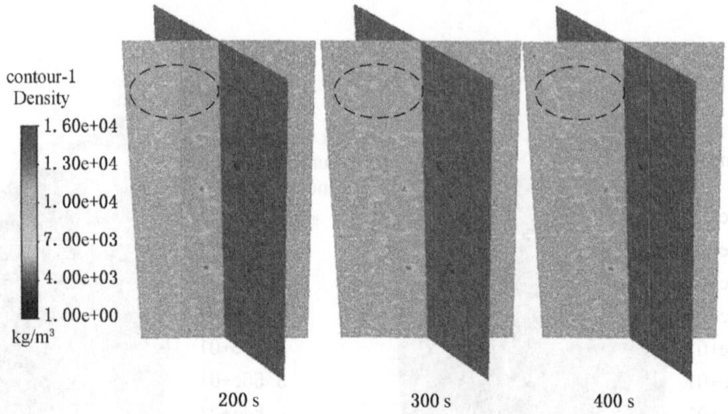

（b） 4 MPa

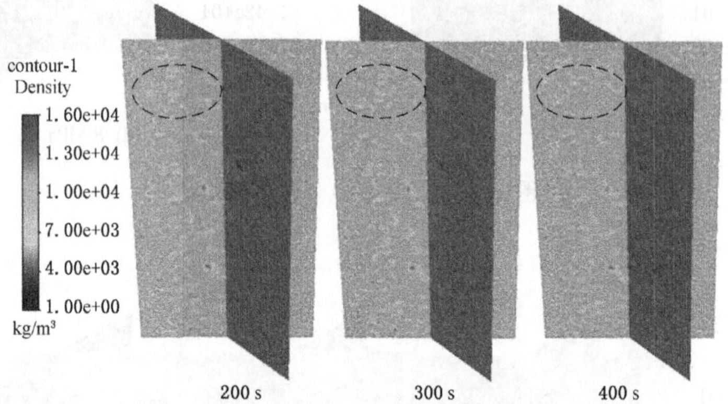

（c） 6 MPa

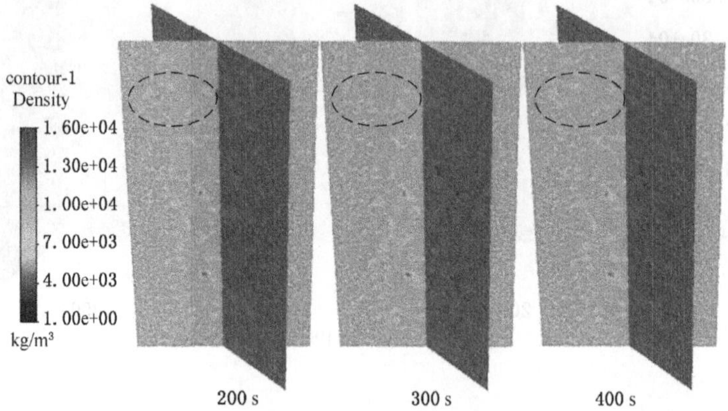

（d） 8 MPa

图 6－44　密度分布模拟剖面图（22. 67 MPa）

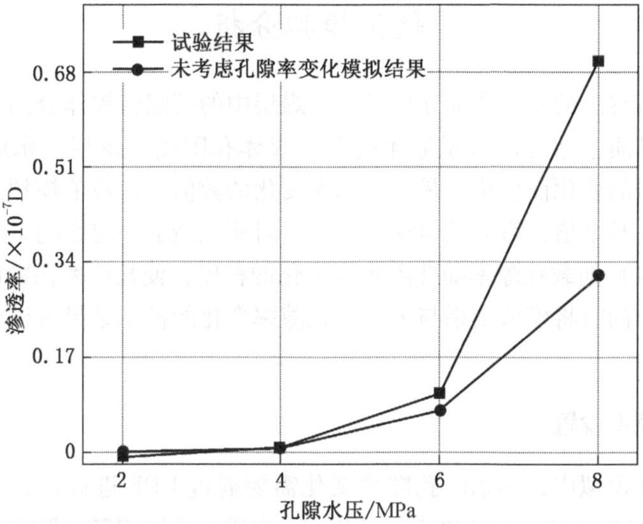

图6－45 试验及模拟的渗透率对比曲线（22.67 MPa）

且数据差别较小，这主要是由于在低孔隙水压条件下，煤体孔隙率变化较小，对煤体渗透性能影响不大。

在4～8 MPa孔隙水压条件下，煤体渗透率的试验结果数值均大于模拟结果数值，这是由于未考虑孔隙率变化时，孔隙率为初始孔隙率且为定值，无法随孔隙水压的变化而发生改变，但在试验中煤体孔隙率是随着孔隙水压的增大而增大的，因此在未考虑孔隙率变化时，其模拟结果存在误差，由此可以看出，随着孔隙水压的加载，孔隙率逐渐增大，对煤体渗透率的影响作用也越来越显著。

综上可知，在煤体注水渗流过程中，应力变化是导致煤体渗流性能发生改变的基础性影响因素。当渗流场中的孔隙水压等水力参数发生变化时，孔隙水压在煤体孔隙中所产生的力学效应能使煤体的孔隙体积发生变化，进而影响煤体内部的渗透性能，高孔隙水压下煤体所受的力学效应更为明显，因此其渗透性能也更好，渗透范围也更大。在未考虑孔隙率变化条件下进行煤岩体流固耦合数值模拟时，虽能大致体现煤体渗透规律的大致变化情况，但在具体数值上相差较大，因此，煤体孔隙率的变化在流固耦合模拟中是一个不可忽视的参数因素。

第四节 考虑孔隙率变化的煤体水力耦合数值模拟分析

煤岩具有突出的双重孔隙介质性质，煤层中的裂隙将煤体分割成很多的基质块体，煤岩基质中留存着大量原生孔隙。煤体孔隙度是煤层注水难易的重要参数，随着水压的变化而变化，是一个动态变化的数值。在数值模拟过程中，孔隙率通常设置为某个值，影响数值模拟结果并对研究造成一定影响。通过 UDF（用户自定义函数）加载孔隙率随孔隙水压变化的程序，使孔隙率在数值模拟过程中呈动态变化，同时将模拟结果与未考虑孔隙率变化的模拟结果及试验结果进行对比分析。

一、孔隙率设置

在 Fluent 模拟中，动态的孔隙率变化需要通过 UDF 进行设置。与第四章介绍的 UDF 的设置一致，首先在 Visual Studio 中进行孔隙率随孔隙水压变化的 UDF 程序编写，孔隙率随孔隙水压变化程序的宏采用 DEFINE_ PROPERTY 宏进行编写。

结合第二章应力 - 水压作用下煤岩渗透性试验结果编写孔隙率动态变化的运行程序，通过 Fluent 界面中的 User - Defined 功能加载 UDF 文件，在多孔介质界面设置孔隙率，同时选择已加载的 UDF 文件。

二、数值模拟结果分析

同样将 Transient Structural 的变形量通过函数拟合，采用 DEFINE_ GRID_ MOTION 宏，进行 UDF 编写，导入 Fluent 中，其他边界条件不变，只改变孔隙率的设置，如图 6 - 46 所示。

```
#include "udf.h"
/*******************************************************************************/
//孔隙率
⊟DEFINE_PROPERTY(porous_fai, c, t)

            por = 0.21509*exp(pre/4.87) +6.37 ;

            por = 0.189*exp(pre/3.132) +7.564 ;
```

图 6 - 46 孔隙率变化的部分 UDF 程序编写

（一）15.67 MPa 条件下的流固耦合数值模拟结果分析

考虑孔隙率变化后，煤岩在轴压为 15.67 MPa 时，孔隙水压为 2 MPa、4 MPa、6 MPa、8 MPa 条件下的压力云图及速度矢量图，如图 6－47、图 6－48 所示。

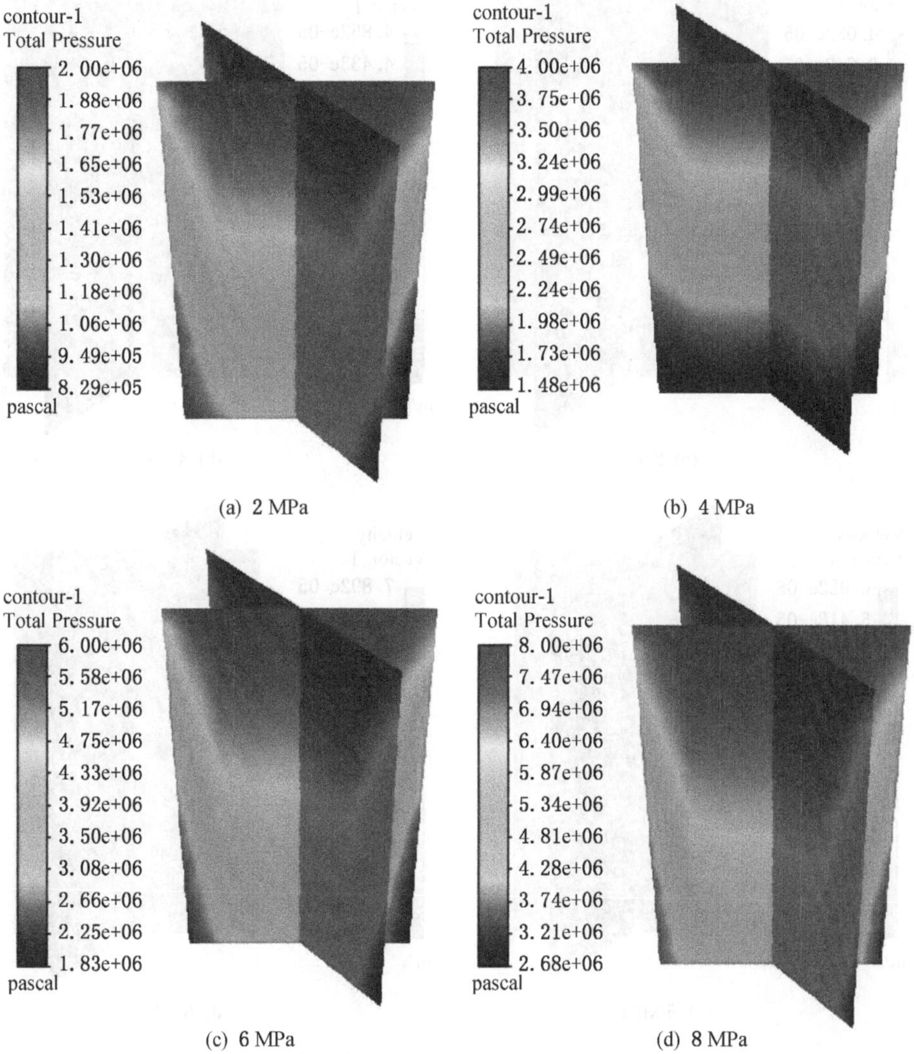

(a) 2 MPa　(b) 4 MPa

(c) 6 MPa　(d) 8 MPa

图 6－47　压力云图（15.67 MPa）

由图 6－47、图 6－48 可知，考虑孔隙率变化后的压力及速度的模拟结果与

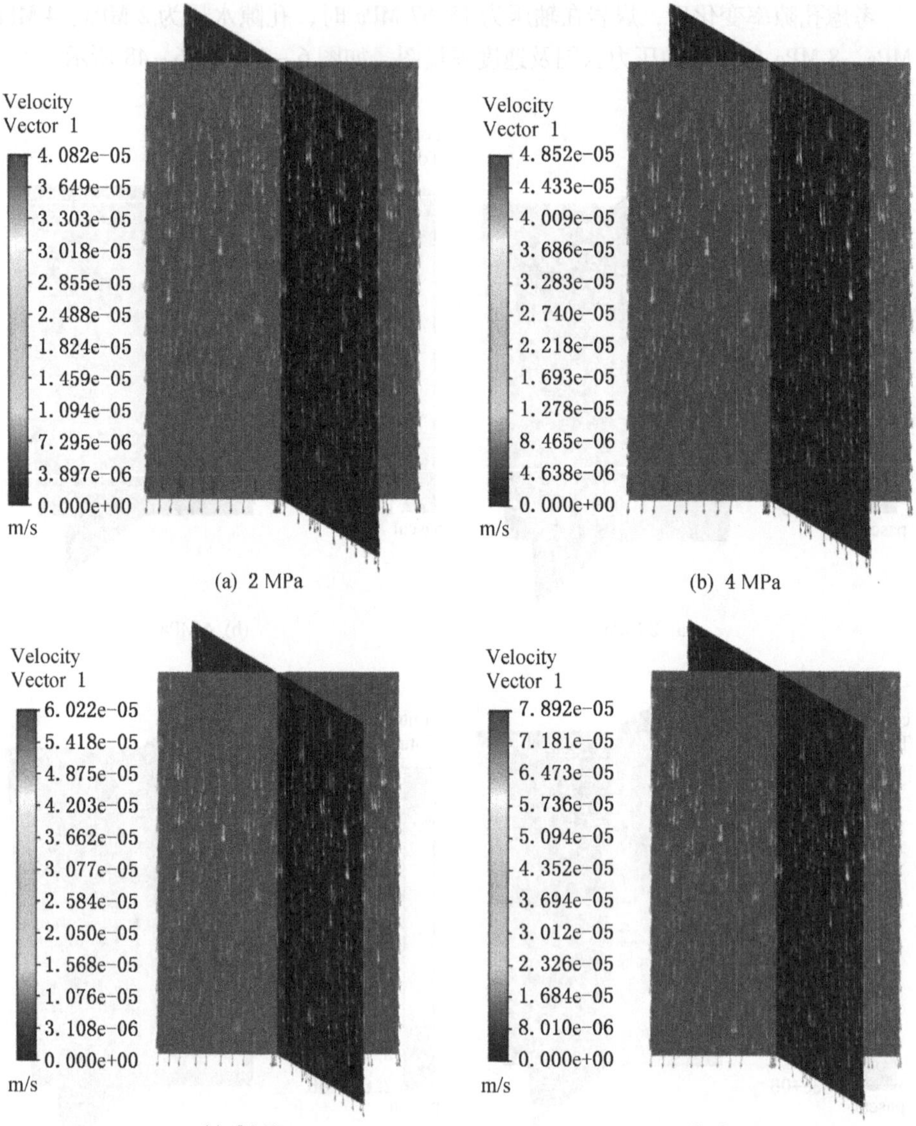

图 6-48 速度矢量图（15.67 MPa）

未考虑孔隙率变化的模拟结果大致相同：在加载孔隙水压时，可以明显看出煤体内部的压力由上至下逐渐降低，煤体内部的渗透速率同样由上至下逐渐减小，随着孔隙水压的增大，煤体内部相同位置的压力及渗透速度也随之增大。但考虑孔隙率变化后，煤体内部渗流速度明显大于未考虑孔隙率变化的模拟结果，这主要是因为在加载孔隙水压后，煤体孔隙率能够随孔隙水压的变化而变化，进而煤体内的渗流速度也会随之发生变化。

由煤体压力及渗流速度的模拟结果可以看出，在加载孔隙水压时，无论是否考虑孔隙率变化，煤体内部压力分布大致相同，数值上也相差较小，但考虑孔隙水压变化后的渗流速度模拟结果大于未考虑孔隙水压变化的模拟结果。

通过监测入口流速，分别绘制 2 MPa、4 MPa、6 MPa、8 MPa 孔隙水压下的入口流速，并与未考虑孔隙率变化的入口流速进行对比，如图 6－49 所示，孔隙水压下的煤体湍流动能如图 6－50 所示。

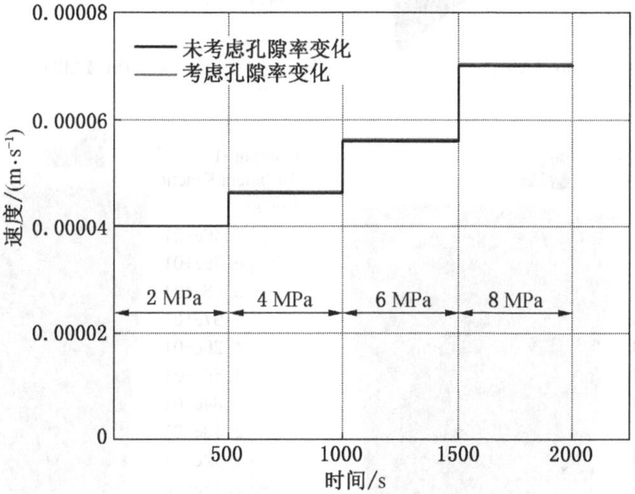

图 6－49　入口流速（15.67 MPa）

由图 6－49 可以看出，无论是否考虑孔隙率变化，煤体注水入口流速没有较大差别，随着孔隙水压的增大入口流速都呈阶段性增长，孔隙水压越大，其入口流速越大，入口流速只受孔隙水压的影响。由图 6－50 可知，在注水过程中，煤体的湍流动能仅存在于入口附近处，且随着孔隙水压的增大入口处的湍流动能也随之增大。

考虑孔隙率变化后，轴压为 15.24 MPa 时，在 2 MPa、4 MPa、6 MPa、8 MPa 孔隙水压作用下计算 200 s、300 s、400 s 时的密度分布模拟剖面，如图 6－51 所示。

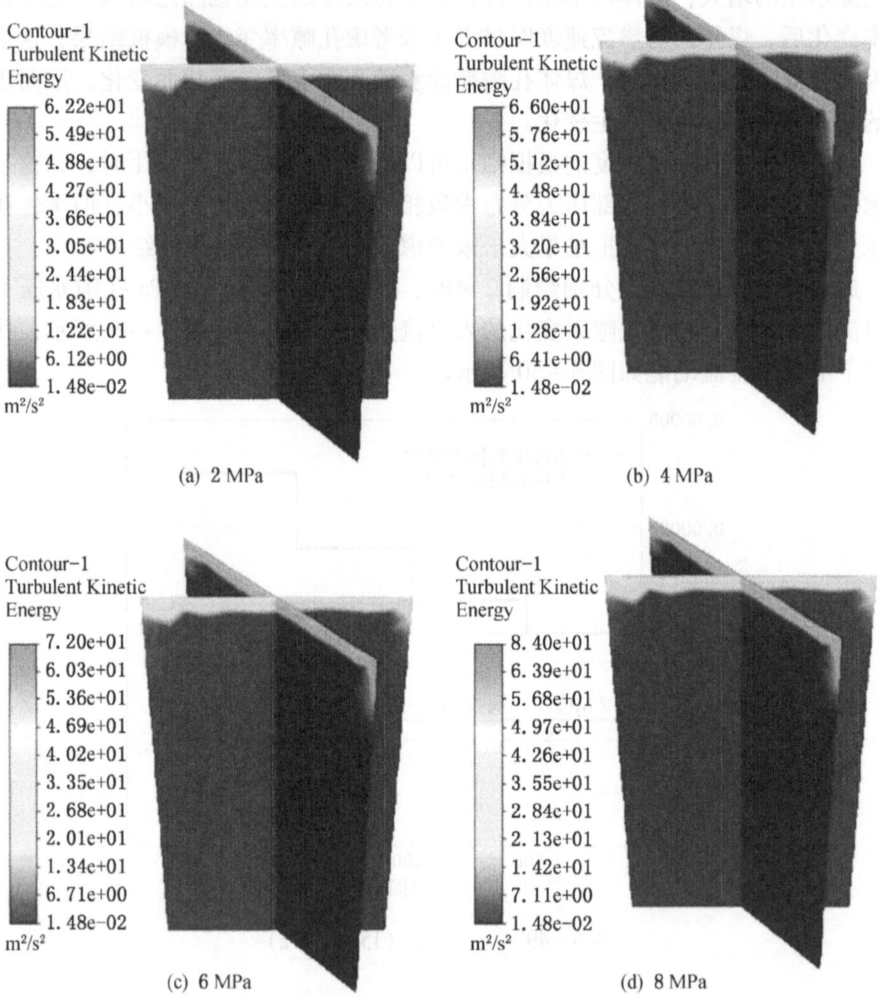

图 6-50 湍流动能（15.67 MPa）

由图 6-51 可以看出，随着孔隙水压的不断增大煤体内部含水率逐渐增大，分布范围从顶部的压力入口至底部逐渐扩大。在相同孔隙水压下，煤体内部水分分布随时间的推移，其渗透范围随之逐渐扩大。由图 6-51 可以看出，煤体的注水渗透效果与孔隙水压、渗透时间及煤体孔隙率有关。相较于未考虑孔隙率变化的模拟结果，其渗透范围的变化趋势大致相同，但在相同孔隙水压及渗透时间下，考虑孔隙率变化后的煤体注水渗透范围更大。

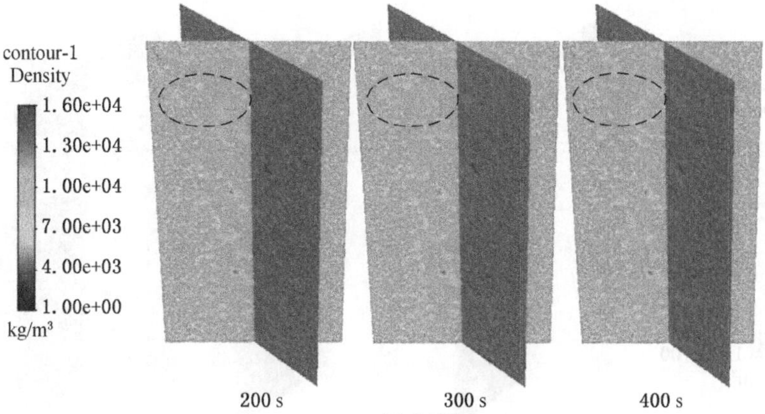

(a) 2 MPa

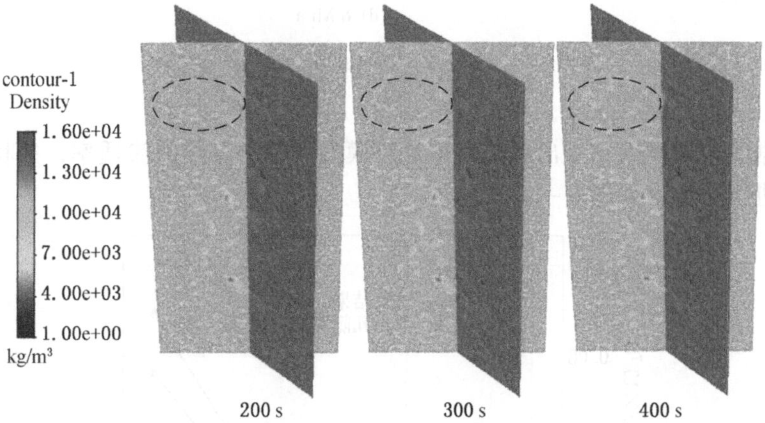

(b) 4 MPa

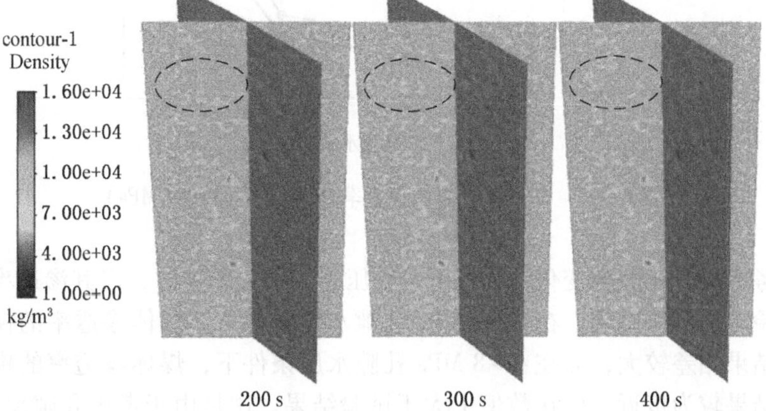

(c) 6 MPa

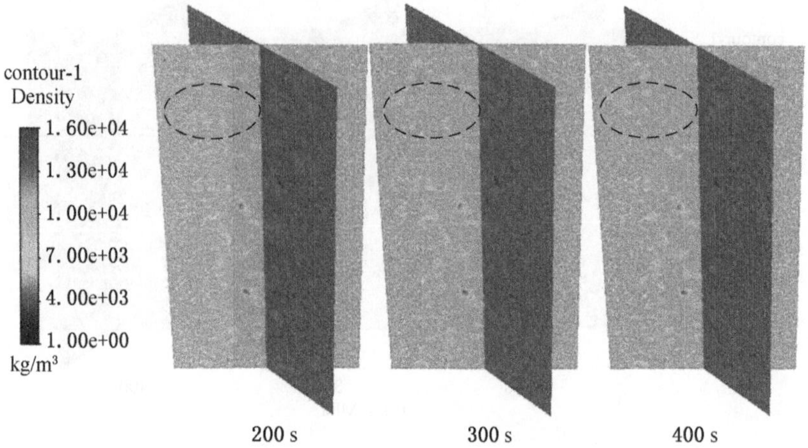

(d) 8 MPa

图 6-51　密度分布模拟剖面（15.67 MPa）

根据监控煤体入口及出口流量，计算模拟过程中煤体的渗透率，并将其与试验结果进行对比，如图 6-52 所示。

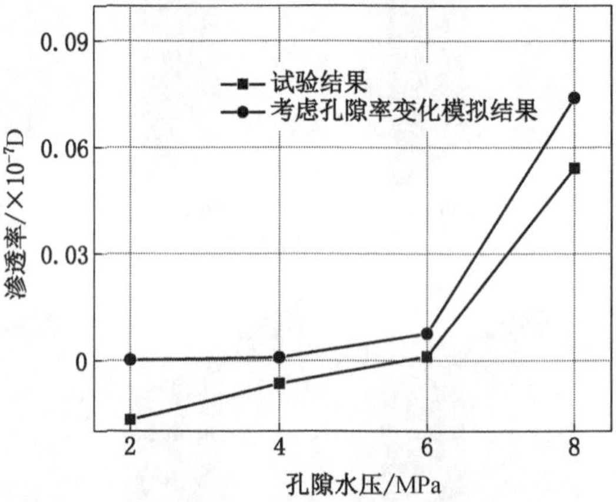

图 6-52　试验及模拟的渗透率对比曲线（15.67 MPa）

在考虑煤岩孔隙率变化的前提下，轴压为 15.67 MPa 时，以其渗透率的模拟对比试验结果可以看出，在 2～4 MPa 孔隙水压条件下，煤体渗透率的模拟结果与试验结果相差较大，而在 4～8 MPa 孔隙水压条件下，煤体渗透率的模拟结果与试验结果较为接近，但在数值上大于试验结果。这是由于考虑孔隙率变化后，其模拟过程中煤体孔隙率随孔隙水压的变化而变化，而模拟过程相较于试验更为理想化，导致模拟结果与试验结果最大误差约为 36% 。但在考虑孔隙率变化时，其模拟结果与试验结果的变化趋势更为接近。

（二）22.67 MPa 条件下的流固耦合数值模拟结果分析

考虑煤体孔隙率变化后，轴压为 22.67 MPa 时，孔隙水压为 2 MPa、4 MPa、6 MPa、8 MPa 条件下的压力云图及速度矢量如图 6－53、图 6－54 所示。

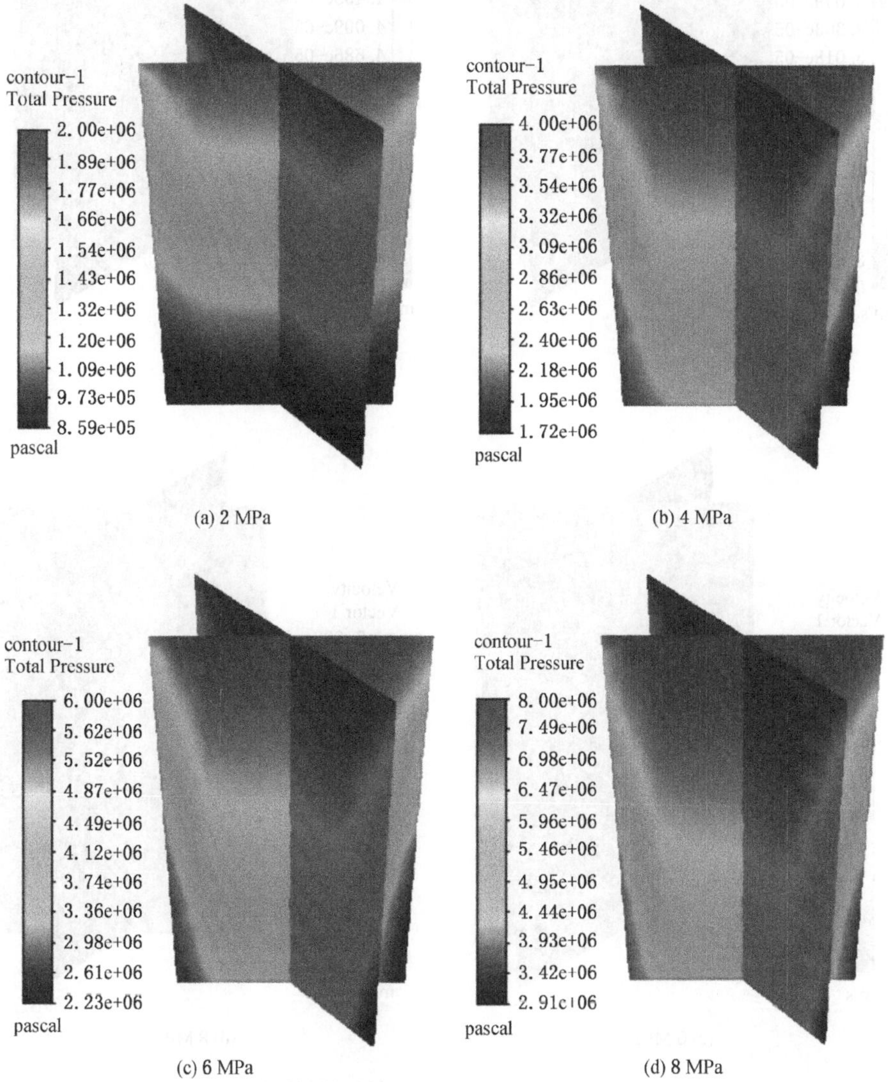

图 6－53　压力云图（22.67 MPa）

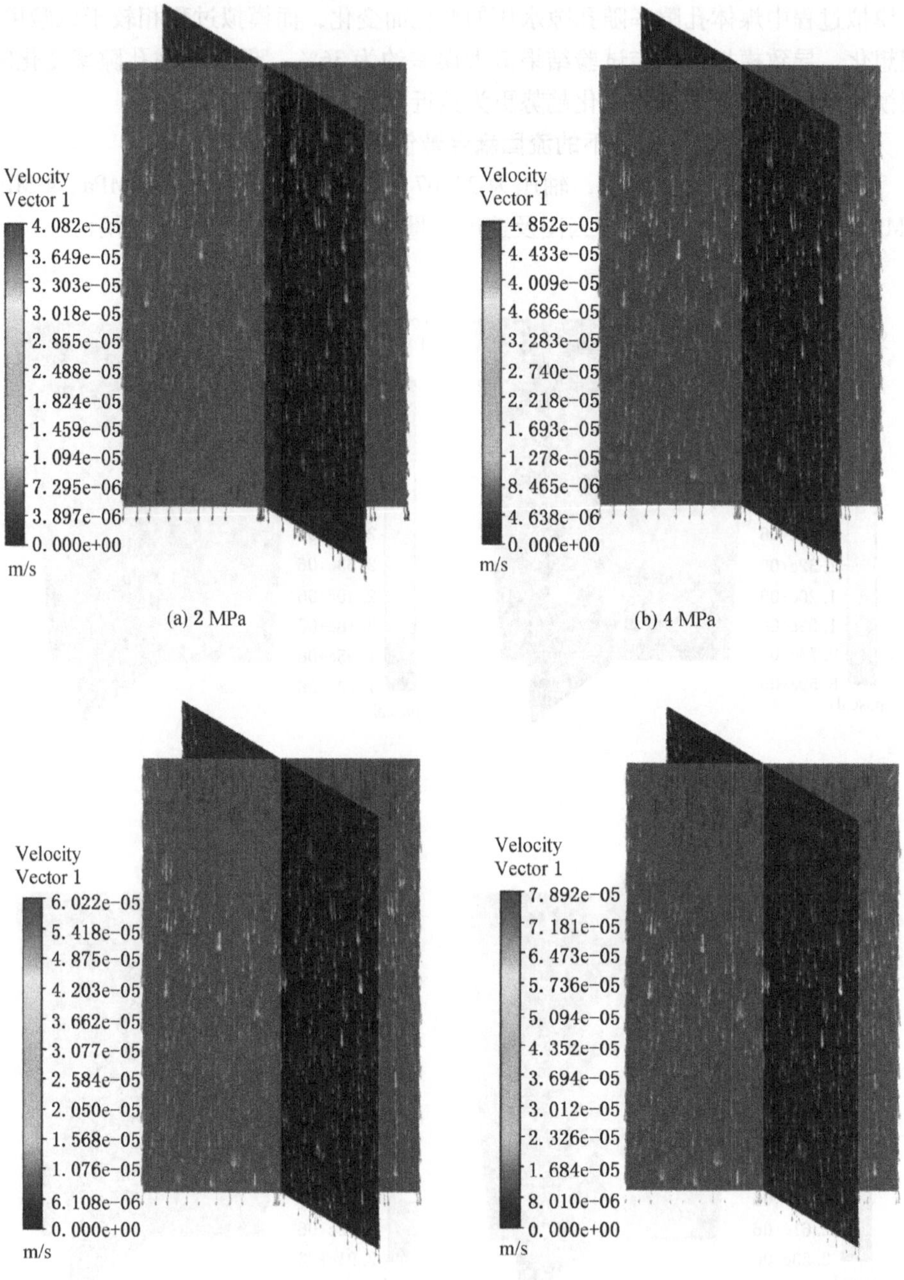

(a) 2 MPa (b) 4 MPa

(c) 6 MPa (d) 8 MPa

图 6-54　速度矢量图（22.67 MPa）

由图 6-53、图 6-54 可知，轴压为 22.67 MPa 时，考虑孔隙率变化后的压力及速度模拟结果的变化趋势与未考虑孔隙率变化的模拟结果大致相同：加载孔隙水压时，煤体内部的压力由上至下逐渐降低，煤体内部的渗透速率同样由上至下逐渐减小，随着孔隙水压的增大，其煤体内部相同位置的压力及渗透速度也随之增大。但考虑煤体孔隙率变化后，煤体内部渗流速度从数值上看明显大于未考虑孔隙率变化的模拟结果，这主要是因为在加载孔隙水压后，煤体孔隙率会随孔隙水压的增大而增大。考虑煤体孔隙率变化后的数值模拟过程中，煤体孔隙率为一个固定不变的常数，小于考虑孔隙率变化时相同孔隙水压下的煤体孔隙率。

通过监测入口流速，分别将 2 MPa、4 MPa、6 MPa、8 MPa 孔隙水压下的入口流速进行绘制，并与未考虑孔隙率变化的入口流速进行对比，如图 6-55 所示，孔隙水压下的湍流动能如图 6-56 所示。

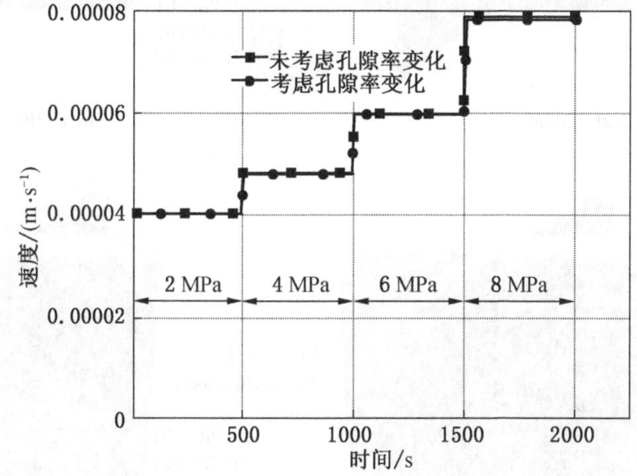

图 6-55　入口流速（22.67 MPa）

由图 6-55、图 6-56 可以看出，无论是否考虑孔隙率变化，煤体注水入口流速及湍流动能没有较大变化，随着孔隙水压的增大入口流速都呈阶段性增长，孔隙水压越大入口流速越大；在注水过程中，煤体的湍流动能仅存在于入口附近，且随着孔隙水压的增大入口处的湍流动能也随之增大。因此，在煤体注水渗流时，煤体入口流速及湍流动能的变化受孔隙水压影响。

考虑煤体孔隙率变化后，轴压为 22.67 MPa 时，在 2 MPa、4 MPa、6 MPa、8 MPa孔隙水压作用下计算 200 s、300 s、400 s 时的密度分布模拟剖面，如图 6-57 所示。

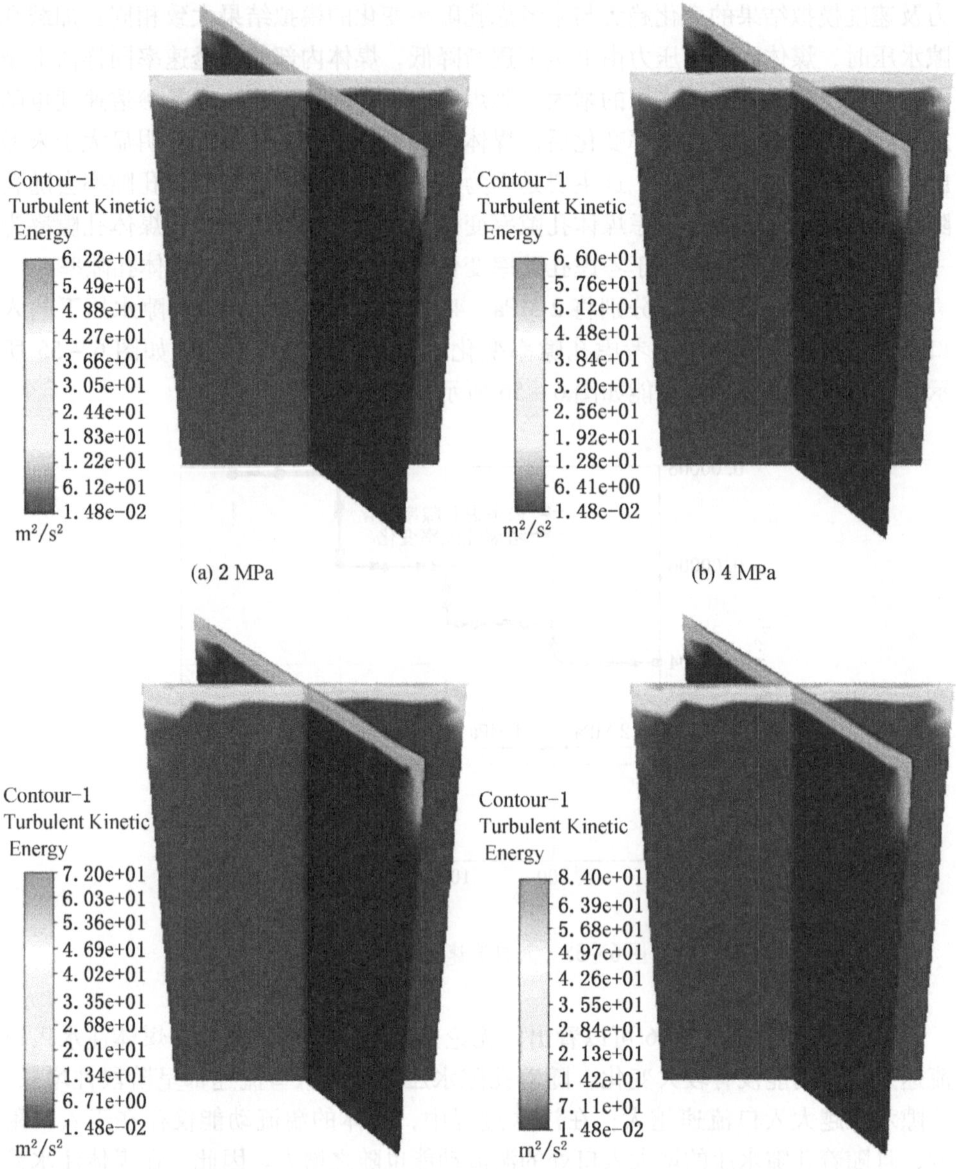
Contour-1
Turbulent Kinetic Energy
6. 22e+01
5. 49e+01
4. 88e+01
4. 27e+01
3. 66e+01
3. 05e+01
2. 44e+01
1. 83e+01
1. 22e+01
6. 12e+01
1. 48e-02
m²/s²
Contour-1
Turbulent Kinetic Energy
6. 60e+01
5. 76e+01
5. 12e+01
4. 48e+01
3. 84e+01
3. 20e+01
2. 56e+01
1. 92e+01
1. 28e+01
6. 41e+00
1. 48e-02
m²/s²
Contour-1
Turbulent Kinetic Energy
7. 20e+01
6. 03e+01
5. 36e+01
4. 69e+01
4. 02e+01
3. 35e+01
2. 68e+01
2. 01e+01
1. 34e+01
6. 71e+00
1. 48e-02
m²/s²
Contour-1
Turbulent Kinetic Energy
8. 40e+01
6. 39e+01
5. 68e+01
4. 97e+01
4. 26e+01
3. 55e+01
2. 84e+01
2. 13e+01
1. 42e+01
7. 11e+01
1. 48e-02
m²/s²

(a) 2 MPa　(b) 4 MPa

(c) 6 MPa　(d) 8 MPa

图 6-56　湍流动能（22.67 MPa）

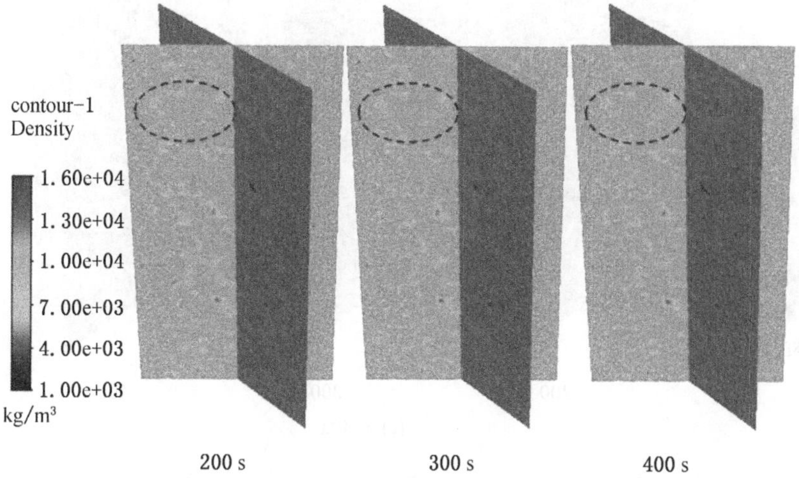
contour-1
Density
1. 60e+04
1. 30e+04
1. 00e+04
7. 00e+03
4. 00e+03
1. 00e+03
kg/m³
200 s
300 s
400 s

(a) 2 MPa

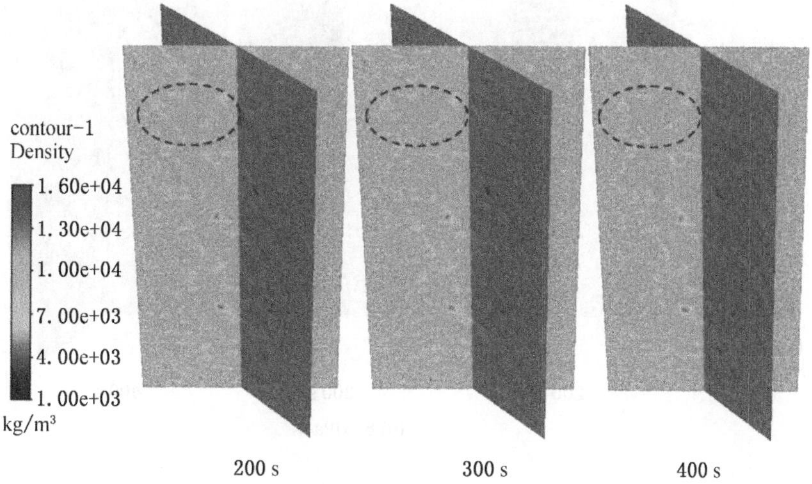
contour-1
Density
1. 60e+04
1. 30e+04
1. 00e+04
7. 00e+03
4. 00e+03
1. 00e+03
kg/m³
200 s
300 s
400 s

(b) 4 MPa

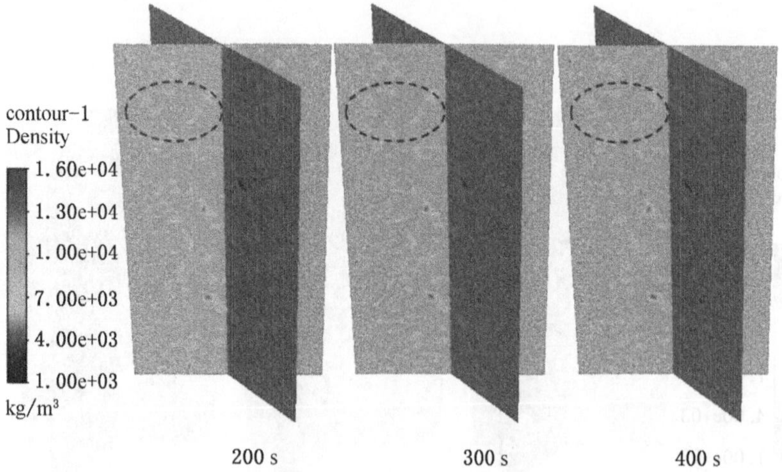

(c) 6 MPa

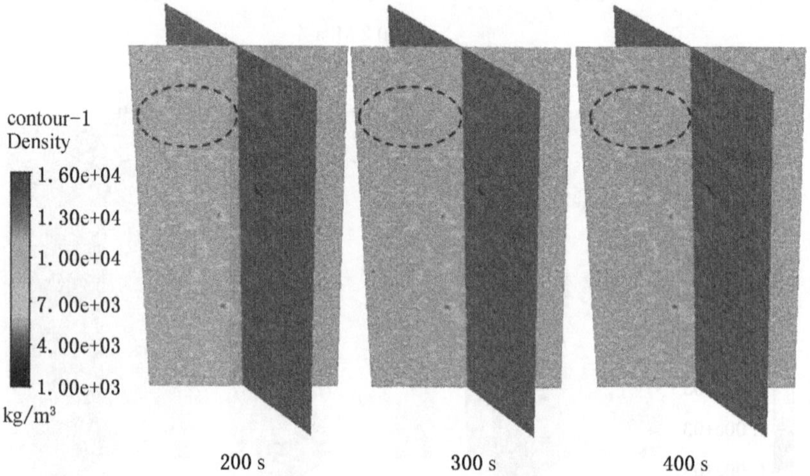

(d) 8 MPa

图 6－57　密度分布模拟剖面图 (22.67 MPa)

在轴压为 22.67 MPa 条件下，考虑煤体孔隙率变化后，由图 6－57 可以看出，随着孔隙水压的不断增大，分布范围从顶部的压力入口至底部逐渐扩大。在相同孔隙水压下，煤体内部水分分布随时间的推移，其渗透范围随之逐渐扩大。相较于未考虑孔隙率变化的模拟结果，其渗透范围的变化趋势大致相同，但在相同孔隙水压及渗透时间条件下，考虑孔隙率变化后的煤体注水渗透范围更大。

根据监控煤体入口及出口流量，计算模拟过程中煤体的渗透率，并将其与试验结果进行对比，如图 6－58 所示。

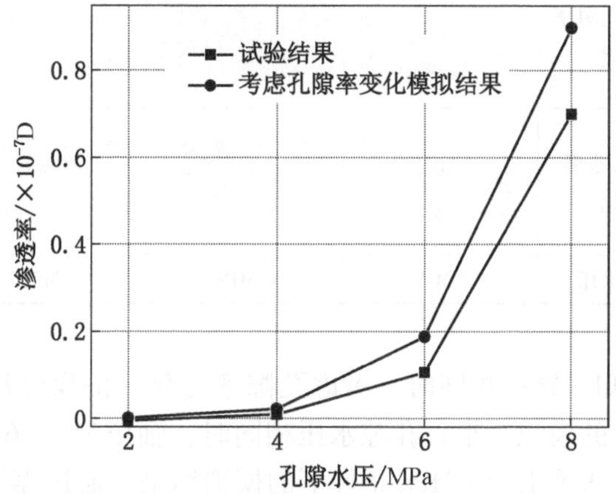

图 6－58 试验及模拟的渗透率对比曲线

考虑煤体孔隙率变化后，轴压为 22.67 MPa 时，由其渗透率的模拟结果对比试验可以看出，在 2～4 MPa 孔隙水压下，煤体渗透率的模拟结果与试验结果极为接近，而在 4～8 MPa 孔隙水压下，煤体渗透率的模拟结果与试验结果逐渐出现误差，数值上明显大于试验结果。这是由于在考虑孔隙率变化后，虽然物理参数与实际试验接近，但由于其模型较为理想化，与实际试验有较大差距，其与试验结果最大误差约为 28%。

三、对比分析

为了更直接地观察煤体内部密度随轴压以及孔隙水压的变化，分别截取 4 种不同孔隙水压下，加载 300s 时的煤体内部密度模拟结果中的虚框位置（图 6－57、图 6－51 等所标出的虚框位置）进行对比分析，见表 6－4。

表6-4 密度对比

15.42 MPa	未考虑孔隙率变化				
	考虑孔隙率变化				
	孔隙水压	2 MPa	4 MPa	6 MPa	8 MPa
22.67 MPa	未考虑孔隙率变化				
	考虑孔隙率变化				
	孔隙水压	2 MPa	4 MPa	6 MPa	8 MPa

由表6-4可知，轴压相同时，考虑孔隙率变化后的煤体渗透范围明显大于未考虑孔隙率变化的模拟结果；孔隙水压相同时，轴压为22.67 MPa条件下的煤体渗透范围大于轴压为15.42 MPa条件下的模拟结果。通过煤岩流固耦合的数值模拟结果可以看出，煤岩所受应力环境对煤岩渗透性能的改变起主导作用，高孔隙水压能够影响煤岩的渗透性能，这与第二章中煤岩渗透性试验所得结论相一致。

在煤岩模型中取一个固定点，在数值模拟过程中对该点进行渗流速度检测，考虑煤体孔隙率变化与未考虑煤体孔隙率变化的模拟结果对比如图6-59所示。

通过对比模型中固定点的渗流速度，可以看出模型内部渗流速度随孔隙水压的变化趋势与入口流速的变化趋势大致相同，但考虑孔隙率变化与未考虑孔隙率变化的模拟结果的差值较入口流速的差值偏大，这更体现出孔隙率变化对煤岩渗流的影响作用。

轴压为15.42 MPa及22.67 MPa条件下，考虑孔隙率变化与未考虑孔隙率变化的入口流速模拟结果与渗透性试验结果进行对比，绘制如图6-60、图6-61所示的曲线。

由图6-61可以看出，当进行煤层注水渗流时，煤体渗透率随着孔隙水压的

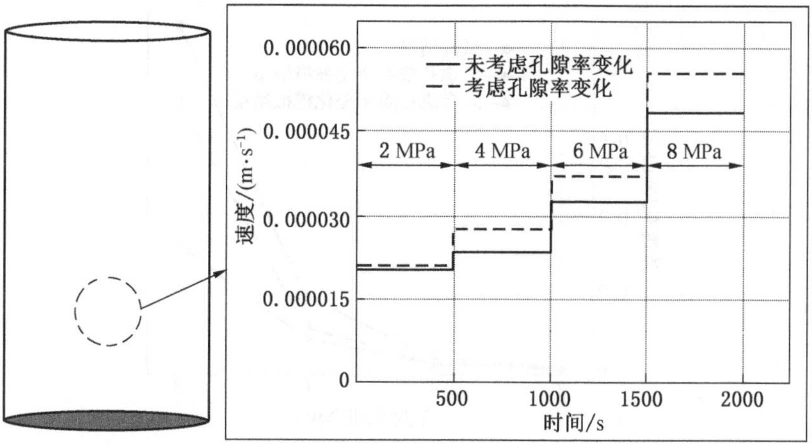

图 6-59　煤体内部固定点的渗流速度对比

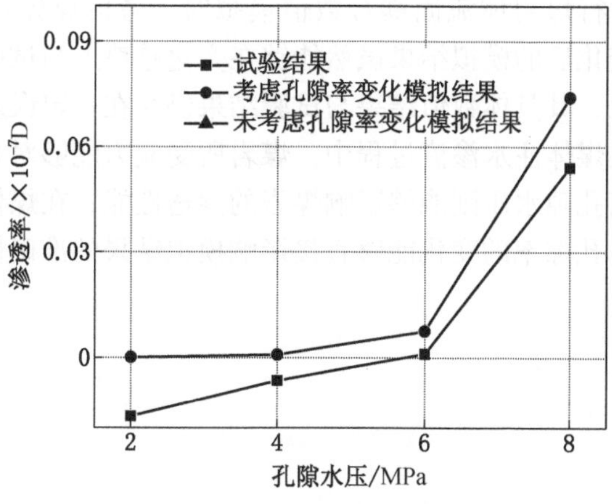

图 6-60　轴压为 15.42 MPa 条件下渗透率结果对比

增大而增大。轴压为 15.42 MPa 时，未考虑煤体孔隙率变化的煤体渗透率模拟结果与试验数据相差甚远；考虑煤体孔隙率变化的煤体渗透率模拟结果在 6～8 MPa 孔隙水压下与试验结果较为接近，与试验结果最大误差约为 36%。而轴压为 22.67 MPa 时，未考虑煤体孔隙率变化的煤体渗透率模拟结果与试验结果的变化趋势大致接近，但在 6～8 MPa 孔隙水压下，其结果偏差较大；考虑煤体孔隙率

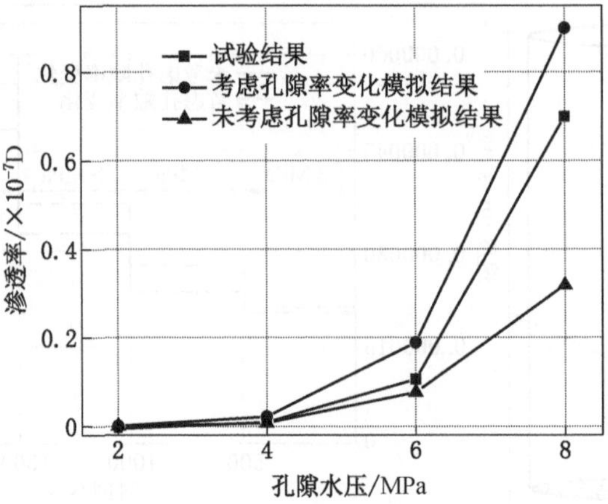

图 6-61 轴压为 22.67 MPa 条件下渗透率结果对比

变化的煤体渗透率模拟结果更为接近试验数据，其与试验结果最大误差约为 28%。因此，在进行煤岩体流固耦合数值模拟时，考虑煤体孔隙率变化是必要的，考虑孔隙率变化后的模拟结果虽然能够在变化趋势上与试验结果接近，但由于模型较为理想化，其具体数值结果与试验结果仍存在一定误差。

综上所述，在煤体注水渗流过程中，煤岩所受应力能够对自身渗透性能的改变起主导作用，高孔隙水压则能够影响煤岩的渗透性能；在煤体的流固耦合数值模拟过程中，煤体孔隙率的变化能够直接影响模拟结果的准确性。

第七章 基于 UDF 的煤层注水渗流场演化规律数值模拟研究

Fluent 软件求解器对于紊流、热传、化学反应、混合、旋转流、牛顿流场、非牛顿流场、自由表面的问题、多运动坐标系下的流动问题等都能很好地模拟。其适用行业也相当广泛，在航空航天、汽车设计、石油天然气和涡轮机设计等方面都有广泛的应用。本章利用 Fluent 软件建立煤层高压注水物理模型，设定相关边界条件和初始参数后，分别对孔隙率不变和考虑孔隙率变化条件下注水钻孔不同水压的渗流压力场、速度场分布情况以及煤体湿润情况进行数值模拟，研究水力耦合作用下煤岩渗流演化与润湿分布规律，相关研究成果对改善煤体渗透性能，增强润湿效果，提高煤层注水抑尘效果具有指导意义。

第一节 渗流场模型的建立及边界条件设定

使用 ANSYS ICEM 数值模拟软件构建二维注水渗流模型并将注水孔上下、左右边界设为恒压透水边界，创建 Part 设置 INLET 面、OUTLET 面以及 WALL 面，选择网格划分并检查网格质量，如图 7－1 所示。

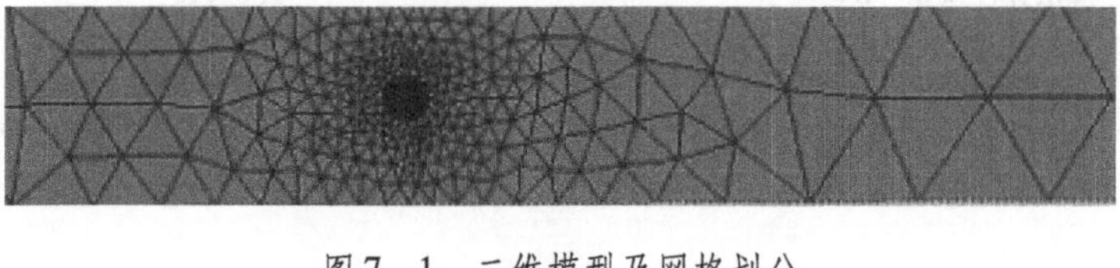

图 7－1 二维模型及网格划分

网格划分完成之后，需要进行如下相关参数的设置。

一、建立求解模型

设置层流模型为黏性模型，计算的收敛精度采用默认值 0.001。

二、添加流体材料与设置流体物理属性

研究对象是煤层注水渗流运动，确定其物理属性密度为1000 kg/m^3，水黏滞系数为1.04×10^{-3}Pa·s。

三、设置边界属性及条件

注水钻孔上下、左右边界设为恒压透水边界，入口总压强按照4 MPa、10 MPa、15 MPa、20 MPa和25 MPa注入，出口总压强按照标准大气压计算，墙的边界条件保持默认值不变，流体设置为多孔介质模型，孔隙率等参数设置见表7－1。

表7－1　煤层注水数值模拟初始参数设定

参数指标	参数值
水黏滞系数/(Pa·s)	1.04×10^{-3}
水密度/(kg·m^{-3})	1.0×10^{3}
煤层绝对渗透率/m^2	7.526×10^{-18}
煤层初始孔隙率/%	6.3586
煤层密度/(kg·m^{-3})	1.43×10^{3}
泊松比	0.32
煤层弹性模量/MPa	2.6×10^{3}
抗拉强度/Pa	1.0×10^{4}

第二节　不同水压下煤层注水钻孔渗流场数值模拟分析

采用4 MPa、10 MPa、15 MPa、20 MPa和25 MPa 5种水压大小进行注水数值模拟分析，原岩应力下进行仿真模拟，即煤体未发生体积变形，孔隙率为初始孔隙率。随后对钻孔周围煤体内压力、速度以及水量分布规律进行分析，为研究煤体孔/裂隙的扩展提供依据。

一、不同注水压下煤层注水钻孔径向渗流压力场分析

采用低压注水和高压注水结合对比的方式，根据表7－1中的平均孔隙率6.3586%计算，数值模拟注水压4 MPa、10 MPa、15 MPa、20 MPa、25 MPa条件下的85 m单向注水钻孔及钻孔周围煤体含水量，同时分别从钻孔周围不同位置处设置截面，截面包括钻孔下方1 m处，钻孔上方1 m、2 m处，模拟结果如图7－2～图7－6所示。

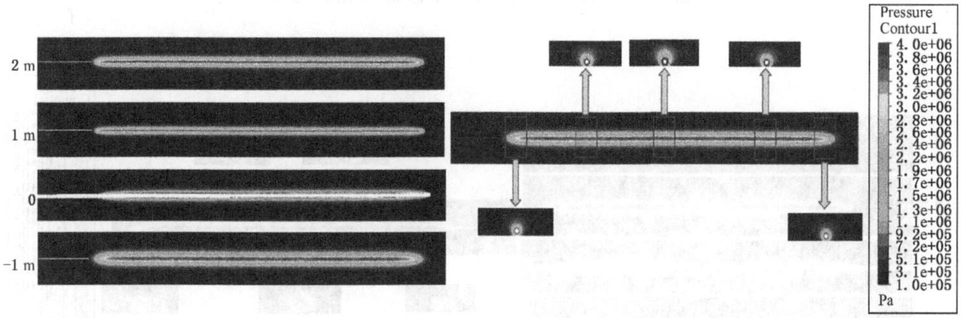

图7－2　4 MPa孔隙水压渗流场压力分布

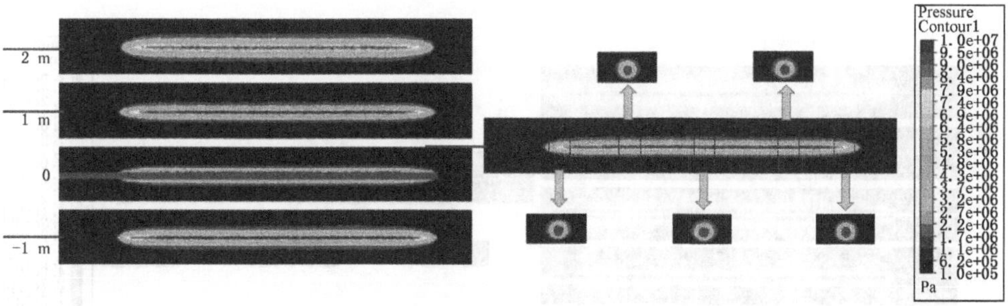

图7－3　10 MPa孔隙水压渗流场压力分布

以注水煤体100 m钻孔所在位置为轴心分别提取钻孔下方1 m和钻孔上方1 m、2 m处截面，可以看出在4 MPa水压条件下，由于工作面长达150 m且注水压较小，水压衰减较为缓慢，作用范围较小，煤层中部煤体未能得到有效的注水压分布；同等钻孔条件下，随着注水压力的增大，水压作用范围扩大，整个煤体

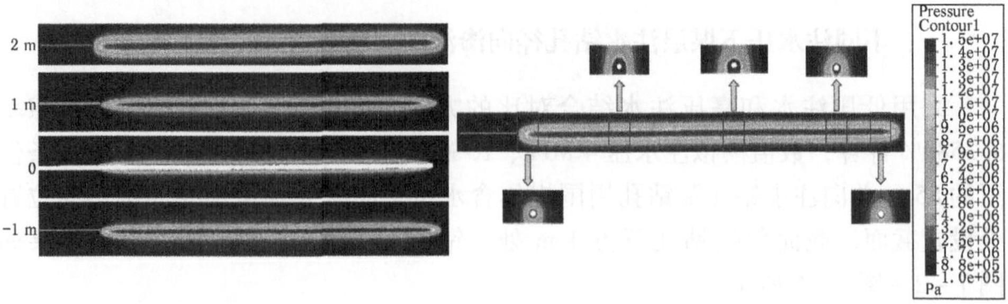

图 7-4　15 MPa 孔隙水压渗流场压力分布

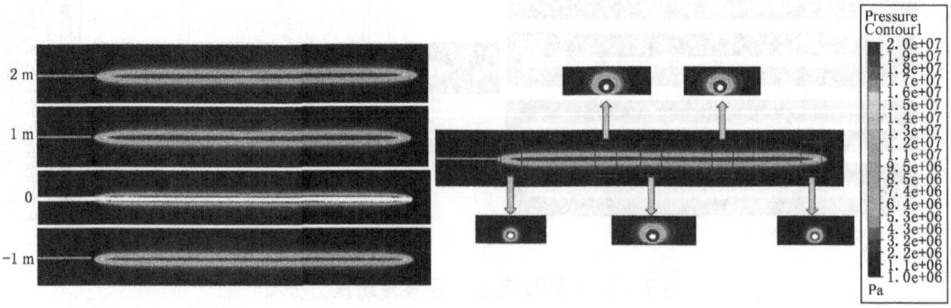

图 7-5　20 MPa 孔隙水压渗流场压力分布

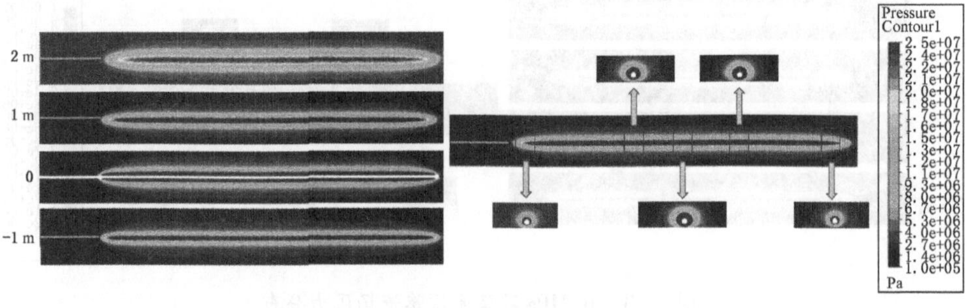

图 7-6　25 MPa 孔隙水压渗流场压力分布

基本上均有注水压分布，能够实现较好的注水效果。煤层内不同位置平均水压如图 7-7 所示。

注水钻孔周围煤体内部的渗流压力沿钻孔径向方向表现出一定的差异性，但通过整体对比，可以发现以下变化规律。

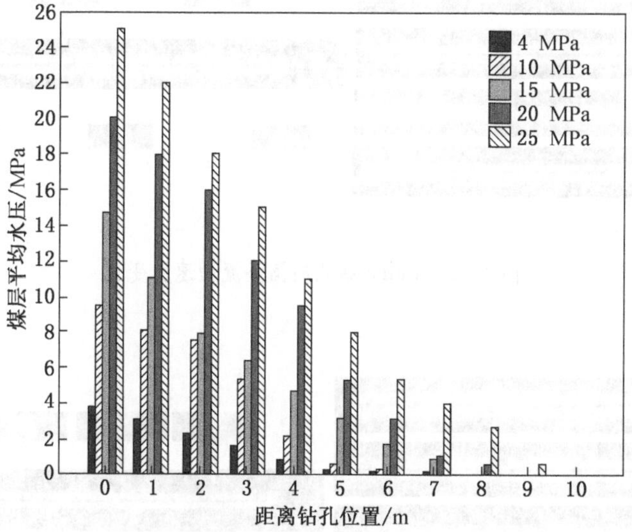

图7-7　钻孔周围压力变化

（1）以注水孔为轴心，4 MPa 注水压注入时，煤层内水压衰减较为缓慢，作用范围较小，距离钻孔6 m左右，水压基本消耗殆尽，毛细作用力取代其成为主要的水流动力。

（2）以注水孔为轴心，随着注水压的增大，煤层内平均水压衰减越来越明显，变化越来越快。4 MPa 水压下钻孔径向2 m范围内压力衰减了39.7%，钻孔径向6 m范围内压力衰减接近于0；25 MPa 水压下钻孔径向4 m范围内压力衰减了56%，钻孔径向10 m范围内压力衰减接近于0。

（3）以注水孔为轴心，随着水压的增大，水压对钻孔周围煤层内的压力分布作用范围逐渐扩大，由此可得出水压越大，渗透范围越广泛。

二、不同水压下煤层注水钻孔径向渗流速度场分析

相同钻孔条件下，速度场的模拟结果如图7-8~图7-12所示。

以注水煤体100 m钻孔所在位置为轴心，分别提取钻孔下方1 m和钻孔上方1 m、2 m处截面，可以看出在4 MPa水压条件下，由于工作面长达150 m且水压较小，渗流速度衰减较缓慢，作用范围较小，煤层中部煤体未能得到有效注水；同等钻孔条件下，随着水压的增大煤体内渗流速度较快，范围扩大，整个煤体基

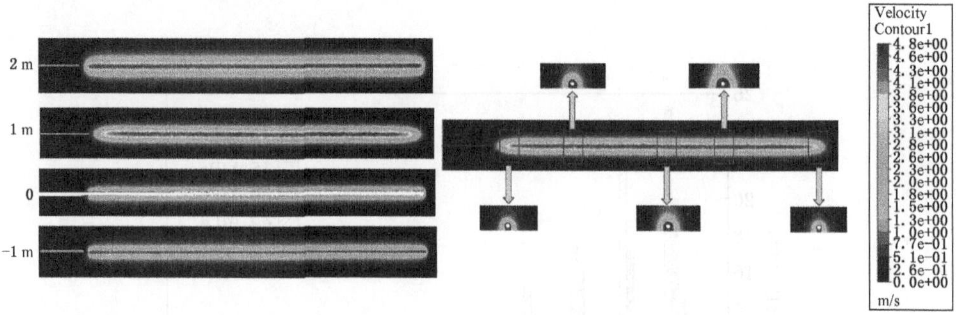

图 7-8　4 MPa 钻孔周围渗流场速度变化

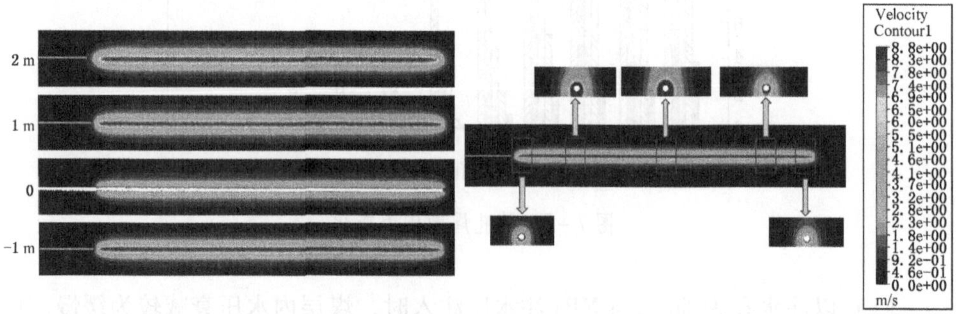

图 7-9　10 MPa 钻孔周围渗流场速度变化

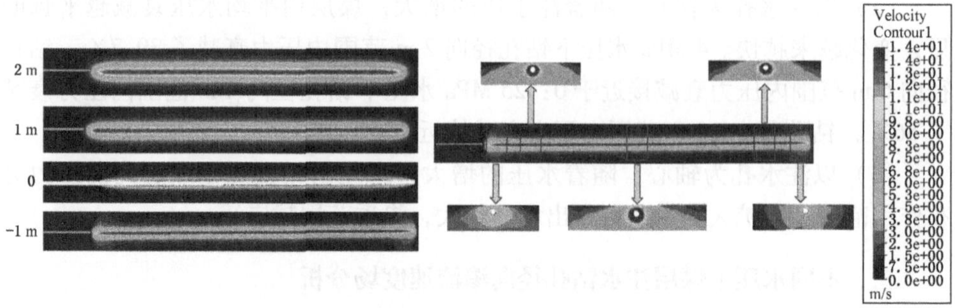

图 7-10　15 MPa 钻孔周围渗流场速度变化

本均有注水，能够实现较好的注水效果。煤层内不同位置渗流速度如图 7-13 所示。

注水钻孔周围煤体内部的渗流压力沿钻孔径向方向表现出一定的差异性，但

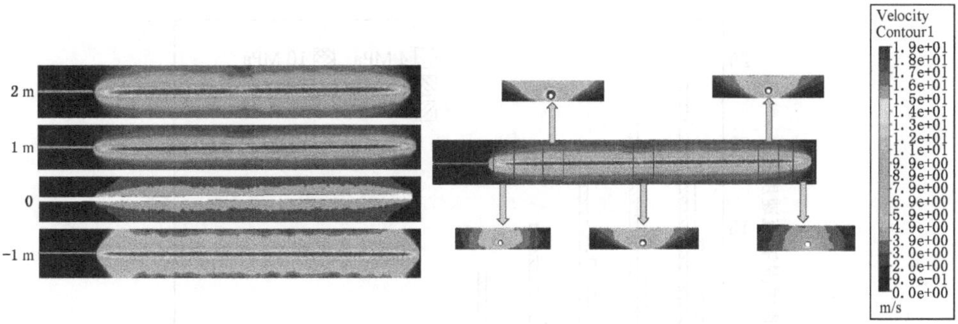

图7-11　20 MPa钻孔周围渗流场速度变化

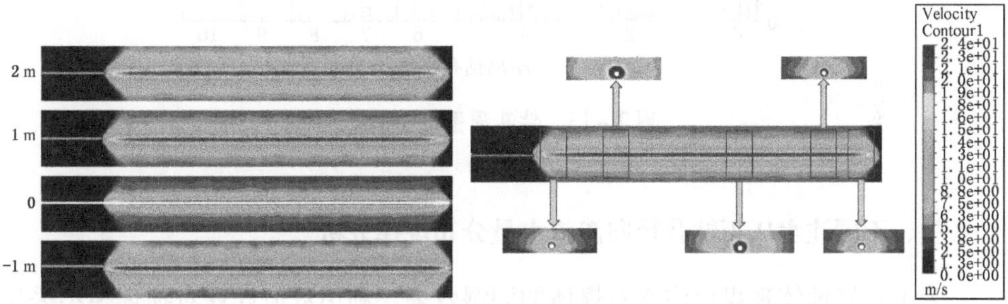

图7-12　25 MPa钻孔周围渗流场速度变化

通过整体对比，可以发现以下变化规律。

（1）以注水孔为轴心，4 MPa水压注入时，煤体内渗流速度衰减较缓慢，作用范围较小，距离钻孔6 m左右，速度几乎接近于0，毛细作用力取代其成为主要的水流动力。

（2）以注水孔为轴心，随着注水压力的增大，煤体内平均渗流速度衰减越来越明显，变化越来越快。4 MPa水压下最大渗流速度达到4.85 m/s以上，钻孔径向3 m范围内速度衰减了60.9%；25 MPa水压下最大渗流速度达到23.75 m/s以上，约为低压4 MPa时的4.9倍，钻孔径向8 m范围内速度衰减了50%，达到3.75 m/s，仍具有较快的渗流速度。

（3）以注水孔为轴心，随着水压的增大，水压对钻孔周围煤体内的渗流速度作用范围逐渐扩大，由此可得出水压越大，通过煤体内的渗流速度越快。

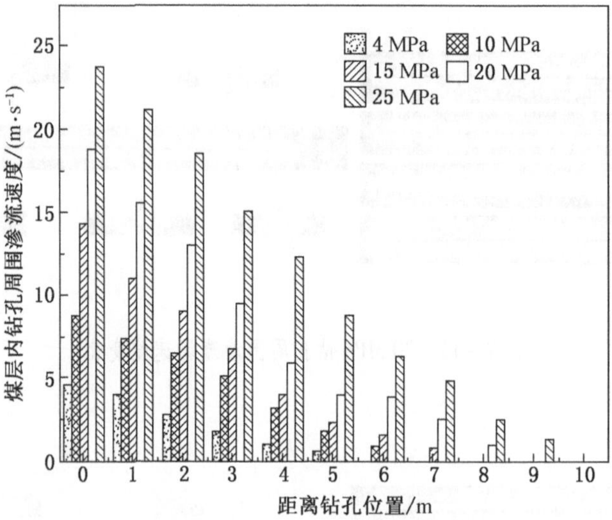

图 7-13　钻孔周围渗流速度

三、不同注水压下钻孔径向渗流水量分布规律分析

为了较好地体现煤层注水对煤体的润湿效果，利用数值计算对物理模型采用煤层注水方式，根据表 7-1 中的平均孔隙率 6.3586% 计算，数值模拟水压为 4 MPa、10 MPa、15 MPa、20 MPa、25 MPa 条件下的 85 m 单向注水钻孔及钻孔周围煤体含水量，其含水量分布如图 7-14 ~ 图 7-18 所示。

由图 7-14 ~ 图 7-18 可以看出，在固定孔隙结构的煤层中，随着水压的增大，煤层内钻孔周围密度变化也越来越明显。以注水煤层 100 m 钻孔所在位置为轴心，分别提取钻孔下方 1 m、2 m 处和钻孔上方 1 m、2 m 处截面，可以看出在 4 MPa 注水压力条件下，由于工作面长达 150 m 且水压较小，钻孔周围水分密度变化较缓慢，煤层未能得到有效润湿；同等钻孔条件下，随着水压的增大，煤体内密度变化越来越丰富，压力越大，含水量越充足，煤体内注水越均匀，从而实现较好的注水效果。煤层内距离钻孔不同位置水分含量如图 7-19 所示。

注水孔附近煤体内水分含量分布表现出一定的差异性，但通过整体对比，可以发现以下变化规律。

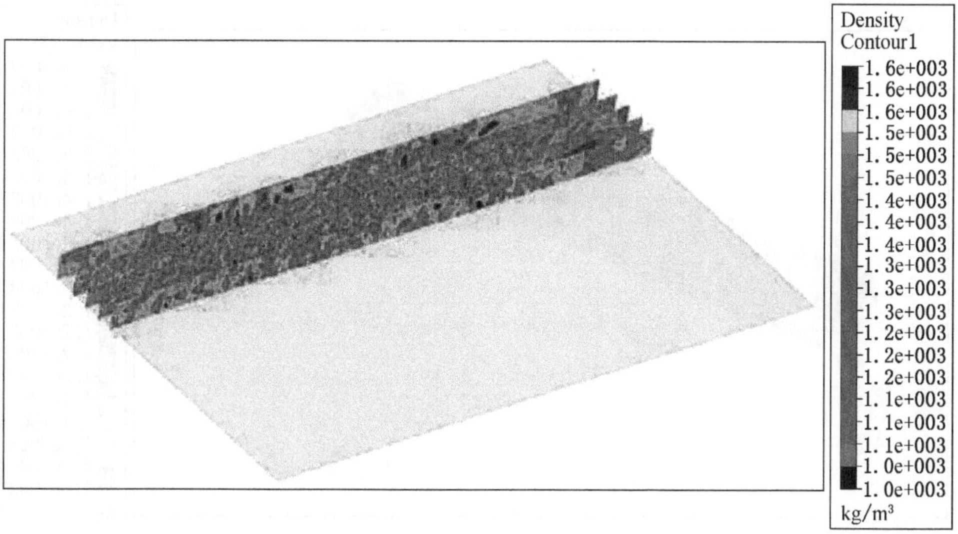

图 7－14　4 MPa 注水压力下钻孔周围含水量分布

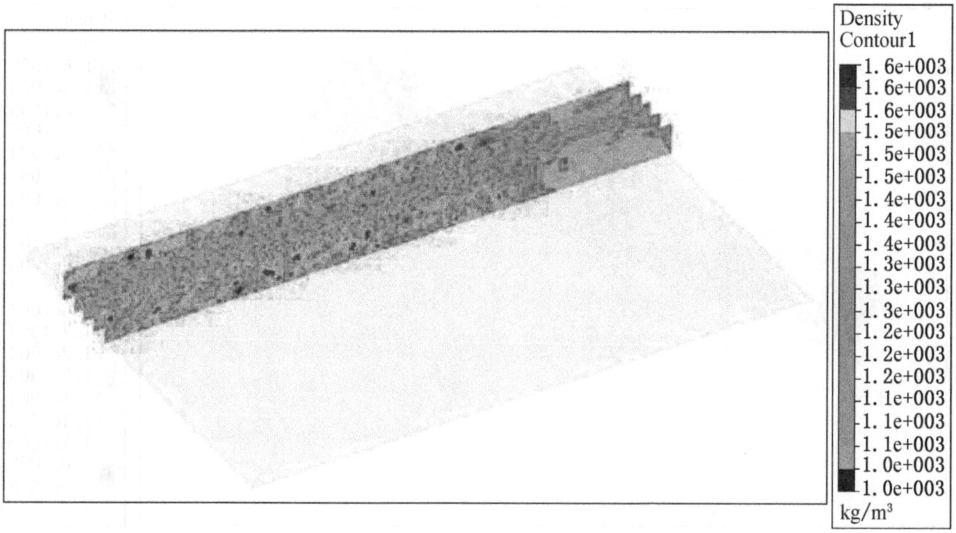

图 7－15　10 MPa 注水压力下钻孔周围含水量分布

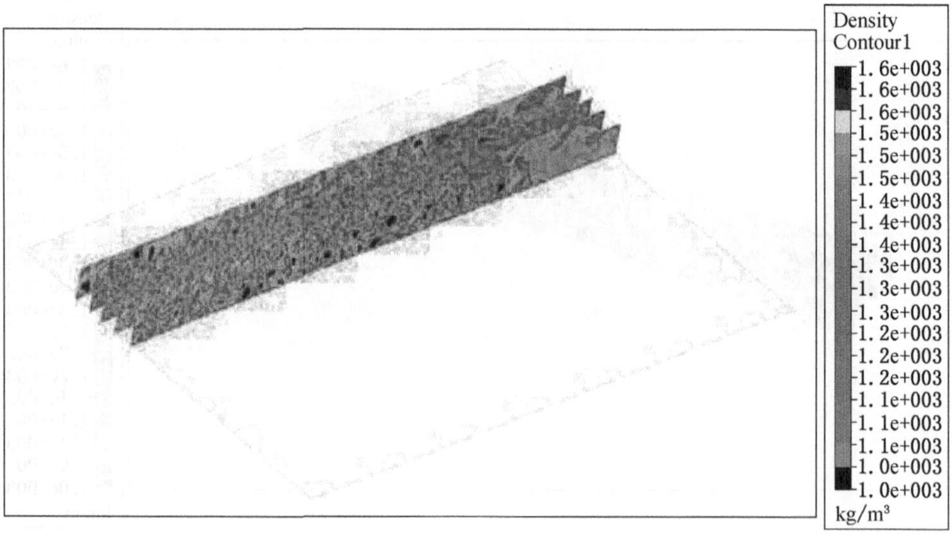

图 7－16　15 MPa 注水压力下钻孔周围含水量分布

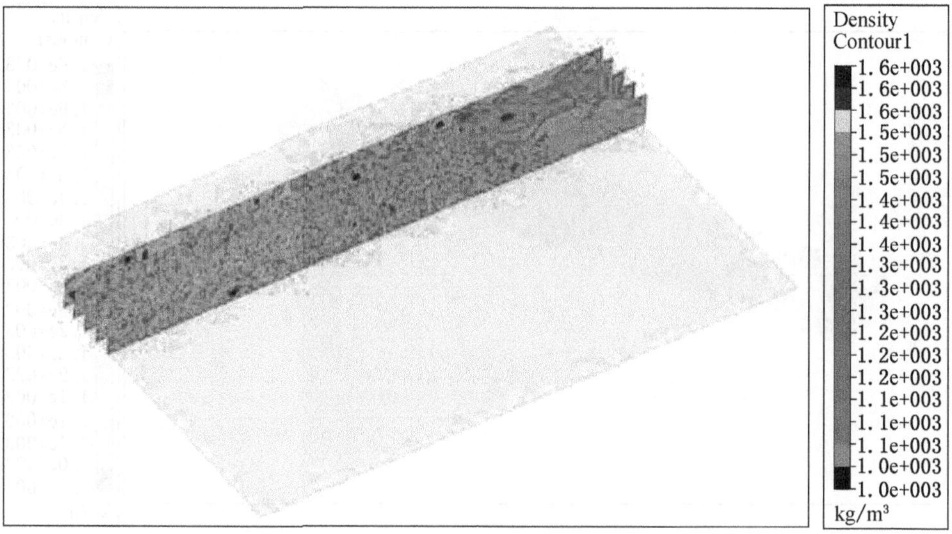

图 7－17　20 MPa 注水压力下钻孔周围含水量分布

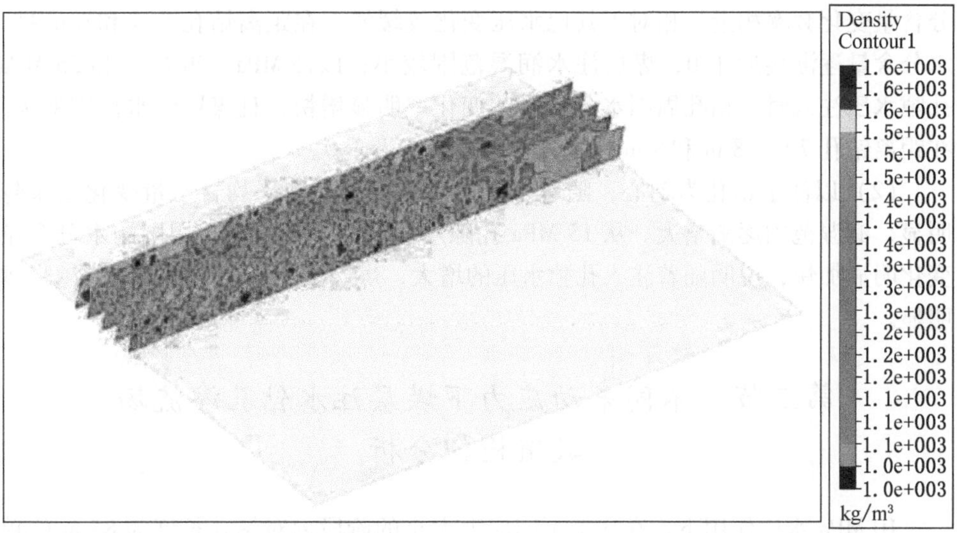

图 7－18　25 MPa 注水压力下钻孔周围含水量分布

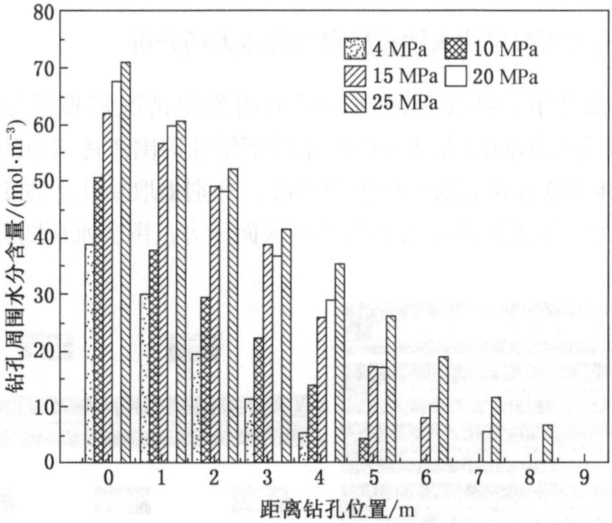

图 7－19　不同位置水分含量统计

（1）以注水钻孔为轴心，4 MPa 和 10 MPa 水压注入时，煤体内钻孔周围水分含量变化频率相近，相对于其他水压变化较缓慢，在距离钻孔 5 m 和 6 m 处，水分含量逐渐接近于 0，煤层注水润湿范围较小；以15 MPa、20 MPa 和 25 MPa 孔隙水压注入时，钻孔周围水分含量的变化率明显增快，且煤层注水范围变大，在距离钻孔 7 m、8 m 和 9 m 处水分含量逐渐接近于 0。

（2）以注水钻孔为轴心，随着水压的增大，煤体内平均含水量变化越来越明显，润湿范围逐渐增大。从 15 MPa 孔隙水压注入开始，钻孔周围的水分含量变化明显加快，说明随着注入孔隙水压的增大，煤层注水润湿的作用效果越来越明显。

第三节　不同采动应力下煤层注水钻孔渗流场数值模拟分析

10 MPa 水压作用下，在 3 个不同应力大小的阶段内对钻孔长度为 85 m 的单向注水钻孔进行数值模拟。通过模拟煤样加载过程中孔隙结构的变化，分别对轴压为 10 MPa、20 MPa 和 30 MPa 作用下的钻孔径向周围煤体内渗流压力、渗流速度以及水分增量进行分析。

一、不同应力下煤层注水钻孔径向渗流压力场分析

不同应力条件下，钻孔径向周围压力的变化情况模拟结果如图 7 – 20 ~ 图 7 – 22所示，分析不同应力（轴压）条件下钻孔周围渗透压力的变化。

以注水煤体 100 m 钻孔所在位置为轴心，分别提取钻孔下方 1 m 和钻孔上方 1 m、2 m 处截面，矩形框部分为钻孔所在截面压力范围，水压随着钻孔截面逐渐

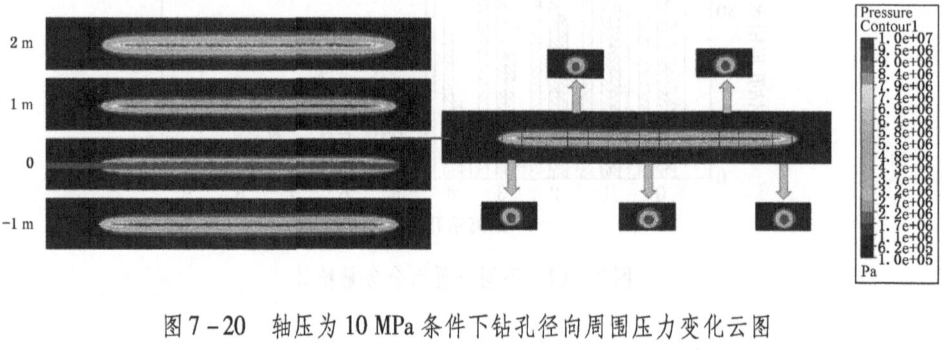

图 7 – 20　轴压为 10 MPa 条件下钻孔径向周围压力变化云图

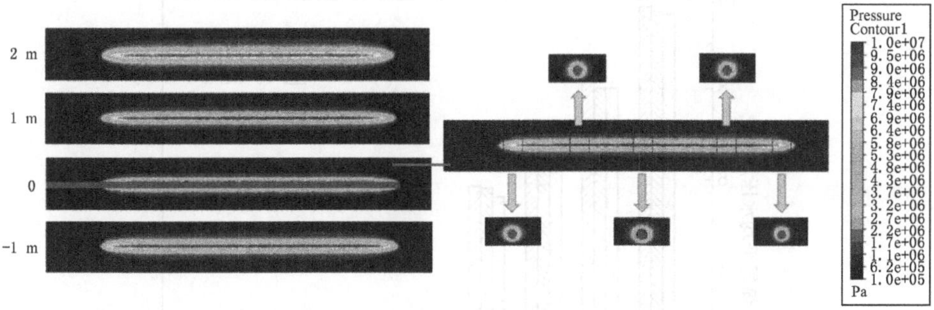

图 7-21　轴压为 20 MPa 条件下钻孔径向周围压力变化云图

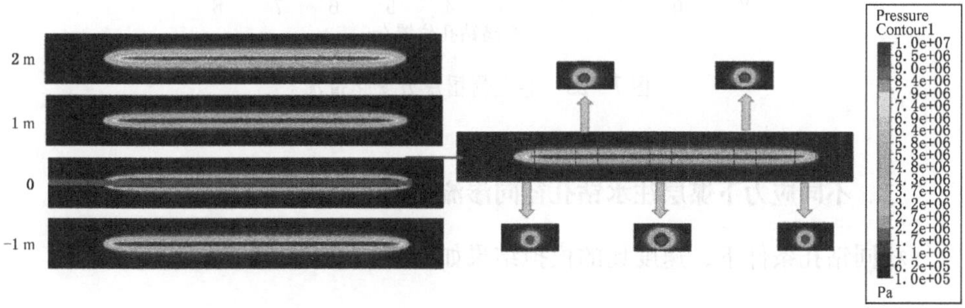

图 7-22　轴压为 30 MPa 条件下钻孔径向周围压力变化云图

往外扩散。由图 7-20 ~ 图 7-22 可以看出，在 10 MPa 轴压条件下，水压衰减缓慢，作用范围较小，煤层中部未得到有效润湿；随着轴压的增加，水压作用范围扩大，注水效果较好，在 30 MPa 轴压条件下尤为明显。

根据钻孔径向周围不同应力条件下压力变化云图，统计煤层内不同位置的平均水压制成柱状图，如图 7-23 所示。

由图 7-23 可以发现以下规律：

（1）以注水孔为轴心，压力为 10 MPa 时，煤层内水压衰减缓慢，距离钻孔 5 m 左右，水压基本消耗殆尽。

（2）以注水孔为轴心，随着应力逐渐增大，煤层内平均水压衰减总体较快。20 MPa和 30 MPa 压力条件下，钻孔径向 5 m 范围内，水压基本消耗殆尽。

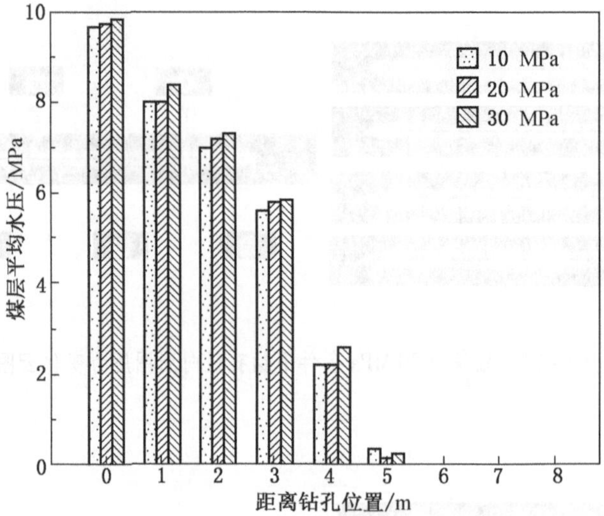

图 7－23　钻孔周围压力变化情况

二、不同应力下煤层注水钻孔径向渗流速度场分析

相同钻孔条件下，速度场的模拟结果如图 7－24～图 7－26 所示。

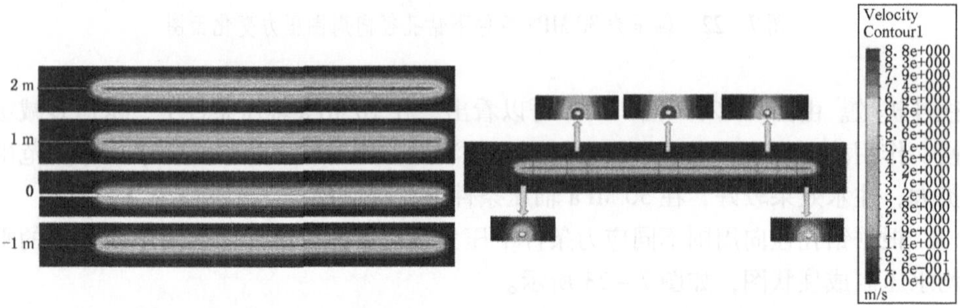

图 7－24　轴压为 10 MPa 时钻孔径向周围渗流速度变化云图

由图 7－24～图 7－26 可以看出，随着水压的增大，煤层内钻孔周围的渗流速度变化越来越明显。以注水煤体 100 m 钻孔所在位置为轴心，分别提取钻孔下方 1 m 和钻孔上方 1 m、2 m 处截面，可以看出在 10 MPa 应力条件下，渗流速度

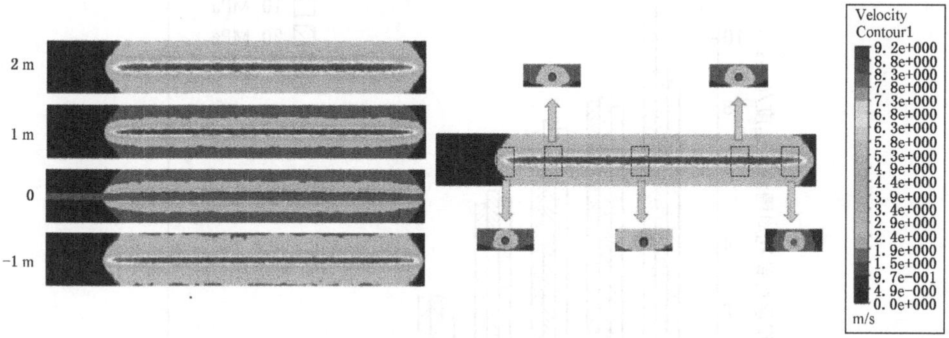

图7-25 轴压为20 MPa时钻孔径向周围渗流速度变化云图

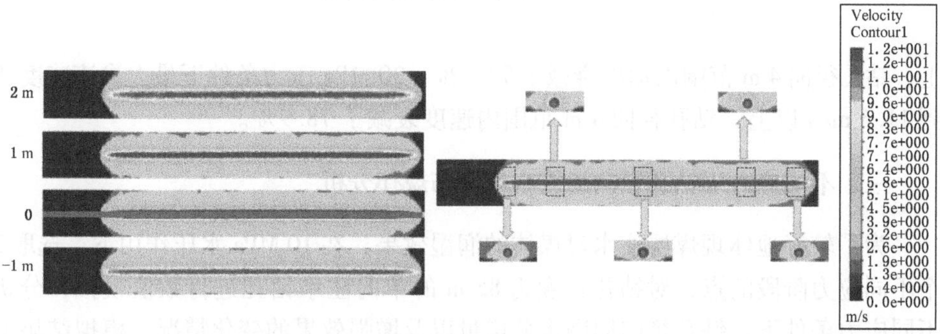

图7-26 轴压为30 MPa时钻孔径向周围渗流速度变化云图

衰减较缓慢，作用范围较小，煤层中部煤体未得到有效注水；同等钻孔条件下，随着轴压的增加，煤体内渗流速度变快，注水范围扩大，注水效果变好。

根据钻孔径向周围不同应力条件下渗流速度变化云图，统计煤层内不同位置渗流速度制成柱状图，如图7-27所示。

由图7-27可以发现以下规律：

（1）以注水孔为轴心，10 MPa压力条件下，煤体内渗流速度衰减较缓慢，作用范围较小，距离钻孔6 m左右，速度几乎接近于0。

（2）以注水孔为轴心，随着压力的增加，煤体内平均渗流速度衰减越来越明显，变化越来越快。10 MPa压力条件下最大渗流速度达到8.8 m/s以上，钻孔径向4 m范围内速度衰减了72.7%；20 MPa压力条件下最大渗流速度达到9.2 m/s以

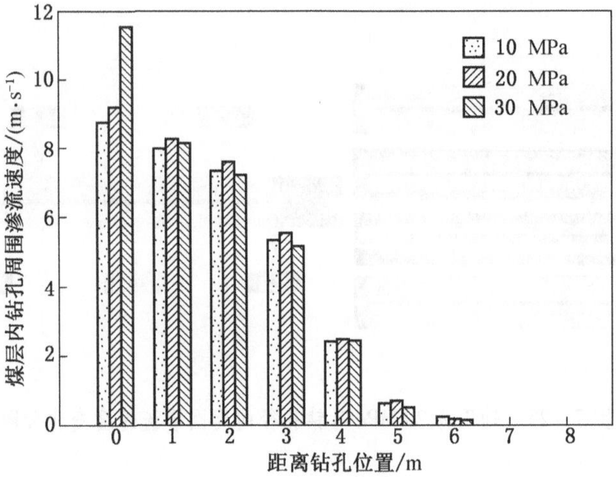

图 7－27　钻孔周围渗流速度情况

上，钻孔径向 4 m 范围内速度衰减了 73.1%；30 MPa 压力条件下最大渗流速度达到 11.5 m/s 以上，钻孔径向 4 m 范围内速度衰减了 78.9%。

三、不同应力下钻孔径向渗流水量分布规律分析

为了较好地体现煤层注水对煤体的润湿效果，在 10 MPa 水压作用下，选取 3 个不同应力阶段的点，对钻孔长度为 85 m 的单向注水钻孔进行数值模拟，分析不同应力条件下，钻孔径向周围水分增量以及增强效果的变化情况，模拟结果如图 7－28～图 7－30 所示。

由图 7－28～图 7－30 可以看出，随着应力的增加，即孔隙率的增加，煤层内钻孔周围的密度变化越来越明显。以注水煤层 100 m 钻孔所在位置为轴心，分别提取钻孔下方1 m、2 m 处和钻孔上方 1 m、2 m 处截面，可以看出同等钻孔条件下，随着轴压的增大，煤体内密度变化越来越丰富，压力越大，含水量越充足，煤体内注水越均匀，从而实现较好的注水效果。煤层内距离钻孔不同位置水分含量如图 7－31 所示。

注水孔附近煤体内水分含量分布表现出一定的差异性，但通过整体对比可以发现以下规律：

（1）以注水钻孔为轴心，应力为 20 MPa 和 30 MPa 时，煤体内钻孔周围水分含量变化频率相近，相对于 10 MPa 变化较快，在距离钻孔 5 m 和 6 m 时，水分含量逐渐接近于 0，煤层注水润湿范围较大。

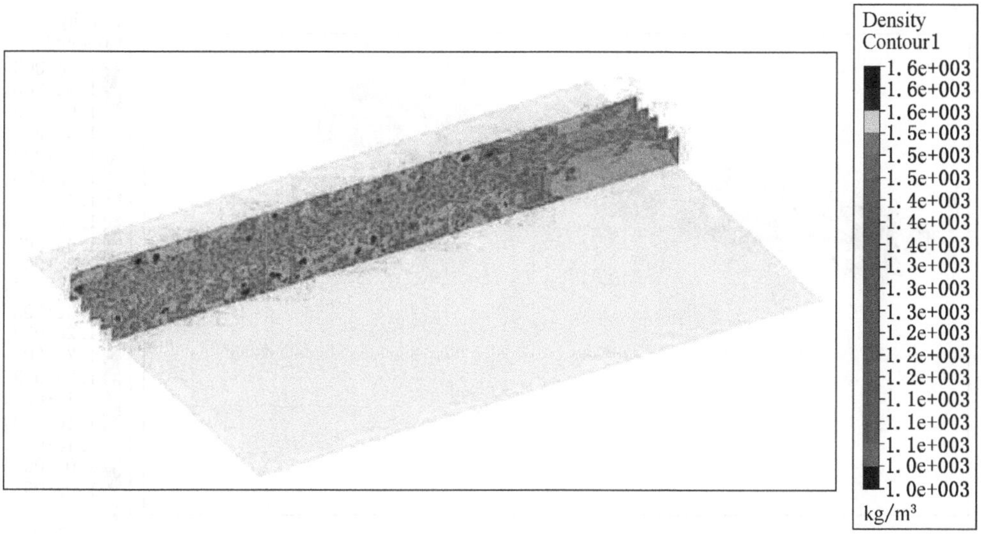

图 7-28　轴压为 10 MPa 时钻孔径向周围水分增量效果云图

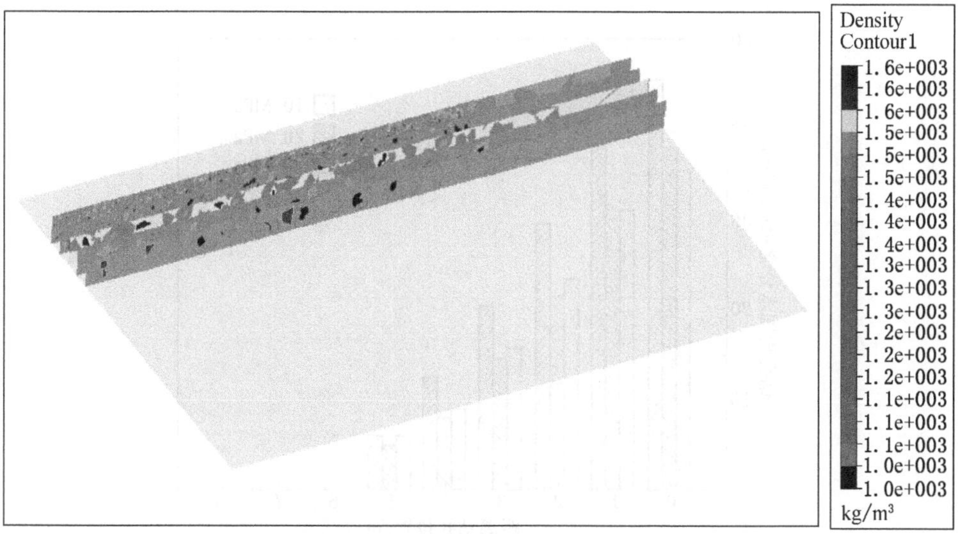

图 7-29　轴压为 20 MPa 时钻孔径向周围水分增量效果云图

（2）以注水钻孔为轴心，随着轴压的增大，煤体内平均含水量变化越来越明显，润湿范围逐渐增大，煤层注水润湿效果越来越明显。

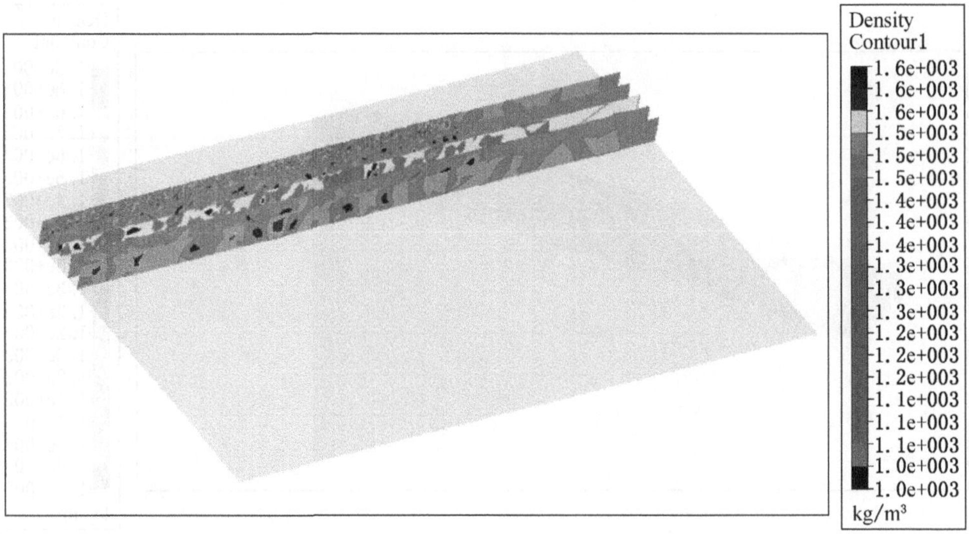

图 7-30 轴压为 30 MPa 时钻孔径向周围水分增量效果云图

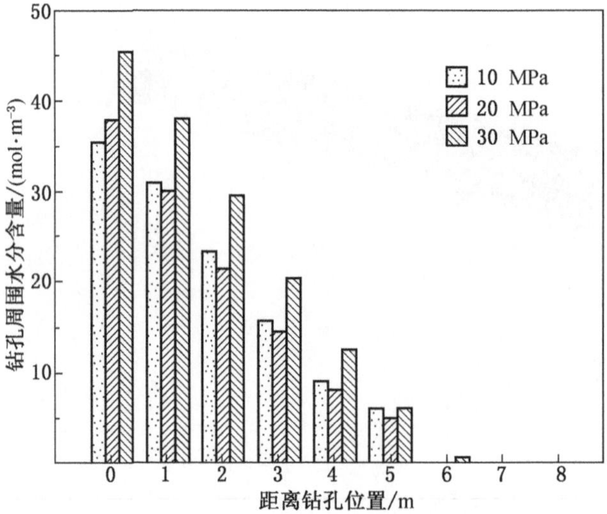

图 7-31 不同位置水分含量统计

第八章　煤层分区逾裂强化注水增渗抑尘技术实践应用

针对低透煤层难注水、注水防灾效果差等实际问题，在试验研究与理论分析的基础上，结合深部矿井低透煤层地质赋存条件，充分利用采动应力场与渗流场之间的变化关系，优化设计煤层分区逾裂强化注水增渗防灾工艺参数，完善封孔工艺，形成煤层分区逾裂强化注水增渗抑尘工艺技术，并对其水力耦合弱化增透注水防灾效果进行应用分析。

第一节　煤层分区逾裂强化注水增渗抑尘技术

煤层孔/裂隙的发育程度是影响煤层注水难易的重要因素，但是由于我国各矿井相继进入深部开采，原煤岩应力高、孔/裂隙不发育、渗透率低、瓦斯含量高且压力大等突出问题制约着煤层注水技术的发展。将注水压力固定到某一定值进行注水的传统注水方式，虽然较简单，但单孔注水量较少，尤其在深部复杂煤层地质条件下，水分在煤层中的渗透效果较差。煤层分区逾裂强化注水增渗抑尘技术是以逾渗理论与孔/裂隙双重介质理论为依托，在不同条件下应力－孔/裂隙－渗流之间内在规律研究结果的基础上，有针对性地对不同应力分布区域采取不同的注水方式与参数设计，达到提高注水效果进而防治粉尘兼顾降温、延长自然发火期、减少冲击地压的目的。

一、采动过程中工作面前方应力状态演化规律

原岩应力是地下煤岩体变形破坏及瓦斯、水和一切矿井动力灾害发生发展的根本作用力。工作面回采后，随着工作面的推进，基本顶呈悬露状态，并产生弯曲下沉。开始时基本顶尚处于完整结构状态，在基本顶岩层尚未破断以前，基本顶被四周未采动煤体支撑，此时将基本顶岩层视为“板”。该“板”与采空区四周煤岩体形成完整的结构体系，回采工作空间处于该结构体系的保护中，顶板结构四周煤岩体承受上覆岩层的载荷，作用在煤层上的支承压力也随着煤层开采不

断变化。悬露长度越长支承压力越大，作用在煤壁前方的支承压力和顶板压力不断增加，基本顶内的拉应力不断增大，当其达到强度极限后顶板断裂，在断裂线附近形成内外力场，如图 8－1 所示。

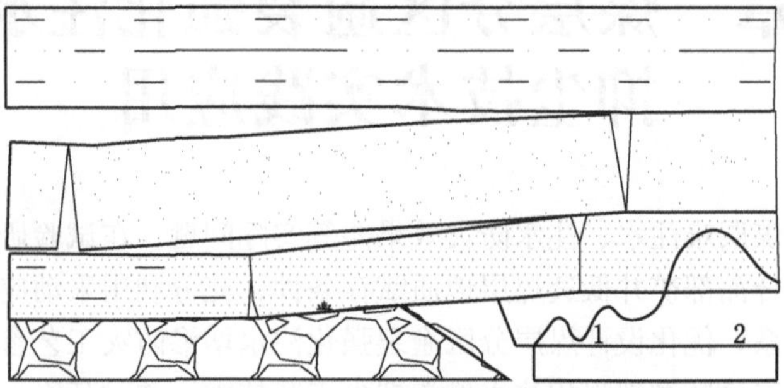

1—内应力场；2—外应力场

图 8－1　工作面应力状态演化规律示意图

随着开采不断推进，顶板呈现悬露—断裂—悬露的周期性过程，对于煤体来说，从原岩应力状态过渡到支承压力状态的过程是应力逐渐变化的过程。煤壁内的支承压力也经历由较小值不断增加至最大值，然后减小的周期性变化过程，煤体经历周期性的应力加—卸载过程。在采动过程中，工作面前后方支承压力的分布可以分为 4 个区域，即工作面前方的原岩应力区、应力增高区，以及工作面后方的应力降低区、应力稳定区，如图 8－2 所示。

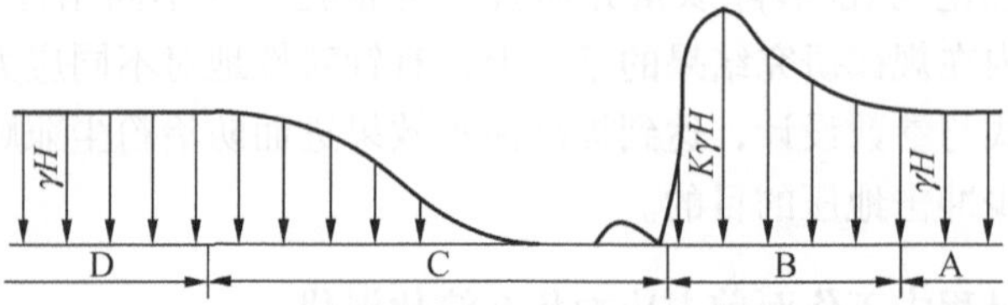

A—原岩应力区；B—应力增高区；C—应力降低区；D—应力稳定区

图 8－2　回采工作面前后方应力分布

二、采动煤岩裂隙场演化规律

采动应力场的演化导致裂隙场的变化。煤层开采后将引起采场附近一定范围内的岩层破断与移动，并在岩层与煤层中形成采动裂隙。煤岩层采动裂隙分布不仅与煤矿地下水资源的破坏与保护及井下突水事故有关，也与煤层采动瓦斯防冲流动、煤层注水渗流及煤层气资源高效开采密切相关。结合煤壁前方煤体的受力情况，根据裂隙发育情况，将采动过程煤壁前方裂隙的演化进程分为裂隙贯通区、裂隙扩展区、裂隙衍生区和原生裂隙区，如图 8－3 所示。

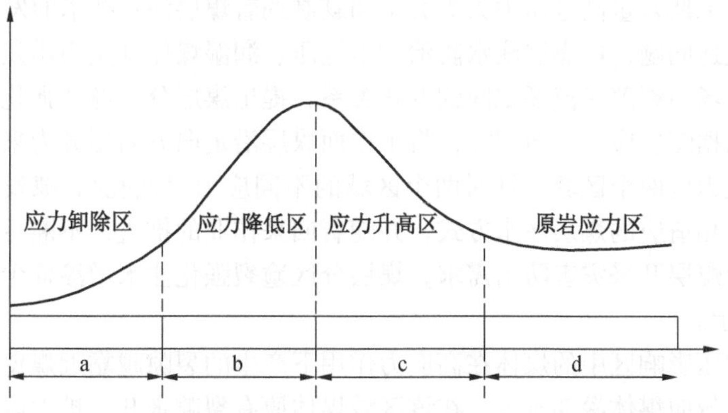

a—裂隙贯通区；b—裂隙扩展区；c—裂隙衍生区；d—原生裂隙区

图 8－3 工作面前方支承压力分布及裂隙演化分区

结合图 8－3，分析工作面前方煤壁的裂隙演化规律如下。

（1）裂隙贯通区：该区域为最靠近回采空间区域，由于边缘煤体的“挤出”效应，失去三向受力的煤体出现屈服并形成贯通裂隙。贯通裂隙提高了内部流体的渗透性。工程现场称该区域为“松散煤体”。

（2）裂隙扩展区：该区域的煤体应力水平明显高于原岩应力状态，属于受采动应力作用的煤体。该区域煤体已经遭到破坏，但仍具有一定的承载能力。由于塑性区的煤体处于不稳定状态，小幅度的应力状态改变将使煤体内部的微裂隙迅速扩展并贯通，导致煤壁失去承载能力而进入裂隙贯通区域。

（3）裂隙衍生区域：该区域的煤体大多处于弹性压缩阶段，但是靠近采动应力峰值微裂隙开始衍生并逐渐扩大，到达应力峰值时衍生裂隙数量达到最大。

（4）原生裂隙区：该区域煤体内部的裂隙为原生裂隙，内部的流体介质和煤岩孔/裂隙都处于相对平衡状态。

三、煤层分区逾裂强化注水增渗抑尘技术

近年来，随着煤炭开采深度的不断延深，“三高一扰”问题突出，同时综放、综采和综掘技术也在迅猛发展，煤尘、瓦斯、冲击地压、煤与瓦斯突出、地温等自

然灾害危害程度也不断升级，灾害事故越来越严重。国内外研究、实践证明，煤层注水是一种积极主动减少粉尘产生的有效方法，煤层注水是从根本上综合解决上述安全问题的有效办法，但其对灾害的综合防治效果与煤层孔/裂隙的发育程度有直接关系。由于我国各矿井相继进入深部开采，原煤岩应力高、孔隙裂隙不发育、渗透率低、瓦斯含量高且压力大等突出问题制约着煤层注水技术的发展。

针对上述问题，以煤层注水防治冲击地压、润湿煤体抑尘为出发点，充分利用采动应力场与裂隙渗流场之间的变化关系，提出煤层分区逾裂强化注水增渗防灾技术。依据煤层应力分布规律，将工作面煤层沿走向方向划分为采动卸压影响区、原岩应力区两个区域，针对两个区域的不同应力以及孔/裂隙发育状态，分别采取与之相适应的煤层注水方式，并随着回采作业的推进，不断更迭转换，以满足工作面煤层开采灾害防治需求，煤层分区逾裂强化注水增渗抑尘技术示意如图 8 -4 所示。

采动卸压影响区中的煤体在高应力作用下产生的裂隙越靠近煤壁，裂隙扩展宽度越大，越向煤体深部延展。在该区域煤体原有裂隙张开、扩大以及新裂隙形成，渗透性可急剧升高，增大数千倍，呈现“卸压增透效应”。因此，在采动卸压影响区采用静压注水方式，充分利用地应力场的采动卸压增透作用，依靠孔隙水煤岩产生润滑、软化、泥化、结合水强化以及冲刷运移等物理作用以及煤岩矿物之间不断进行着离子交换、溶解、水化、水解、氧化还原等化学作用，对实现低孔隙率、难渗透煤层的区域增注，弱化煤体强度，增加煤体含水率，增加煤体塑性变形区域，使应力集中区域向煤层深部推移，达到工作面防冲、防尘效果。

原岩应力区中煤体所受地应力维持在稳定状态，煤体内部孔/裂隙以原生裂隙为主，对于低孔隙率煤层，尤其是埋藏较深的煤层，本不发育的原生孔/裂隙在高地应力的作用下被压密、闭合，增加了煤层注水在煤体中的渗流、扩散阻力，使传统的煤层注水工艺无法很好地实现其灾害防治效果。试验研究表明，孔隙水压对煤岩的力学以及渗流性能有着重要的影响作用。煤体被压密、闭合的孔/裂隙在高孔隙水压的作用下重新打开，并在孔隙水压的力学作用下进一步损伤、破裂发育，进而增加煤体的注水量与渗流范围，因此，在原岩应力区采用水力弱化增透注水方式，利用循环波动孔隙水压对煤体产生的“挤入”劈裂作用，迫使低孔隙率煤体裂隙萌生、扩展，促进煤岩破坏，降低煤体强度。同时，在煤岩的破裂过程中，在压力作用下水溶液更容易进入煤岩微裂隙中，对裂隙端部力学性质的劣化作用以及对裂隙面之间摩擦作用的弱化加速了煤岩裂纹的扩展，增加了煤体的渗透性能与注水量，从而达到提高注水效果进而实现粉尘、冲击地压等灾害防治的目的。因此，为了更好地达到深部煤矿开采煤层的注水防灾效果，

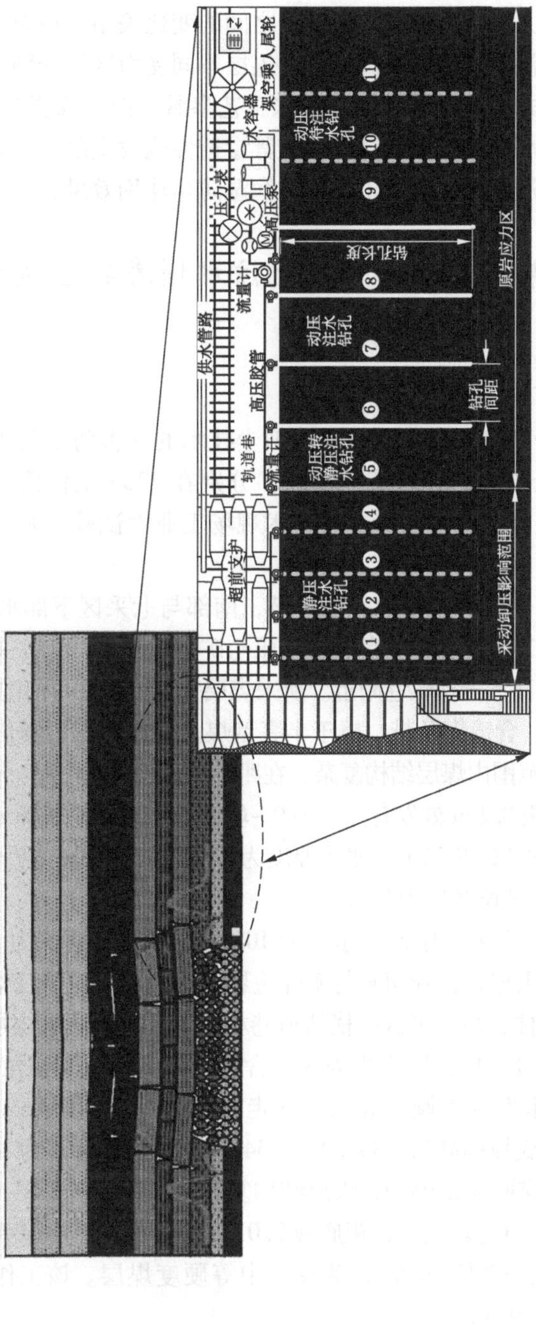

图8-4　煤层分区逾裂强化注水增渗抑尘技术示意图

煤层分区逾裂强化注水增渗防灾技术充分利用采动卸压增透与水力耦合弱化增透作用机理和采动应力场、裂隙场与渗流场之间的变化关系，在充分考虑煤层渗透性能及其随采动应力演化规律的基础上，对煤层不同受力区域分别采用静压注水与水力弱化增透注水方式，优化设计煤层注水工艺参数，改变煤岩中原生孔/裂隙结构与分布状态，破坏煤岩的宏微观结构，使其渗透性能发生改变，更好地实现不同渗透性能条件下的煤层注水防治冲击地压与润湿防尘作用效果。

第二节　煤层分区逾裂强化注水增渗抑尘技术应用

一、现场应用工作面概况

为了考察煤层分区逾裂强化注水增渗抑尘技术的灾害防治效果，针对兖州煤业股份有限公司兴隆庄煤矿现场实际情况，分别在 7303 工作面与 10303 工作面进行了煤层分区逾裂强化注水增渗抑尘技术现场工业性试验，并对现场应用效果进行了考察。

兴隆庄煤矿 7303 工作面位于七采区中部，南部与七采区下部水仓回风巷相邻，北部与 7304 运输巷、7304 采空区相邻，开切眼与矿井边界保护煤柱及兴隆庄矿相邻，终采线位于 7303 工作面三号探煤巷附近。所采煤层为下二叠系月门沟统山西组底部 3 号煤层，以亮煤为主，含镜煤条带，属于半亮型煤。工作面煤层倾角为 3°～10°，平均倾角为 7°。工作面范围内煤层结构复杂，在距顶板 2.8 m 处发育一厚为 0.03 m 的炭质细砂岩夹矸；距底板 3.2 m 处发育一厚为 0～0.25 m，平均厚 0.08 m 的炭质泥岩夹矸。煤层厚度一般为 8.12～9.71 m，平均厚度为 8.50 m，普氏硬度 $f=2.3$。该工作面面长 174 m，工作面推进长度为 949.5 m。

10303 工作面位于十采区中部，东部为 10302 工作面，西部为 10304 设计工作面，与 10300 皮带下山相邻，开切眼与矿井边界保护煤柱及兴隆庄煤矿相邻，终采线至工业广场保护煤柱，与十采区一横轨道巷相邻。工作面所采煤层为下二叠系月门沟统山西组底部 3 号煤层，以亮煤为主，含镜煤条带。煤层倾角为 2°～18°，平均倾角为 10°，为近水平～缓倾斜煤层，其走向基本上为 NE～SW 方向，倾向为 NW～SE 方向。煤层底板标高为 −330.2～−548.6 m，平均标高为 −419.5 m；煤厚 6.20～9.90 m，平均煤厚为 8.93 m；煤层结构复杂，在距顶板 2.8～3.0 m 处发育一厚为 0.03 m 左右的炭质泥岩夹矸，距底板 3.0～3.2 m 处发育一厚为 0～1.4 m 的炭质泥岩夹矸。煤层普氏硬度 $f=2.3$，为软～中等硬度煤层。该工作面面长 196 m，工作面推进长度为 2469.4 m。

二、煤层分区逾裂强化注水增渗抑尘技术工业性试验方案

为了研究煤层分区逾裂强化注水增渗抑尘技术与传统静压注水技术的注水防灾效果，选取7303工作面与10303工作面分别进行注水现场工业性试验。其中，7303工作面进行传统静压注水，以探讨采动作用下煤岩渗透性能变化规律以及静压注水工艺参数；10303工作面进行煤层分区逾裂强化注水增渗抑尘技术工艺的现场应用，以分析高压水力弱化与增透对煤岩渗透性能的影响作用以及对煤层承载应力变化的作用效果，最终形成了煤层分区逾裂强化注水增渗抑尘技术工艺，并对其弱化增透防灾效果进行考察分析。

首先对7303工作面进行传统静压注水设计，以考察煤岩渗透性能随采动影响的作用范围，为煤层分区逾裂强化注水增渗抑尘技术工艺设计提供依据。为此，在距离7303工作面300 m以外区域进行注水钻孔钻设与注水工作，煤层注水采用耐压胶管连接静压水管与注水钻孔、流量计等设施，并实时记录工作面煤层注水流量与流速以及煤体注水效果变化的规律。

对10303工作面进行煤层分区逾裂强化注水增渗抑尘技术工艺的现场应用，在静压注水现场实践的基础上对相同应力条件下的采动卸压增透区与原岩应力区进行划分。针对不同区域采取与之相对应的煤层注水工艺参数，即针对未受采动卸压作用的原岩应力区，孔/裂隙不发育，采用动压注水方式，即煤层水力弱化增透注水，利用高压泵产生的波动高压对注水煤体进行弱化增透，改变该区域煤岩的力学性能，增加其渗透性，达到增加煤体注水量，提高注水效果的目的。随着工作面开采作业的推进，原岩应力区注水钻孔逐渐受到采动的影响作用，使煤体受压变形，孔/裂隙不断发育贯通，煤层渗透性能得到进一步提高，此时宜采用静压注水方式对煤体进行低压渗透注水，利用煤体孔/裂隙的毛细作用力进行煤层注水软化煤体，润湿防尘。

煤层分区逾裂强化注水增渗抑尘技术工艺根据工作面煤体所处应力环境进行分区划分，采用动静压配合的注水方式。从距离工作面400 m左右处开始实施钻孔，钻孔由里向外依次编号。由于钻孔施工距离工作面较远，所受采动影响作用较小，因此，煤层分区逾裂强化注水增渗抑尘技术工艺试验初始阶段全部为波动高压注水。钻孔采取随打随注的方式，待工作面注水孔位置进入采动卸压影响范围，改变其注水方式为静压注水，其他钻孔与此相同。待钻孔超前工作面预定距离时停止静压注水，依靠其煤体毛细作用力，将注入水分吸收，达到湿润煤体的效果，其工艺布置与注水方式转换如图8－5所示。

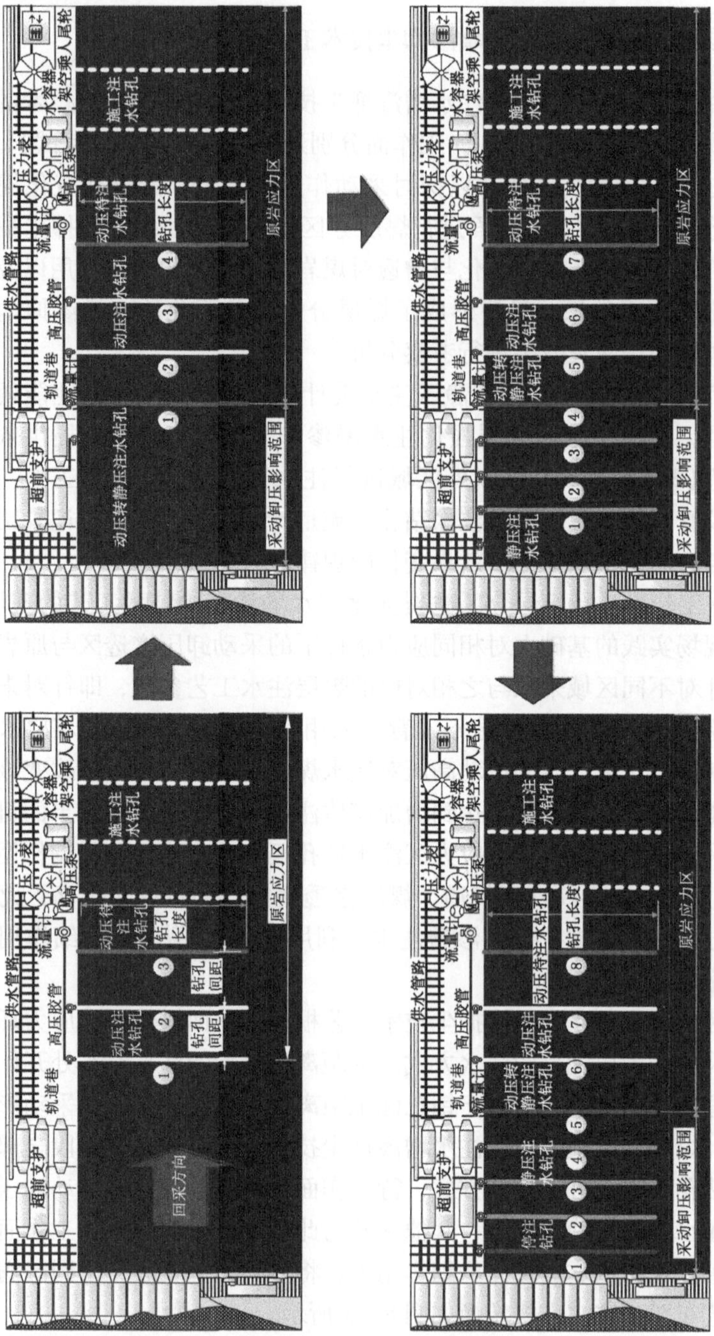

图8-5 煤层注水试验方案现场布置及注水方式转换实施示意图

高压注水时，依据注水泵上设有的压力表示数以及相应流量表显示注水流速情况来调节水压。每个钻孔配备相应的、独立的流量表，便于统计注水效果以及观测注水实时情况，以此来调节水压参数等。待煤层注水工作正常之后，要保证在动压区与工作面之间的区域布设足够的钻孔进行静压注水，静压注水压力保持在 3.0 MPa 左右。而在静压区应布设钻孔进行动压注水，水压采用波动循环的方式，即首先采用 5 MPa 左右的水压将钻孔内原有空间充满水，包括钻孔、较大孔/裂隙等空间。待钻孔充满水后，水表显示流速会变慢，将水压提高至 15 MPa 左右，在高压力下事先形成煤体内的导水裂隙并持续一段注水时间后，将压力调低至 15 MPa，并维持水压，观察注水管路水流量，以此判断煤层水力弱化增透水压的调节范围。参考工作面日推进距离，进行注水钻孔的施工作业，并保证钻孔数量满足注水区域注水孔正常注水及停注、开注，以及动、静压注水交替正常。

三、煤层分区逾裂强化注水增渗技术工艺参数设计

根据工作面的长度、地应力、煤厚、煤层应力的分布范围，对两个注水工业试验工作面进行相关注水工艺设计，设计煤层注水参数布置，并通过现场试验确定最优的注水参数及钻孔布置参数，以保证注水效果。

（一）钻孔布置方式

7303 工作面面长 174 m，将距离工作面 300 m 范围作为试验区域，采用高压胶管向煤壁静压注水。7303 工作面于两巷道双向静压注水，轨道巷钻孔长度设计为 100 m，带式输送机运输巷钻孔长度设计为 60 m。10303 工作面面长 196 m，根据 10303 工作面回采综合地质图以及工作面现场实际布置分析，将 10303 工作面中间联巷之后的区域作为现场工业性试验区域。10303 工作面采用轨道巷单向钻孔布置，钻孔长度设计为 140 m，设计原则是在钻孔长度尽可能长的基础上达到湿润范围最大化，在施工过程中可以根据钻进施工情况调整参数布置。

（二）钻孔间距

钻孔间距取决于煤层的渗透性能、煤层厚度、倾角及钻孔布置等，一般对煤层较厚、透水性强的煤层可以适当增大孔间距离，反之则应适当减小孔间距离，因此，合理的孔间距离应按具体条件通过试验确定。一般孔间距离为 10 ~ 20 m，考虑到兴隆庄煤矿孔隙率低、注水性能差以及动压与静压注水渗透性能的具体情况，设计静压注水工作面的钻孔间距取 10 m，分区弱化增透注水工作面的钻孔间距取 15 m，并通过现场试验检测确定适用于各个工作面的最优钻孔

间距。

（三）钻孔倾角

钻孔由工作面轨道巷施工，依据倾角不同可分为上行孔和下行孔，7303 工作面开孔位置距巷道底板 1.5 m 左右，终孔距煤层顶板 2 m 左右，10303 工作面开孔位置距巷道底板 1.5 m 左右，终孔距煤层顶板 1.5 m 左右，注水钻孔由轨道巷沿煤层倾斜方向施工，钻孔倾角按下式确定：

$$\alpha = \arctan\left(\frac{h_{y1}-h_{g1}}{M}\right) + \arcsin\left\{\frac{(h_{g1}-h_{g2}-h_1-h_2)\times\sin\left[90^\circ+\arctan\left(\frac{h_{y1}-h_{g1}}{M}\right)\right]}{L}\right\} \tag{8-1}$$

式中 L——钻孔设计长度；

M——工作面长度；

h_1——钻孔开孔距离；

h_2——终孔距离；

h_{g1}——轨道巷顶板标高；

h_{g2}——轨道巷底板标高；

h_{y1}——运输巷顶板标高。

根据兴隆庄煤矿实际情况与钻孔倾角计算结果，考虑钻孔受自重等因素影响，煤层注水钻孔倾角按 $-4^\circ \sim 7^\circ$ 施工。钻孔施工倾角设计与布置示意图如图 8-6 所示。

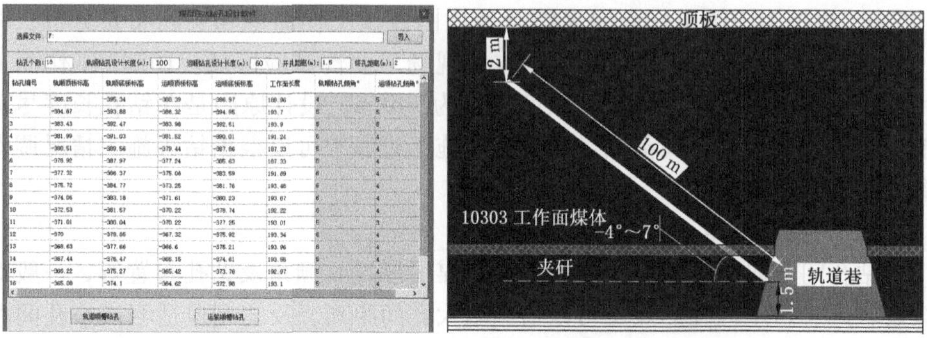

(a)　　(b)

图 8-6　钻孔施工倾角设计与布置示意图

第三节　煤层高压注水快速封孔技术研究

目前国内用于煤矿井下注水封孔的方式主要有树脂锚固剂封孔方式、聚氨酯封孔方式、高压气囊封孔法、水泥砂浆封孔法、机械驱动封孔器封孔等多种封孔方法。水泥砂浆封孔法具有承受的水压高、价格低廉等优点，不足之处是封孔深度有限，劳动强度大，虽然泥浆泵封孔法可以明显提高水泥砂浆的封孔深度，但是泥浆泵体积大、质量大，封孔及清洗作业相对繁杂。高压气囊封孔法是用充气气囊代替充水胶囊进行密封，虽然具有操作工艺简单易行等特点，但是在较高的水压下是不适宜的。机械驱动封孔器类似于水力膨胀封孔器，由于封孔深度较难达到4 m 以上且此类封孔器不适用于高压注水条件，并且对注水钻孔的孔径要求比较严格。树脂锚固剂封孔方法具有使用方法简单易行、较大锚固力和良好的黏结性能等特点，但对于注水钻孔的封孔而言，若无一定的膨胀性，很难达到对高压水的封堵效果。聚氨酯封孔方式是按一定配比组合的聚氨酯泡沫，具有不收缩、膨胀性大、黏结力强且能够与多种界面牢固结合、密封性好及不易燃等特点。近年来，在阜新五龙矿、抚顺龙凤矿、阳泉矿务局等的瓦斯抽放钻孔中进行过相关的封孔试验与研究。由于聚氨酯封孔方式具有较好的膨胀特性、力学强度以及黏着性，被广泛用在加固顶板、封堵裂隙以及注浆压力等工作的封孔工艺中，为此，采用聚氨酯封孔方式对兴隆庄煤矿煤层分区逾裂强化注水增渗工艺进行实验室测定与现场试验研究，以确定最优的封孔方法与封孔效果。

一、聚氨酯材料的性能影响分析

聚氨酯材料采用发泡型、硬质聚氨酯材料，合成前分为两个组分，即黑料和白料。黑料为多异氰酸酯；白料是由多元醇聚醚、发泡剂、泡沫稳定剂、催化剂和阻燃剂等原料组成的混合物。

（一）温度的影响

通过对封孔材料进行多次研究和试验，发现在其他一切条件都不改变的情况下，改变试验的环境温度，温度越高，膨胀倍数越大，膨胀时间越短，从开始搅拌到开始膨胀的准备时间也越短。因此，针对这一情况，按照井下的实际条件，将实验室温度控制在 16 ~27 ℃范围之内。

（二）水对聚氨酯性能的影响

由于井下生产环境以及煤层注水钻孔钻设一般采用水排渣式钻机，钻孔内部不可避免地会存在水分，实践表明水的存在对聚氨酯性能具有重要影响，因此，在实验室条件下进行配比为1∶1与不同水分情况下的聚氨酯性能测定，测试结果及效果见表8－1、图8－7。测定结果表明，该配比下聚氨酯开始反应时间较短，基本在2～3 min左右，但水的存在直接影响到聚氨酯反应凝固时间，随着含水量的增加，聚氨酯反应结束与凝固时间亦随之增加，且随着含水量的增加，聚氨酯发泡倍数增加的同时其强度下降，甚至出现体积收缩现象，黑白料1∶1配比反应时，强度最高，但是体积膨胀最小，不适用于煤层注水封孔与封堵煤岩裂隙。为了达到较好的膨胀封孔效果，注水钻孔应有少量的水分存在，但不应有积水的出现，因此施工结束后，不宜立刻施工封孔，对于下行孔而言，应该先压风排出钻孔内积水后方可施工封孔，对于上行孔而言，应待钻孔中大部分水分流出后方可施工封孔。

表8－1 水对聚氨酯性能的影响测定结果

黑白水比例	反应开始时间/s	反应结束时间/s	凝固所需时间	备注
1∶1	133	271	354 s	搅拌
1∶1∶0.05	180	300	410 s	搅拌
1∶1∶0.2	103	355	478 s	搅拌
1∶1∶0.2	108	325	443 s	搅拌
1∶1∶0.2	185	498	1487 s	不搅拌
1∶1∶0.3	93	341	574 s	搅拌
1∶1∶0.4	129	538	703 s	搅拌
1∶1∶0.6	120	900	1234 s	搅拌
1∶1∶0.8	145	636	出现体积收缩	搅拌
1∶1∶0.8	180	1500	34 min 凝固	不搅拌
1∶1∶1	150	550	1190 凝固	不搅拌

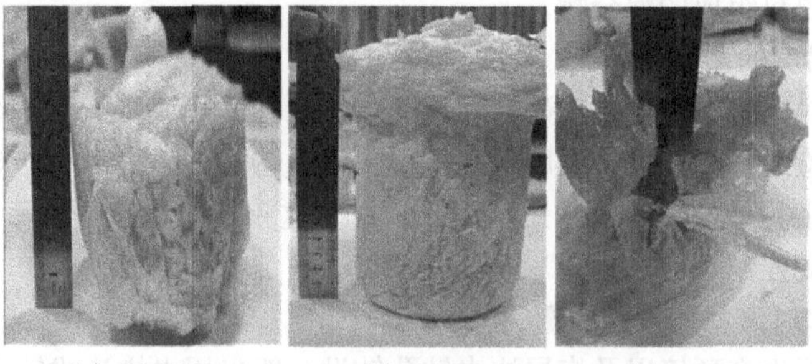

(a) 1:1:0.05　(b) 1:1:0.3　(c) 1:1:0.8

图8－7 水对聚氨酯性能的影响效果

（三）黑白料配比的影响

在其他条件都不改变的情况下，按不同的配比（白料和黑料的比例分别为1∶0.7、1∶0.9、1∶1～1.3）进行研究和试验，并对其进行了分析和整理。结果表明：配比为1∶1～1∶1.1时膨胀倍数最大，且混合后在短时间内就开始膨胀，在很短时间内又基本膨胀完毕（配比为1∶1.1时大约2 min）。考虑到采用人工进行封孔时会出现操作紧张、质量不高等现象，或者造成尚未送入孔内而报废的情况，配比为1∶1.25时膨胀倍数相对较小，但它的膨胀延续时间较长，一般都在混合后5 min才开始逐渐膨胀。因此，采用1∶1.25的配比进行人工封孔就有了足够的操作时间，是比较理想的配比。

（四）聚氨酯透气性研究

该测试是针对人工封孔工艺进行的，并参考了国内其他试验的有关数据。为测定封孔材料的透气性，特别制作了混凝土孔模型。试验测得的初始透气压力为0.9～1.7 MPa，且配比为1∶1.2较1∶0.9难以透气，试验中还发现透气部位大都发生在封孔材料与套管、孔壁或麻布的接触面上，这说明封孔材料本身的透气压力均大于所测数值。因此，可以认为用聚氨酯封孔工艺是比较可靠的，同时认定配比为1∶1.25是比较合适的。

二、聚氨酯封孔的模拟试验

为了验证聚氨酯泡沫封堵高压水的性能，对井下封孔方式进行模拟试验。试验选用4″PVC管为封孔管，管的前后两端各缠绕一定量的棉纱，以防止封孔药剂向钻孔内流失。封孔材料与管件如图8－8所示。将两种药剂按照配比配置成2 L混合溶液，利用地面压风管路，将快速搅拌均匀的混合溶液压注模拟试验钻孔中，试验效果如图8－9所示。经现场试验测量，1∶1.25配比配置的2 L混合溶液能达到的有效封孔长度为3.7 m，4 L混合溶液能达到的有效封孔长度为8.6 m。

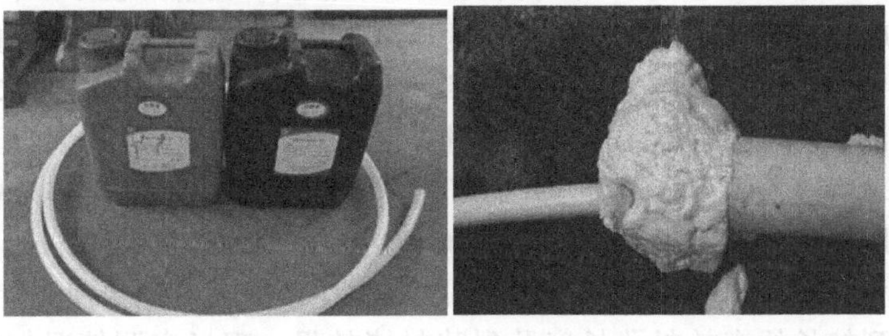

(a)　　(b)

图8－8　聚氨酯封孔的模拟试验

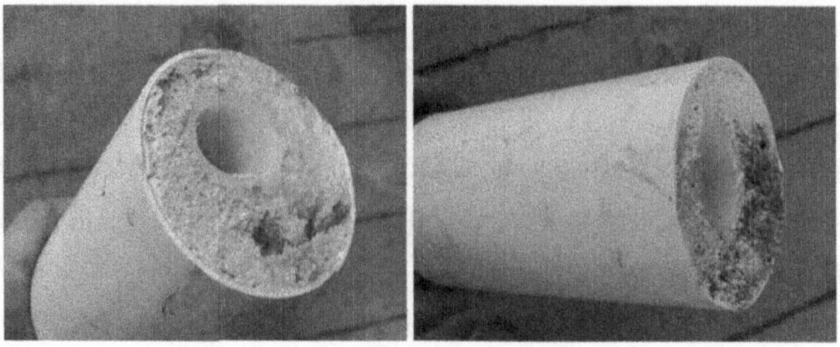

(a) (b)

图8-9 聚氨酯封孔的模拟试验效果

三、煤层高压注水快速封孔工艺

通过对煤岩应力特征及钻孔周围裂隙分布状态的分析，发现注水煤体所具有的流变特性对封孔效果有一定的影响，主要体现在：①若能够在扩孔后马上进行封孔作业，则可利用煤体的蠕变特性提高其封孔效果，否则将不易封孔；②由于煤体具有应力松弛现象，因此，若打好注水钻孔后不及时封孔，将导致钻孔堵塞。因此，从煤体的流变特性考虑，封孔作业的时间越短越好。根据上述聚氨酯材料性能测试以及借鉴现场大量实践经验，对于具有冲击地压危险性以及煤壁破碎程度较高，且布置有锚索支护措施的煤层注水钻孔，封孔长度至少达到 10 m 以上。为此，聚氨酯封孔袋封孔方式虽然具有较好的操作性与便捷性，但由于其受自身反应时间与离散性的封孔方式限制，不能达到较长的连续封孔距离。为了解决较破碎及锚索支护煤壁的长距离快速封孔问题，研究设计聚氨酯快速可控压注封孔方式，采用便捷的 ZBSS 型可控式注射仪，配合聚氨酯性能测试结果，实现长距离快速高效封孔。封孔方式布置示意如图 8-10 所示。

为此，具有冲击地压危险性或采用锚索加强支护的静压注水工作面设计封孔长度不应少于 10 m，然而对于冲击地压危险性煤层采用高压注水进行预裂防冲，容易导通锚索与煤体裂隙间的通路，造成煤壁漏水，影响注水效果。因此，针对该条件下的煤层注水工作，对煤层注水封孔长度与质量的要求更高，试验结果表明该条件下其封孔方式的有效封孔长度应不少于 15 m。现场应用实践表明，压注 4L 混合聚氨酯封孔材料有效封孔距离可达 8~10.5 m，裂隙有效封孔距离为 0.5~2 m，因此，采用 6L 以上压注量的聚氨酯快速可控压注封孔方式可达到较长的有效封孔长度及裂隙封堵效果。现场实测情况如图 8-11、图 8-12 所示。

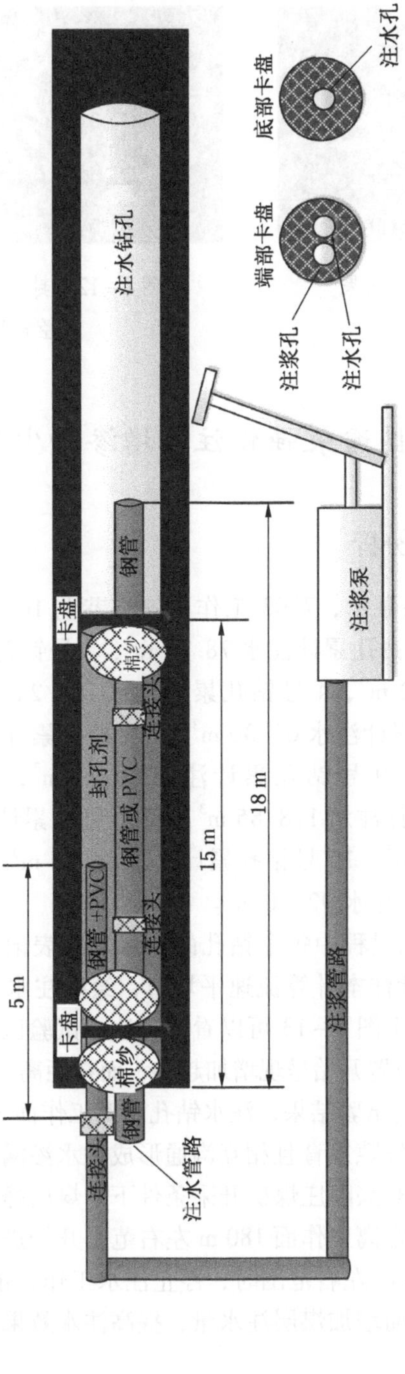

图8-10　封孔方式布置示意图

图8-11　封孔有效距离效果
（轴向10 m处）

图8-12　封孔有效封堵裂隙效果
（径向1.5 m处）

第四节　煤层分区逾裂强化注水增渗抑尘应用效果分析

一、煤层注水量记录分析

现场工业性试验结果显示，7303 工作面轨道巷前 16 个注水钻孔的煤层静压注水试验工作中，1 号钻孔累计注水 78.85 m^3，2 号钻孔累计注水 87.94 m^3，3 号钻孔累计注水 119.62 m^3，4 号钻孔累计注水 106.24 m^3，5 号钻孔累计注水 105.20 m^3，6 号钻孔累计注水 62.30 m^3，7 号钻孔累计注水 97.37 m^3，8 号钻孔累计注水 93.30 m^3，9 号钻孔累计注水 99.31 m^3，10 号钻孔累计注水 102.94 m^3，11 号钻孔累计注水 118.85 m^3，12 号钻孔累计注水 137.94 m^3，13 号钻孔累计注水 119.62 m^3，14 号钻孔累计注水 86.24 m^3，15 号钻孔累计注水 75.20 m^3，16 号钻孔累计注水 92.30 m^3。

依据 7303 工作面注水过程中每个钻孔的注水流量表记录当天注水流速，并以工作面推进 20 m 为统计样本计算流速平均值，绘制注水流速随采动影响变化规律，如图 8-13 所示。由图 8-13 可以看出，注水试验区域钻孔注水流速在钻孔距离工作面 180 m 左右位置开始呈现增加趋势，而在距离工作面 30～140 m 范围内增速较快。然而依据现场试验结果，注水钻孔距离工作面 30 m 左右时，煤体受到强烈的采动影响作用，裂隙发育且相互沟通形成注水渗漏通路，从而造成注水渗流速度虚高。因此，针对兴隆庄煤矿开采条件下的煤层静压注水工作应充分利用采动裂隙发育状态，在距离工作面 180 m 左右范围开始进行静压注水工作，当工作面开采至距离钻孔 30 m 左右范围时，停止注水工作，依靠煤层孔/裂隙的毛细作用进行润湿煤体，从而增加煤层注水量，提高注水效果。

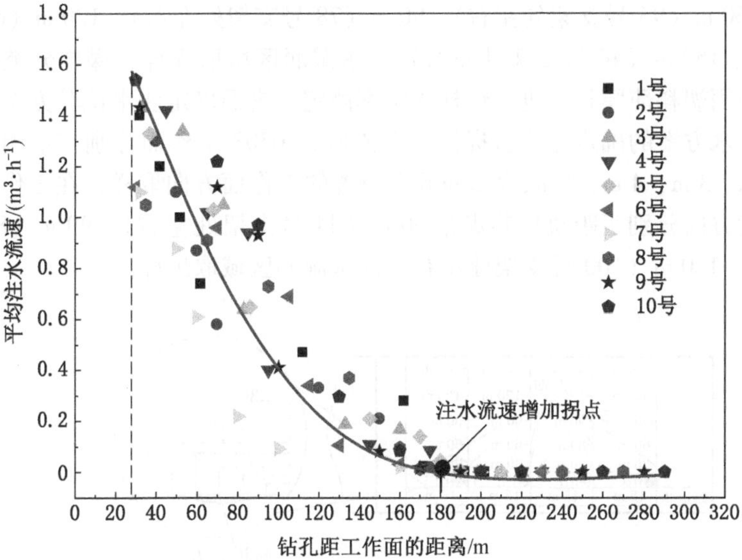

图 8-13 7303 工作面静压注水流速受采动影响变化规律

10303 工作面轨道巷前 9 个注水钻孔的煤层水力弱化增透注水试验工作中，1 号钻孔累计注水 168.85 m^3，2 号钻孔累计注水 186.94 m^3，3 号钻孔累计注水 189.62 m^3，4 号钻孔累计注水 166.24 m^3，5 号钻孔累计注水 178.20 m^3，6 号钻孔累计注水 204.6 m^3，7 号钻孔累计注水 215.37 m^3，8 号钻孔累计注水 203.3 m^3，9 号钻孔累计注水 159.31 m^3。

依据 10303 工作面煤层分区逾裂强化注水增渗实施过程中每个钻孔的注水流量记录，动压注水过程中煤层注水平均流速有了显著提高，较单独的静压注水方式，从微渗甚至不渗提高到 1.12 m^3/h。此外，经高压预裂增透后的注水钻孔进入动压区后其注水流速较单纯的静压注水有了一定的提高，也说明煤层高压增透注水对提高煤层注水流速与注水量，乃至提高注水防灾效果有着积极作用。

二、煤层注水湿润半径考察

根据工作面日推进速度以及现场工业性试验安排，当试验工作面推进至距离 1 号注水钻孔 20 m 时，对试验工作面进行煤体水分增量的现场取样与考察工作，如图 8-14 所示在注水钻孔两侧取样分析水分增加量，即注水湿润半径考察。7303 工作面分布在单侧距离钻孔 1 m、2 m、3 m、4 m、5 m 5 个位置的工作面方向取样，在工作面沿钻孔布置长度方向分别于距轨道巷煤帮 30 m（112 号支架处左右）、60 m（95 号支架处左右）、90 m（78 号支架处左右）、120 m（61 号支架处左右）、150 m（44 号支架处左右）注水湿润区域取煤样，煤样分类标记取样位置，并用塑料薄膜封存进行煤样含水率测定，进而确定注水试验方案的湿润半径，为注水方案的确定与完善提供可靠依据。10303 工作面分别在单侧距离钻孔 1 m、2 m、3 m、4 m、5 m、7.5 m 6 个位置的工作面方向取样，在工作面沿钻孔布置长度方向分别于距轨道巷煤帮 30 m（44 号支架处左右）、90 m（80 号支架处左右）、120 m（100 号支架处左右）注水湿润区域取煤样。

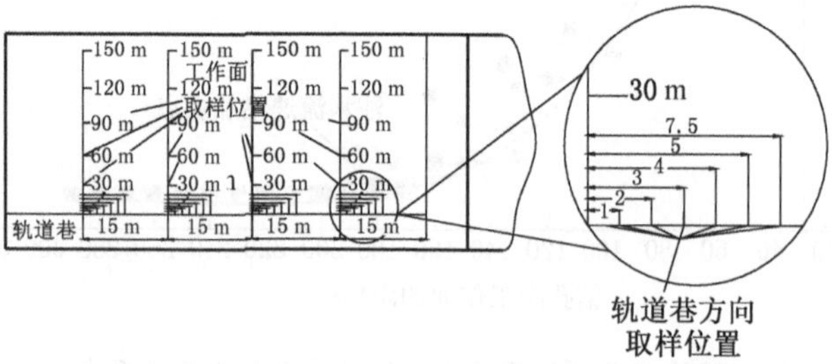

(a)

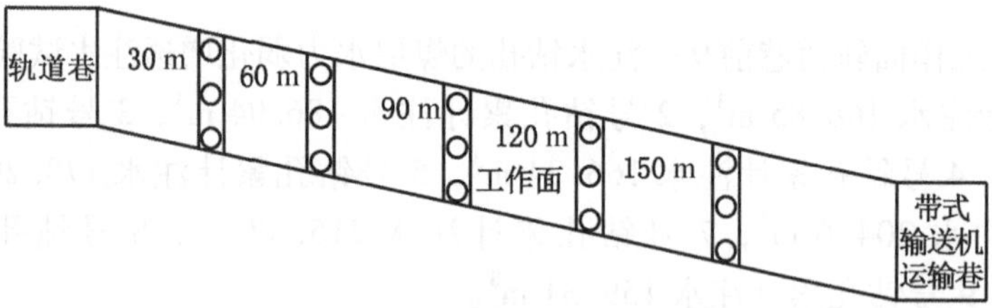

(b)

图 8－14　注水钻孔湿润半径考察示意图

以 1～3 号钻孔煤体含水率测定分析结果为例进行说明。10303 工作面经过煤层分区逾裂强化注水增渗工艺应用后，煤层含水率有了较快的增长。由图 8－15、图 8－16可以看出，2 号钻孔附近 12 m 范围，3 号钻孔一侧 8 m 范围取得了较好的润湿效果。通过对 7303 工作面注水区域内不同位置的煤体全水含量结合钻孔注水量分析可知，2 号、3 号注水钻孔湿润煤体效果较好，两者于 78 号支架处（距离轨道巷 90 m 左右）煤体含水量增加量均有较大提升。具体来说，2 号钻孔沿走向方向其以左 4 m，以东 4.5 m，工作面 90 m 区域之间的煤体湿润效果较好，含水量均增加 1% 以上；3 号钻孔沿走向方向 10 m 左右，工作面 120 m 左右区域之间的煤体湿润效果较好，含水量平均增加量为 1% ~3% 。

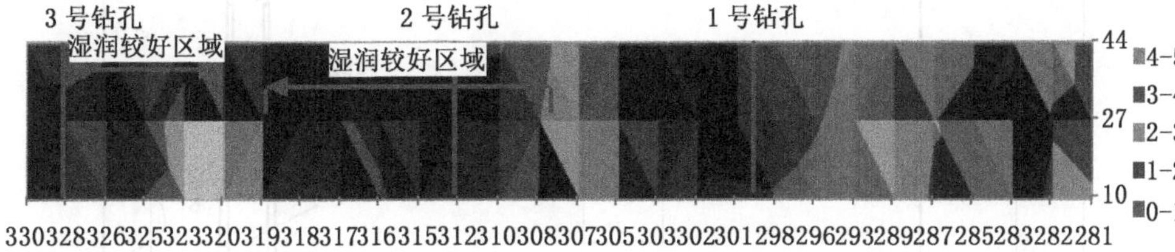

图 8－15　10303 工作面注水后煤体湿润效果示意图

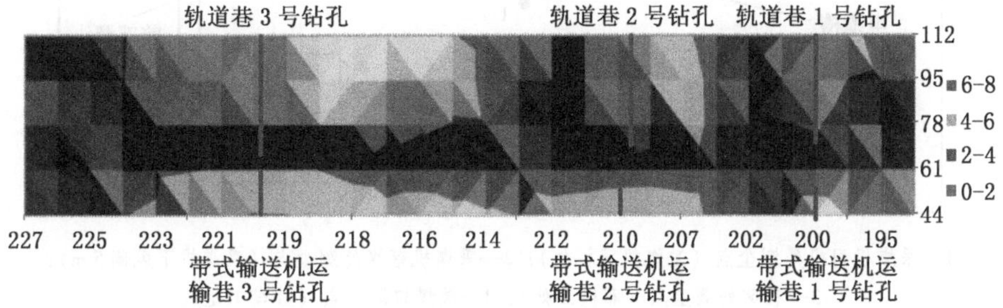

图 8－16　7303 工作面注水后煤体湿润效果示意图

通过上述分析可知，10303 工作面在煤层高压注水增透工艺技术的作用下其湿润半径为 6 ~8 m，为了达到最优的注水湿润效果，最终拟定注水钻孔间距为 12 m。7303 工作面采用静压注水湿润半径为 4 ~5 m，最终拟定注水钻孔间距为 8 m。

三、降尘效果

为了考察工作面注水工作效果，分别对 10303、7303 工作面注水区域与未注水区域的粉尘浓度进行测量对比分析。注水工作实施一段时间后，在未注水区域进行原始粉尘浓度现场测定，在工作面推进至注水区域进行粉尘浓度现场测定。利用滤膜计重法对综放工作面各主要生产工序的产尘浓度进行测定，同时采用滤膜计数法采集兴隆庄煤矿井下试验综放工作面不同生产工序的粉尘。

利用滤膜法采集兴隆庄煤矿井下综放工作面不同生产工序的粉尘时，每道工序（即每个粉尘样品）的采集时间不少于 5 min，而且在每次采集结束后应将粉尘滤膜包装、编号并记录清晰，测尘点布置如图 8－17 所示。

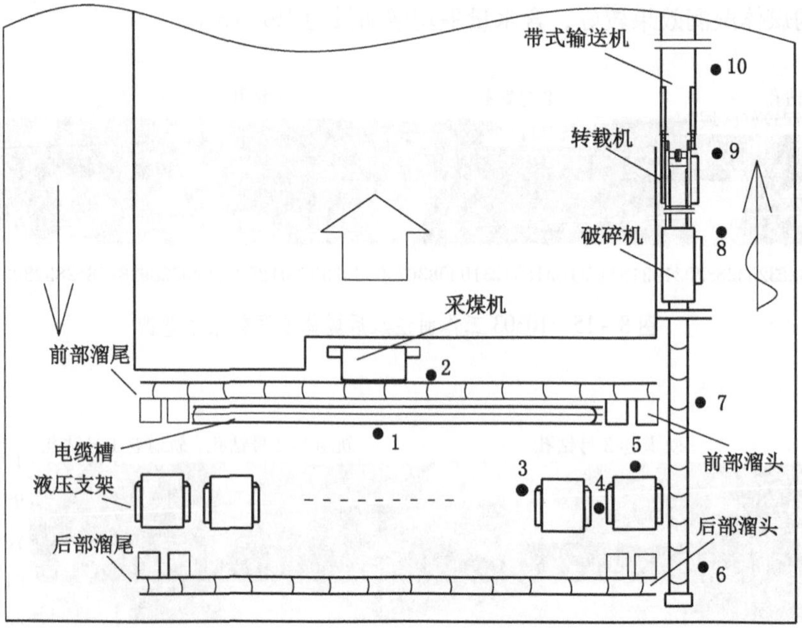

1—采煤机司机处测尘点（采煤机司机处）；2—采煤机落煤处测尘点（采煤机下风侧 5 m）；
3—移架处测尘点（移架工处）；4—放煤口测尘点（放煤工处）；
5—多工序处测尘点（溜头前 10 m 处）；6—后部溜头测尘点（后部溜头处）；
7—前部溜头测尘点（前部溜头处）；8—破碎机处测尘点（破碎机下风侧 5 m 左右）；
9—转载机处测尘点（转载机下风侧 5 ~ 10 m）；10—回风巷处测尘点（回风巷距工作面短头处）

图 8－17　综放工作面粉尘测尘点布置示意图

针对 7303 工作面注水区域与未注水区域的煤层注水降尘效果进行测定。由表 8－2 ~ 表 8－4、图 8－18 ~ 图 8－22 可以看出，1 号钻孔煤体平均含水率为 3.21%，增水量为 1.03%，相对应的落煤、移架等高浓度粉尘作业环节降尘率达到 22.66%、27.89%，放煤处的降尘率最大为 25.74%；2 号钻孔煤体平均含水率为 3.99%，增水量为 1.81%，相对应的落煤、移架等高浓度粉尘作业环节降尘率达到 25.20%、27.70%，移架处的降尘率最高；3 号钻孔煤体平均含水率为 4.16%，增水量为 1.97%，相对应的落煤、移架等高浓度粉尘作业环节降尘率达到 27.96%、30.76%，降尘效果最佳的工序仍为移架处。由此可见，煤层静压注水工艺，通过孔/裂隙的渗透、静压稳态渗流以及毛细管吸收、吸附作用，对煤体湿润取得一定的抑尘效果，不仅湿润了原生煤尘，而且软化了煤体，对于截割、落煤、移架、放煤等高浓度粉尘的产生环节起到积极的抑制作用，降尘效果显著。

表8-2　7303工作面1号钻孔各主要生产工序粉尘浓度记录

工序	测定部位	注水前测定结果/(mg·m^{-3})			注水后测定结果/(mg·m^{-3})			降尘率/%		
		呼吸性	非呼吸性	全尘	呼吸性	非呼吸性	全尘	呼吸性	非呼吸性	全尘
落煤	下风侧10 m	185.4	249.75	435.15	139.95	196.6	336.55	24.51	21.28	22.66
司机处	司机作业处	156.6	216.65	373.25	128.3	189.15	317.45	18.07	12.69	14.95
移架	司机作业回风侧3m处	118.3	299.95	418.25	93.3	208.3	301.6	21.13	30.56	27.89
放顶煤	司机作业回风侧3m处	99.1	204.7	303.8	68.3	157.3	225.6	31.08	23.16	25.74
多工序	溜头前43 m处	125.83	163.33	289.16	92.45	127.95	220.4	26.53	21.66	23.78
前部溜头	前部溜头	91.67	190	281.67	75.9	147.5	223.4	17.20	22.37	20.69
后部溜头	后部溜头	66.67	94.17	160.84	51.7	76.1	127.8	22.45	19.19	20.54
破碎机	破碎机回风侧3 m	47.5	90	137.5	36.35	68.7	105.05	23.47	23.67	23.60
转载	转载机回风侧3 m	52.5	79.17	131.67	41.15	57.2	98.35	21.62	27.75	25.31
回风巷	回风巷30 m处	28.33	50	78.33	21	37.2	58.2	25.87	25.60	25.70

表8-3　7303工作面2号钻孔各主要生产工序粉尘浓度记录

工序	测定部位	注水前测定结果/(mg·m^{-3})			注水后测定结果/(mg·m^{-3})			降尘率/%		
		呼吸性	非呼吸性	全尘	呼吸性	非呼吸性	全尘	呼吸性	非呼吸性	全尘
落煤	下风侧10 m	185.4	249.75	435.15	132.5	193	325.5	28.53	22.72	25.20
司机处	司机作业处	156.6	216.65	373.25	113.3	194.15	307.45	27.65	10.39	17.63
移架	司机作业回风侧3m处	118.3	299.95	418.25	109.95	192.45	302.4	7.06	35.84	27.70

表8-3（续）

工序	测定部位	注水前测定结果/($mg \cdot m^{-3}$)			注水后测定结果/($mg \cdot m^{-3}$)			降尘率/%		
		呼吸性	非呼吸性	全尘	呼吸性	非呼吸性	全尘	呼吸性	非呼吸性	全尘
放顶煤	司机作业回风侧3m处	99.1	204.7	303.8	72.3	152.45	224.75	27.04	25.53	26.02
多工序	溜头前30 m处	125.83	163.33	289.16	68.5	152.15	220.65	45.56	6.85	23.69
前部溜头	前部溜头	91.67	190	281.67	66.65	155.25	221.9	27.29	18.29	21.22
后部溜头	后部溜头	66.67	94.17	160.84	54.65	76.4	131.05	18.03	18.87	18.52
破碎机	破碎机回风侧3 m	47.5	90	137.5	32.9	65.1	98	30.74	27.67	28.73
转载	转载机回风侧3 m	52.5	79.17	131.67	43.5	65.25	108.75	17.14	17.58	17.41
回风巷	回风巷30 m处	28.33	50	78.33	20.3	38.2	58.5	28.34	23.60	25.32

表8-4　7303工作面3号钻孔各主要生产工序粉尘浓度记录

工序	测定部位	注水前测定结果/($mg \cdot m^{-3}$)			注水后测定结果/($mg \cdot m^{-3}$)			降尘率/%		
		呼吸性	非呼吸性	全尘	呼吸性	非呼吸性	全尘	呼吸性	非呼吸性	全尘
落煤	下风侧10 m	185.4	249.75	435.15	110.5	203	313.5	40.40	18.72	27.96
司机处	司机作业处	156.6	216.65	373.25	123.3	170.75	294.05	21.26	21.19	21.22
移架	司机回风侧3m处	118.3	299.95	418.25	81.12	208.47	289.59	31.43	30.50	30.76
放顶煤	放煤回风侧3m处	99.1	204.7	303.8	67.3	151.8	219.1	32.09	25.84	27.88

表 8-4（续）

工序	测定部位	注水前测定结果/(mg·m^{-3})			注水后测定结果/(mg·m^{-3})			降尘率/%		
		呼吸性	非呼吸性	全尘	呼吸性	非呼吸性	全尘	呼吸性	非呼吸性	全尘
多工序	溜头前 30 m 处	125.83	163.33	289.16	80.5	132.15	212.65	36.02	19.09	26.46
前部溜头	前部溜头	91.67	190	281.67	70.75	145.25	216	22.82	23.55	23.31
后部溜头	后部溜头	66.67	94.17	160.84	49.75	69.1	118.85	25.38	26.62	26.11
破碎机	破碎机回风侧 3 m	47.5	90	137.5	32.9	65.1	98	30.74	27.67	28.73
转载	转载机回风侧 3 m	52.5	79.17	131.67	47.1	62.65	109.75	10.29	20.87	16.65
回风巷	回风巷 30 m 处	28.33	50	78.33	22.2	36.7	58.9	21.64	26.60	24.81

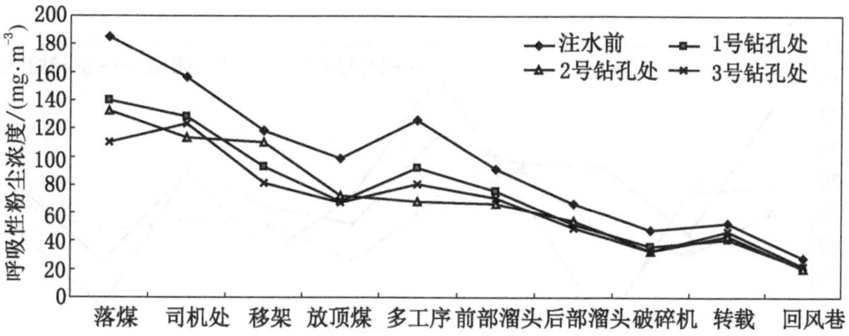

图 8-18　呼尘浓度测定对比分析

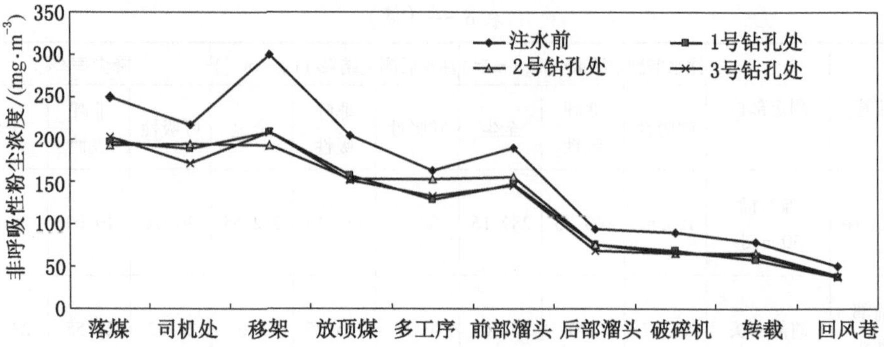

图 8-19 非呼吸性粉尘浓度测定对比分析

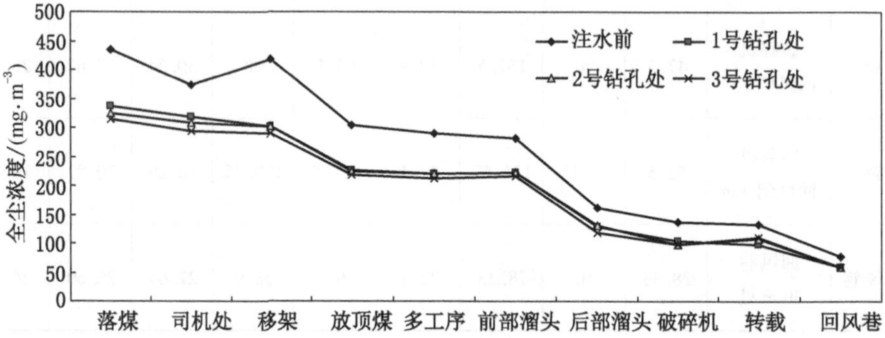

图 8-20 全尘浓度测定对比分析

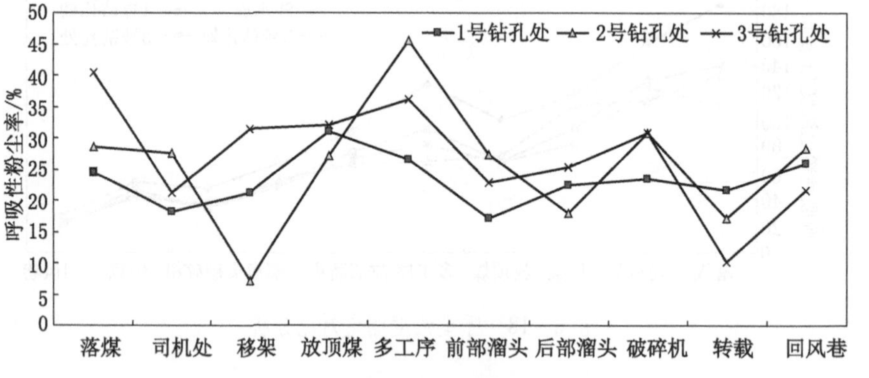

图 8-21 不同注水钻孔呼尘降尘率对比

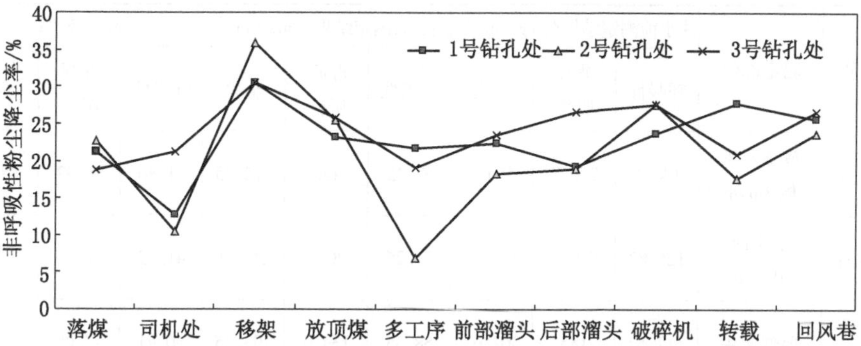

图 8-22　不同注水钻孔非呼吸性粉尘降尘率对比

10303 工作面采用分区弱化增透注水工艺，为了考察期注水效果，对注水区域与未注水区域的煤层开采粉尘浓度进行现场测定。结果见表 8-5～表 8-7，根据粉尘现场测定数据绘制不同测点粉尘浓度分布折线，如图 8-23～图 8-29 所示。采用煤层分区逾裂强化注水增渗工艺方案进行煤层注水后，工作面现场的粉尘浓度明显减少。1～3 号注水钻孔区域现场全尘平均降尘效率分别为 38.96%、54.08%、52.69%，呼吸性粉尘的平均降尘效率为 45.93%、56.31%、54.26%，而 7303 工作面采取传统煤层静压注水工艺下的 1～3 号注水钻孔全尘平均降尘效率分别为 25.39%、23.14%、23.0%，呼吸性粉尘的平均降尘效率为 27.21%、25.74%、23.19%。通过对比可以看出，煤层分区逾裂强化注水增渗工艺取得了较好的注水防尘效果。因此，采取煤层分区逾裂强化注水增渗工艺对矿井的防尘工作起到了积极有效的作用。

表 8-5　10303 工作面 1 号钻孔区域测尘数据

工序	测定部位	注水前测定结果/(mg·m^{-3})			注水后测定结果/(mg·m^{-3})			降尘率/%		
		呼吸性	非呼吸性	全尘	呼吸性	非呼吸性	全尘	呼吸性	非呼吸性	全尘
落煤	下风侧 10 m	144.4	250.75	395.15	84.6	148	232.6	41.41	40.98	41.14
司机处	司机作业处	156.6	246.65	403.25	78.05	170.15	248.2	50.16	31.02	38.45
移架	司机回风侧 3m 处	138.3	262.95	401.25	63.8	161.6	225.4	53.87	38.54	43.83

表8-5（续）

工序	测定部位	注水前测定结果/(mg·m^{-3})			注水后测定结果/(mg·m^{-3})			降尘率/%		
		呼吸性	非呼吸性	全尘	呼吸性	非呼吸性	全尘	呼吸性	非呼吸性	全尘
放顶煤	放煤回风侧3m处	140.1	270.7	410.8	67.45	145.3	212.75	51.86	46.32	48.21
多工序	溜头前30 m处	125.83	213.34	339.17	73.25	130.65	203.9	41.79	38.76	39.88
前部溜头	前部溜头	117.67	185	302.67	58.35	134.9	193.25	50.41	27.08	36.15
后部溜头	后部溜头	106.67	176.16	282.83	58.2	133.75	191.95	45.44	24.07	32.13
破碎机	破碎机回风侧3 m	98.5	195	293.5	50.9	131.75	182.65	48.32	32.44	37.77
转载	转载机回风侧3 m	133.5	248.17	381.67	78.5	132.65	211.15	41.20	46.55	44.68
回风巷	回风巷30 m处	137.33	148	285.33	89.45	117.7	207.15	34.86	20.47	27.40

表8-6 10303工作面2号钻孔区域测尘数据

工序	测定部位	注水前测定结果/(mg·m^{-3})			注水后测定结果/(mg·m^{-3})			降尘率/%		
		呼吸性	非呼吸性	全尘	呼吸性	非呼吸性	全尘	呼吸性	非呼吸性	全尘
落煤	下风侧10 m	144.4	250.75	395.15	54.6	118	172.6	62.19	52.94	56.32
司机处	司机作业处	156.6	246.65	403.25	63.05	125.15	188.2	59.74	49.26	53.33
移架	司机回风侧3m处	138.3	262.95	401.25	63.8	111.6	175.4	53.87	57.56	56.29
放顶煤	放煤回风侧3m处	140.1	270.7	410.8	57.45	135.3	192.75	58.99	50.02	53.08
多工序	溜头前30 m处	125.83	213.34	339.17	53.25	110.65	163.9	57.68	48.13	51.68

表 8－6（续）

工序	测定部位	注水前测定结果/（mg·m^{-3}）			注水后测定结果/（mg·m^{-3}）			降尘率/%		
		呼吸性	非呼吸性	全尘	呼吸性	非呼吸性	全尘	呼吸性	非呼吸性	全尘
前部溜头	前部溜头	117.67	185	302.67	54.35	88.9	143.25	53.81	51.95	52.67
后部溜头	后部溜头	106.67	176.16	282.83	58.2	73.75	131.95	45.44	58.13	53.35
破碎机	破碎机回风侧 3 m	98.5	195	293.5	40.9	77.75	118.65	58.48	60.13	59.57
转载	转载机回风侧 3 m	133.5	248.17	381.67	58.5	122.65	181.15	56.18	50.58	52.54
回风巷	回风巷 30 m 处	137.33	148	285.33	59.45	77.7	137.15	56.71	47.50	51.93

表 8－7　10303 工作面 3 号钻孔区域测尘数据

工序	测定部位	注水前测定结果/（mg·m^{-3}）			注水后测定结果/（mg·m^{-3}）			降尘率/%		
		呼吸性	非呼吸性	全尘	呼吸性	非呼吸性	全尘	呼吸性	非呼吸性	全尘
落煤	下风侧 10 m	144.4	250.75	395.15	54.7	107.9	162.6	62.12	56.97	58.85
司机处	司机作业处	156.6	246.65	403.25	63.25	114.05	177.3	59.61	53.76	56.03
移架	司机回风侧 3m 处	138.3	262.95	401.25	56.8	104.6	161.4	58.93	60.22	59.78
放顶煤	放煤回风侧 3m 处	140.1	270.7	410.8	47.45	124.3	171.75	66.13	54.08	58.19
多工序	溜头前 30 m 处	125.83	213.34	339.17	53.25	109.65	162.9	57.68	48.60	51.97
前部溜头	前部溜头	117.67	185	302.67	68.35	94.9	163.25	41.91	48.70	46.06
后部溜头	后部溜头	106.67	176.16	282.83	62.2	69.25	131.45	41.69	60.69	53.52
破碎机	破碎机回风侧 3 m	98.5	195	293.5	48.9	109.75	158.65	50.36	43.72	45.95

表 8-7（续）

工序	测定部位	注水前测定结果/(mg·m^{-3})			注水后测定结果/(mg·m^{-3})			降尘率/%		
		呼吸性	非呼吸性	全尘	呼吸性	非呼吸性	全尘	呼吸性	非呼吸性	全尘
转载	转载机回风侧 3 m	133.5	248.17	381.67	58.5	112.65	171.15	56.18	54.61	55.16
回风巷	回风巷 30 m 处	137.33	148	285.33	71.45	95.7	167.15	47.97	35.34	41.42

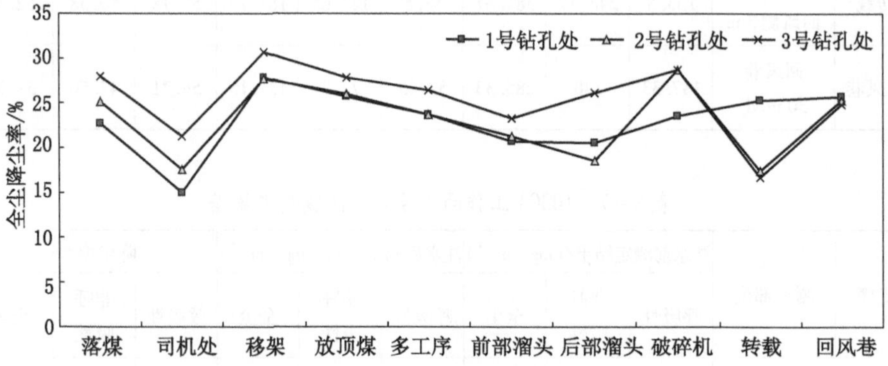

图 8-23　不同注水钻孔全尘降尘率对比

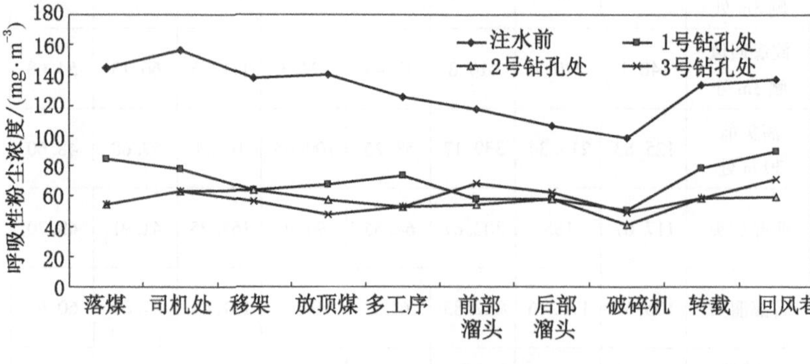

图 8-24　呼吸性粉尘浓度测定对比分析

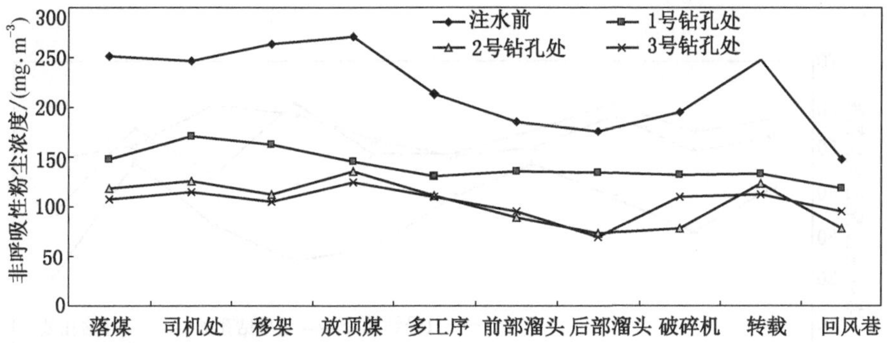

图 8-25　非呼吸性粉尘浓度测定对比分析

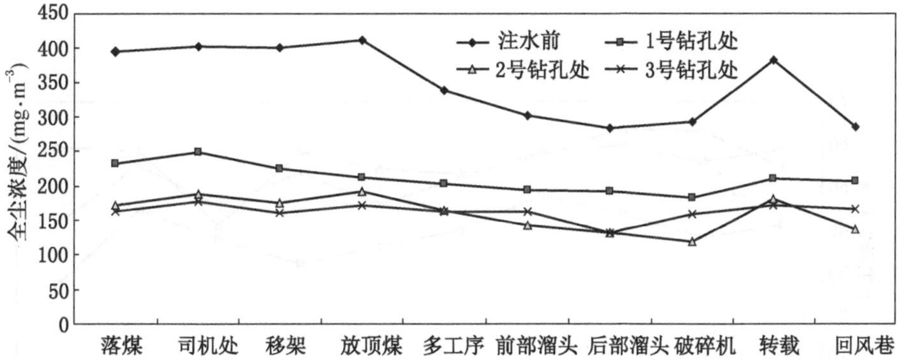

图 8-26　全尘浓度测定对比分析

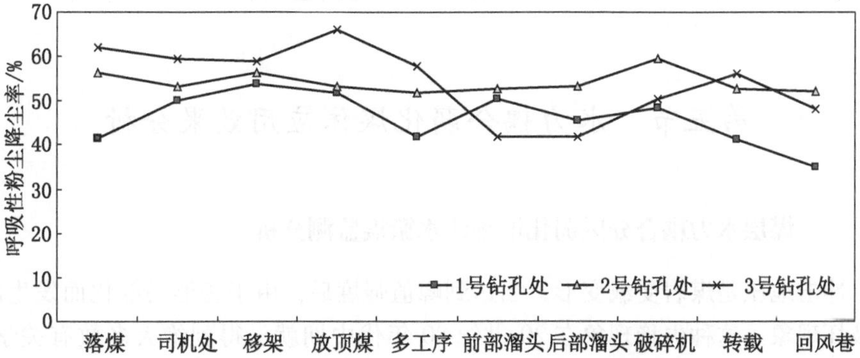

图 8-27　不同注水钻孔呼吸性粉尘降尘率对比

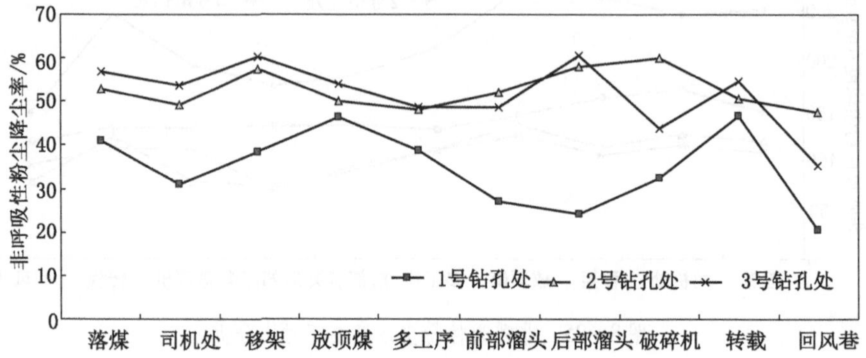

图 8-28　不同注水钻孔非呼吸性粉尘降尘率对比

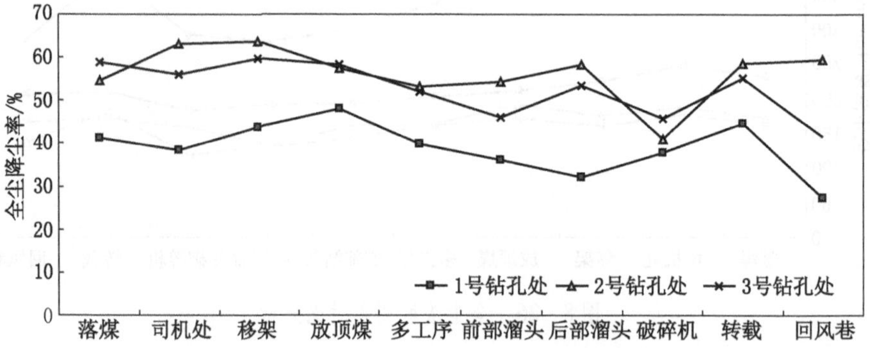

图 8-29　不同注水钻孔全尘降尘率对比

第五节　水力耦合弱化煤体应用效果分析

一、煤层水力耦合分区弱化增透注水微震监测分析

冲击地压是煤岩受载变形，当达到峰值强度后，由于变形局部化而发生的失稳破坏现象。这种失稳现象在 20 世纪 80 年代中期就已得到绝大多数有关学者、专家的认同，即煤岩破坏的绝大多数情况是不会发生冲击地压的，只有在发生失稳破坏时才会发生冲击地压。冲击地压与煤岩层的破坏形式有关，这与矿井发生

冲击地压的实际情况完全吻合。井下煤岩体是经常地甚至是随时地发生不同程度的破坏，但不发生冲击地压，只有在煤岩变形处于非稳定状态失稳破坏时才发生冲击地压。因而对煤层注水就是通过增加煤层含水率或煤层中水的饱和度来改变煤岩变形状态，使其不发生失稳破坏，从而避免冲击地压的发生。

为了检验兴隆庄煤矿煤层注水在防治冲击地压方面的效果，采用 SOS 微震系统对煤层静压注水以及煤层高压增透注水工作开展以来部分注水工作面的震动次数及能量进行监测，以从不同的角度考察煤层注水的防冲效果。图 8－30 为 SOS 微震系统工作结构图。总之，震动现象是由于矿山开采使岩层产生应力－应变过程的动力现象。分析震动集中区域，预测震动趋势，选择最优防治措施，最重要、最基础的一条就是对震源进行定位和能量计算。采矿微震监测主要记录矿山震动，对其进行有目的性的解释和应用，分析和利用这些有用的信息，对矿山冲击矿压危险进行预测和预报。

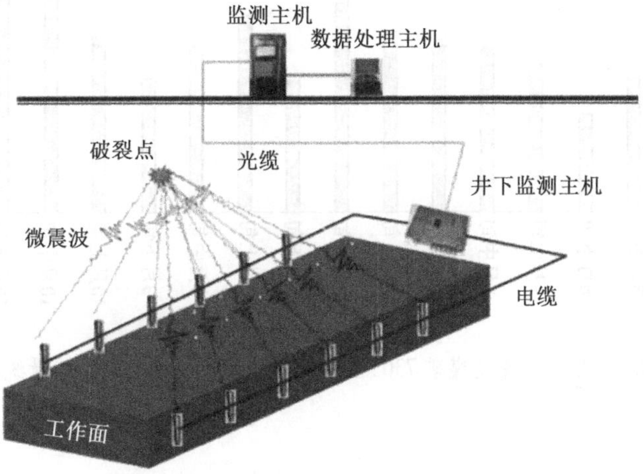

图 8－30 SOS 微震系统工作结构图

由图 8－31～图 8－33 可以看出，工作面于 8 月左右开始采取静压注水后，工作面震动次数有了一定提高，且释放的总能量在波动中略有升高，静压注水工作开始之前，工作面总震动次数为 485 次，释放总能量为 734416.04 J，平均震动级别为 0.90 级；工作面采取静压注水工作后，工作面总震动次数为 811 次，释放总能量为 1027570.61 J，平均震动级别为 0.81 级。总体而言，工作面震动次数约增加了 1.67 倍，释放能量增加了 1.39 倍，震动级别降低了 9.95%，取得了一定的注水防冲效果。

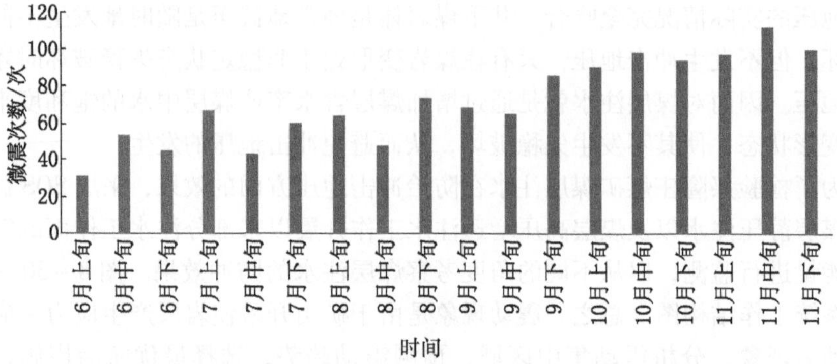

图 8-31　兴隆庄煤矿 7303 工作面采取静压注水后震动次数统计

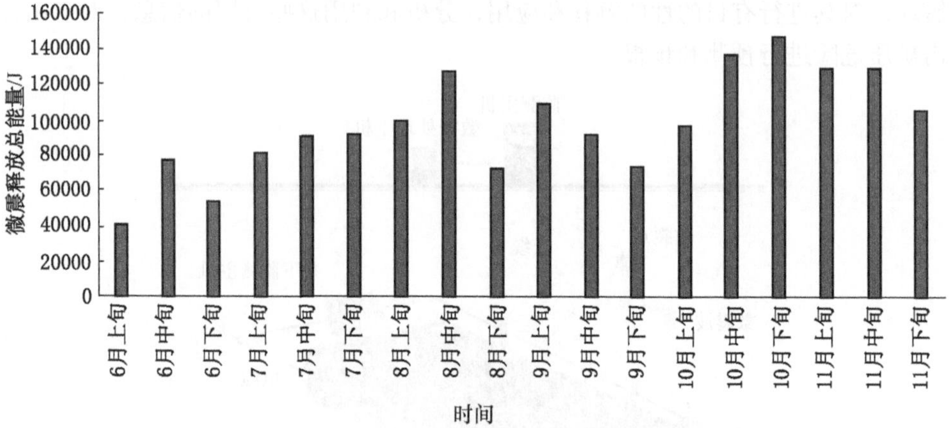

图 8-32　兴隆庄煤矿 7303 工作面采取静压注水后震动能量统计

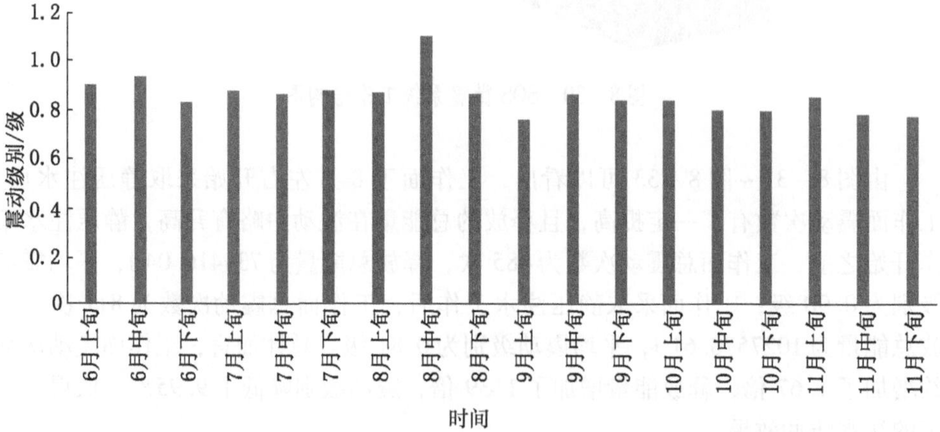

图 8-33　兴隆庄煤矿 7303 工作面采取静压注水后震动级别统计

进一步对采用煤层分区逾裂强化注水增渗工艺后工作面的微震监测数据进行统计分析，如图 8－34～图 8－36 所示，对比分析不同注水方式对地应力作用下煤层蓄能的影响情况。

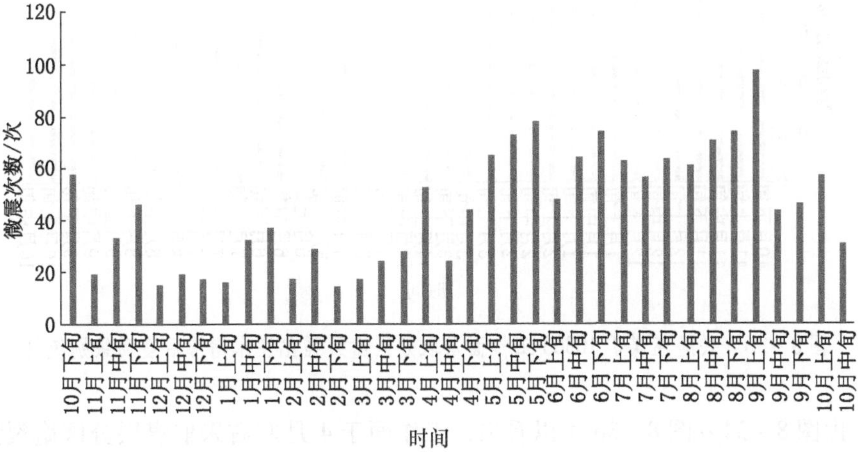

图 8－34 兴隆庄煤矿 10303 工作面分区采取水力弱化增透注水后震动次数统计

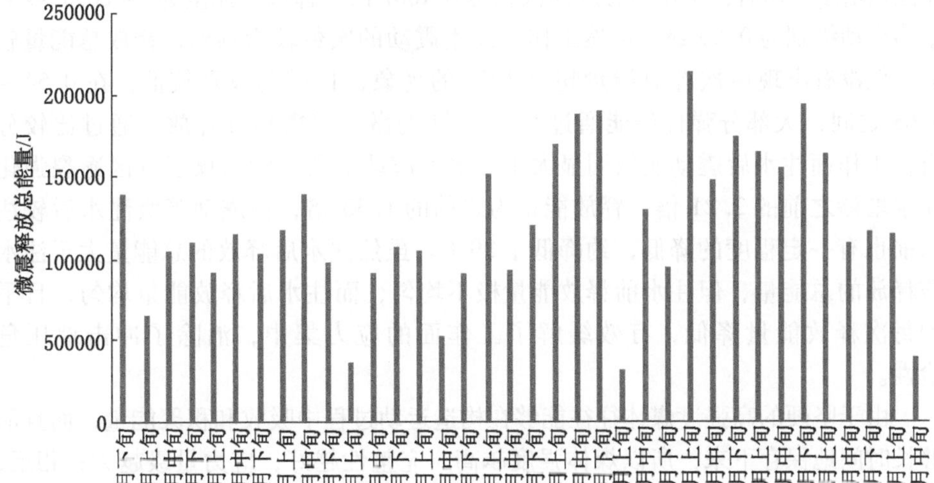

图 8－35 兴隆庄煤矿 10303 工作面分区采取水力弱化增透注水后震动能量统计

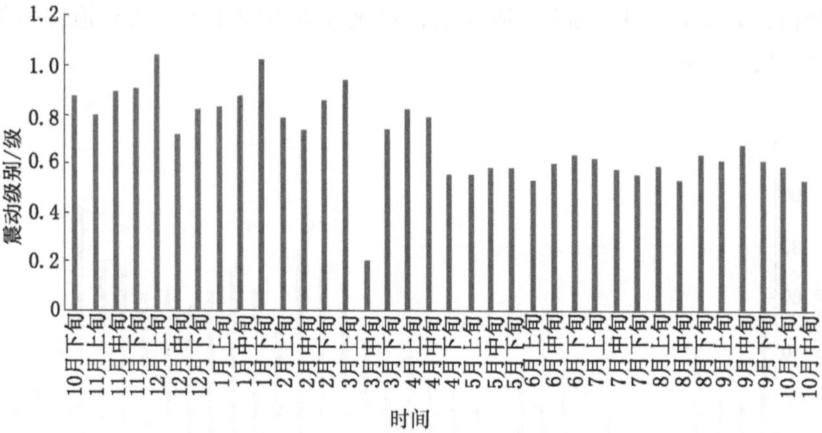

图 8－36　兴隆庄煤矿 10303 工作面采取分区逾裂强化注水增渗后震动级别统计

由图 8－34～图 8－36 可以看出，工作面于 4 月左右采取煤层分区逾裂强化注水增渗后，工作面频繁震动，且释放的总能量也在波动变化中呈现增加趋势，工作面采取煤层分区逾裂强化注水增渗工作前，工作面总震动次数为 485 次，释放总能量为 1805465.04 J，平均震动级别为 0.97 级；工作面采取煤层分区逾裂强化注水增渗工作后，工作面总震动次数达到 1067 次，释放总能量为 2406690.44 J，平均震动级别为 0.59 级。虽然工作面发生震动的次数较为频繁，释放总能量较大，但没有出现单次释放能量超过 10^3 J 的现象，且震动级别较低，在 0.54～0.68 之间，大部分弹性势能通过小于 10^3 J 的微、弱震动被释放。通过比较分析，工作面注水后震动次数明显大于注水前震动次数，约为煤层分区逾裂强化注水增渗之前的 2.21 倍，释放能量为之前的 1.33 倍，但震动等级注水后较注水前也有一定程度的降低，约降低了 39%。虽然注水后释放的总能量大于注水前释放的总能量，但注水前释放能量极不均匀，而注水后释放能量均匀，且平均每次释放能量降低，有效缓解了工作面的应力集中，消除了冲击地压危险性。

由于坚硬的高强度煤体往往能够在构造运动过程中吸收和积聚能量，而且能够长时间地保存下来，所以煤体强度越高，完整性越好，应力量级越大；相反，煤体松软或强度低，或者强度虽然高但是已遭到破坏，积聚能量的能力很弱，即使积聚了能量也很容易在长时间的流变过程中释放掉。根据煤体力学性质，通过煤层分区逾裂强化注水增渗使煤体产生逾裂损伤，破碎煤体，改变煤层冲击能量的释放规律，进而实现冲击能量在有效的时间和空间范围内进行释放。同时，采煤工作面中由煤层弹性势能释放引起的冲击地压发生在采场四周高应力集中的部位，工作面距离震源部位越近，震动性冲击破坏及相应事故的危险越大；相反，工作面距震源距离越远，震源吸收弹性能的“缓冲带”宽度越大，则震动型冲击破坏及相关事故的威胁将越小。因此，在工作面推进过程中，采取预注水措施扩大缓冲带宽度，减少冲击地压，特别是减少震动性破坏的威胁是十分有效的。

二、煤层分区逾裂强化注水对工作面应力分布的影响分析

孔隙水压对煤岩的物理力学作用主要表现在静水压力的有效应力作用和动水压力的冲刷作用。静水压力是由水的自重产生的孔隙水压，包括静水和一般渗流情况；动水压力是由外界或煤岩的变形趋势引起的孔隙水压，其共同产生的效应包括浮托效应、渗压效应、渗透潜蚀和水力冲刷等。此外，高压水作为一种动水压力，对煤岩产生挤入、劈裂等破坏作用，影响岩石的稳定程度，促使煤岩裂隙扩展，加速煤岩变形破坏，从而改变裂隙的孔隙度和压缩系数。特别是应力与高孔隙水压的叠加作用，引起煤岩裂隙劈裂扩展、剪切变形和位移，增加煤岩中结构面的孔隙度和连通性，从而增加了煤岩的渗透率，使其渗透性能发生变化。在上述作用的影响下，高压水在扩展煤岩裂隙、改善煤层渗透性能的同时，也带来了煤岩整体性破坏以及静水压力与动水压力共同作用下的煤岩强度变化。

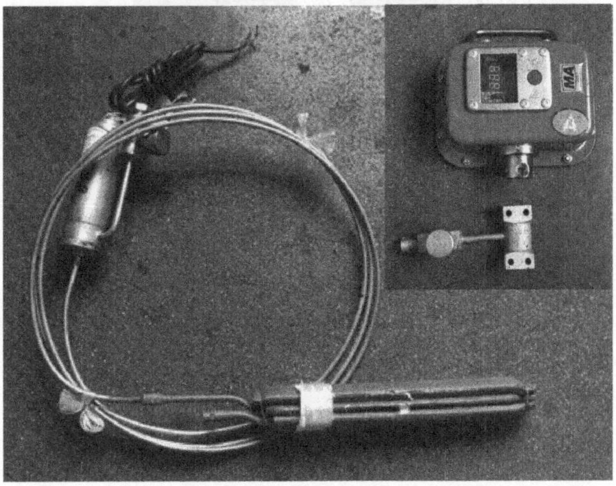

图 8－37　钻孔应力计与压力传感系统

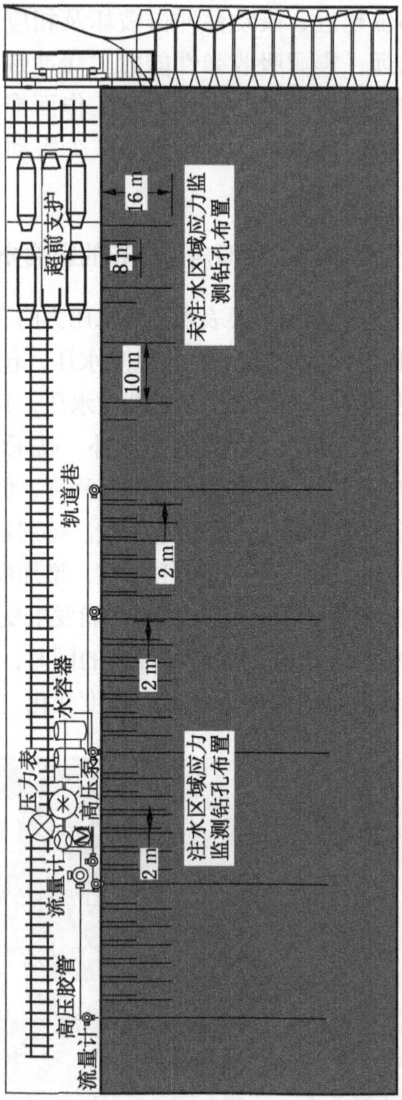

图8-38 煤岩应力监测布置示意图

钻孔应力计（图8－37）用于煤矿井下开采超前应力或煤柱承载力监测，采用一体化应变传感器，内置变送器，进行定点区域性监测，具有体积小、易于技术实施、结构简单、性能可靠、灵敏度和精度高、安装使用方便等特点，通过数显仪表进行人工检测，可直接读出应力值。利用工作面应力计监测装置，对注水作用下煤岩的应力变化规律进行实时监测，以分析煤层注水后煤岩承载应力的变化情况，同时对未注水区域进行选择性应力监测，并与注水区域进行对比分析。未注水区域布设应力计钻孔长度分别为16 m、8 m，应力计布设间距为10 m，监测未注水区域煤岩应力随采动作业的变化规律；注水区域的应力计布设围绕注水区域及注水钻孔进行布置，且长孔与短孔监测相间布置，间隔为2 m一组，具体布置如图8－38所示。

由图8－39与图8－40可以看出，未注水区域煤层所受相对应力峰值在7～8 MPa范围内，且较多地发生在距离工作面30～40 m处，采动应力影响范围可达120～180 m。而注水区域煤层应力监测数据显示，其所受应力有所降低，且应力集中峰值向远离工作面煤壁方向推移，具体而言，注水区域煤层峰值应力大多发生在50～80 m范围内，较未注水条件下远离工作面方向推移了20～40 m，增加了煤层塑性变形区，缓解了区域应力集中的危险程度。此外，由图8－39、图8－40还可以看出，注水后煤岩强度降低，在同等地应力作用下，更容易发生阶段性破坏，出现阶段阵发性应力变化情况，采动应力影响范围可达120～180 m，从而有效缓解了煤岩应力势能的积聚现象，避免了高应力集中危险的发生，起到了较好的预防冲击地压效果。

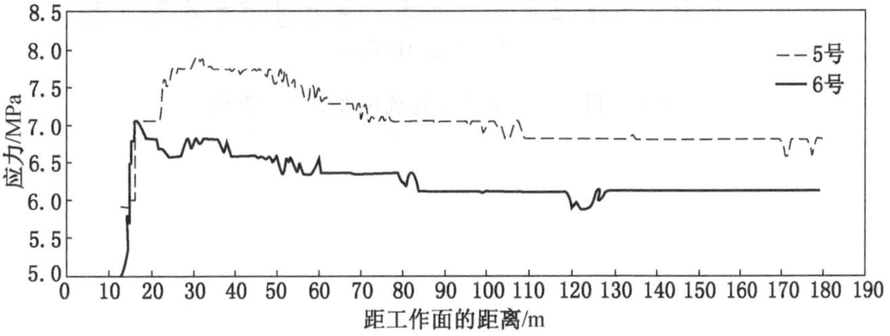

图8－39　工作面未注水区域应力变化分布

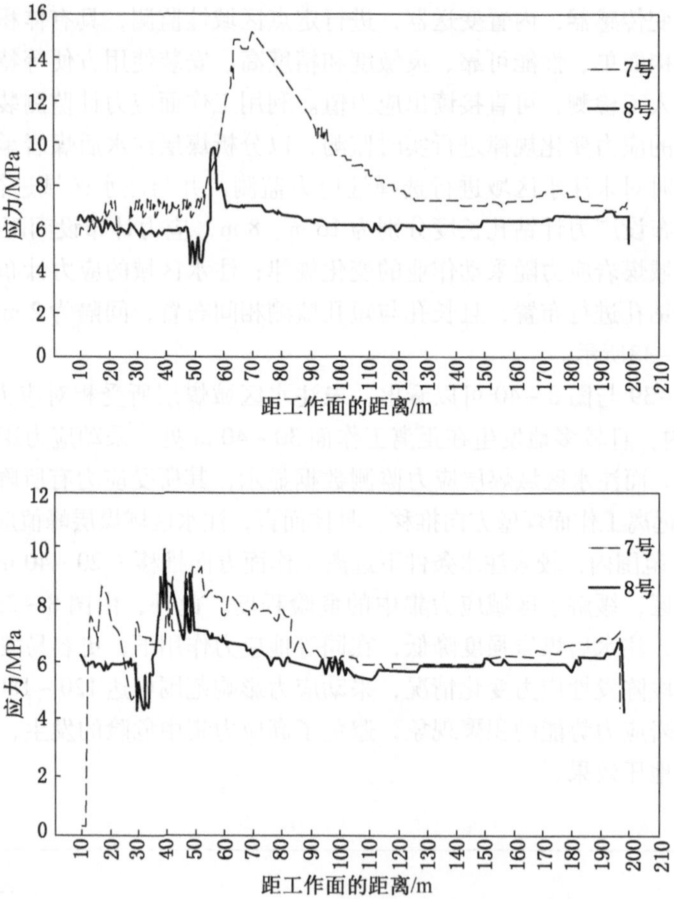

图 8-40　工作面注水区域应力变化分布图

参 考 文 献

[1] 中华人民共和国自然资源部．中国矿产资源报告 2020 [M]．北京：地质出版社，2020.
[2] 孟远，谢东海，苏波，等．2010—2019 年全国煤矿生产安全事故统计与现状分析 [J]．矿业工程研究，2020，35 (4)：27 - 33.
[3] 金龙哲．我国作业场所粉尘职业危害现状与对策分析 [J]．安全，2020，41 (1)：1 - 6.
[4] 张延松．煤层注水对治理煤矿井下灾害的重要作用 [J]．中州煤炭，1994，(1)：16 - 19.
[5] 吴国友，刘奎，郭胜均，等．综放面特殊煤层的注水降尘研究 [J]．采矿与安全工程学报，2008，25 (1)：99 - 103.
[6] 聂百胜，何学秋，王恩元，等．煤吸附水的微观机理 [J]．中国矿业大学学报，2004，33 (4)：379 - 383.
[7] 秦文贵，张延松．煤孔隙分布与煤层注水增量的关系 [J]．煤炭学报，2000，25 (5)：514 - 517.
[8] 张延松．煤层注水湿润煤体的研究 [J]．煤炭学报，1995 (S1)：1 - 7.
[9] 王青松，金龙哲，孙金华．煤层注水过程分析和煤体润湿机理研究 [J]．安全与环境学报，2004，4 (1)：70 - 73.
[10] 茅献彪，陈占清，徐思朋，等．煤层冲击倾向性与含水率关系的试验研究 [J]．岩石力学与工程学报，2001，20 (1)：49 - 52.
[11] 陈荣华，钱鸣高，缪协兴．注水软化法控制厚硬关键层采场来压数值模拟 [J]．岩石力学与工程学报，2005，24 (13)：2266 - 2271.
[12] 李宗翔，潘一山，题正义，等．木城涧矿煤层高压注水的数值模拟分析 [J]．岩石力学与工程学报，2005，24 (11)：1895 - 1899.
[13] 吴耀焜，王淑坤，张万斌．煤层注水预防冲击地压的机理探讨 [J]．煤炭学报，1989，(2)：69 - 80.
[14] 朱红青，张民波，顾北方，等．脉动孔隙水压下低透性松软煤岩损伤变形的实验分析 [J]．煤炭学报，2014，39 (7)：1269 - 1274.
[15] 赵东，冯增朝，赵阳升．高压注水对煤体瓦斯解吸特性影响的试验研究 [J]．岩石力学与工程学报，2011，30 (3)：547 - 555.
[16] 牟俊惠，程远平，刘辉辉．注水煤瓦斯放散特性的研究 [J]．采矿与安全工程学报，2012，29 (5)：746 - 749.
[17] 陈向军，程远平，何涛，等．注水对煤的瓦斯扩散特性影响 [J]．采矿与安全工程学报，2013，30 (3)：443 - 448.
[18] 张时音，桑树勋，杨志刚．液态水对煤吸附甲烷影响的机理分析 [J]．中国矿业大学学报，2009，38 (5)：707 - 712.
[19] 张春华，刘泽功，王佰顺，等．高压注水煤层力学特性演化数值模拟与试验研究 [J]．

岩石力学与工程学报，2009，28（Z2）：3371-3375.
[20] 宋维源，李大广，章梦涛，等．煤层注水的水气驱替理论研究［J］．中国地质灾害与防治学报，2006，17（2）：147-150.
[21] 郭红玉，苏现波．煤层注水抑制瓦斯涌出机理研究［J］．煤炭学报，2010，35（6）：928-931.
[22] 肖知国，王兆丰．煤层注水防治煤与瓦斯突出机理的研究现状与进展［J］．中国安全科学学报，2009，19（10）：150-158.
[23] 金龙哲．德国煤层注水防尘发展动向［J］．煤炭工程师，1994（5）：46-48.
[24] John J. McClelland, John A. Qrganiscak, Robert A. Jankowski, et al. Water Injection for Coal Mine Dust Control: Three Case Studies [M]. Washington: Report of Investigations, 1990: 1-17.
[25] 张永吉，李占德．煤层注水技术［M］．北京：煤炭工业出版社，2001.
[26] 李崇训．煤层注水与采空区灌水防尘［M］．北京：煤炭工业出版社，1981.
[27] 叶钟元．矿尘防治［M］．徐州：中国矿业大学出版社，1995.
[28] 王青松，金龙哲，孙金华．煤层注水过程分析及煤体润湿机理［J］．安全与环境学报，2004，4（1）：70-73.
[29] 张国枢．通风安全学［M］．徐州：中国矿业大学出版社，2000.
[30] 黄新杰．煤层注水湿润半径的数值模拟研究［D］．淮南：安徽理工大学，2007.
[31] 宋维源．阜新矿区冲击地压及其注水防治研究［D］．阜新：辽宁工程技术大学，2004.
[32] 周世宁，林柏泉．煤层瓦斯赋存与流动理论［M］．北京：煤炭工业出版社，1999.
[33] 吴超．化学抑尘［M］．长沙：中南大学出版社，2003.
[34] 王青松．物理化学法提高煤层注水降尘效果的研究及应用［D］．北京：北京科技大学，2003.
[35] 村田逞诠．煤的润湿性研究及其应用［M］．朱春笙，龚祯祥，译．北京：煤炭工业出版社，1992.
[36] 傅贵．煤体预湿机理及注水防尘技术研究［D］．北京：中国矿业大学（北京），1994.
[37] 张延松．煤层注水智能控制理论及应用［D］．北京：中国矿业大学，2000.
[38] 陈立武．粘尘棒煤层注水综合效果的研究与试验［D］．北京：北京科技大学，2006.
[39] Vutukuri V. S. The effect of liquids on the tensile strength of limestone [J]. International Journal of Rock Mechanics and Mining Sciences & Geomechanics Abstracts, 1974, 11 (1): 27-29.
[40] Ojo O., Brook N. The effect of moisture on some mechanical properties of rock [J]. Mining Science and Technology, 1990, 10 (2): 145-156.
[41] Baud P., Zhu W., Wong T. Failure mode and weakening effect of water on sandstone [J]. Journal of Geophysical Research, 2000, 105 (B7): 16371-16389.
[42] Wong L. N. Y., Jong M. C. Water Saturation Effects on the Brazilian Tensile Strength of Gypsum and Assessment of Cracking Processes Using High-Speed Video [J]. Rock Mechanics and Rock Engineering, 2014, 47 (4): 1103-1115.

[43] Li D., Wong L. N. Y., Liu G., et al. Influence of water content and anisotropy on the strength and deformability of low porosity meta - sedimentary rocks under triaxial compression [J]. Engineering Geology, 2012 (126): 46 - 66.

[44] Lebedev M., Mikhaltsevitch V. An experimental study of solid matrix weakening in water - saturated Savonnières limestone [J]. Geophysical Prospecting, 2014, 62 (6): 1253 - 1265.

[45] 耿乃光，郝晋昇，李纪汉，等. 断层泥力学性质与含水量关系初探 [J]. 地震地质, 1986, (3): 56 - 60.

[46] 李炳乾. 地下水对岩石的物理作用 [J]. 地震地质译丛, 1995 (5): 32 - 37.

[47] Dyke C. G., Dobereiner L. Evaluating the strength and deformability of sandstones [J]. Quarterly Journal of Engineering Geology and Hydrogeology, 1991, 24 (1): 123 - 134.

[48] 陈钢林，周仁德. 水对受力岩石变形破坏宏观力学效应的实验研究 [J]. 地球物理学报, 1991, 34 (3): 335 - 342.

[49] 康红普. 水对岩石的损伤 [J]. 水文地质工程地质, 1994, 21 (3): 39 - 41.

[50] Knauss K. G. Muscovite dissolution kinetics as a function of pH and time at 70 ℃ [J]. Geochimica et Cosmochimica Acta, 1989, 53 (7): 1493 - 1501.

[51] Fernandez F., Quigley R. M. Viscosity and dielectric constant controls on the hydraulic conductivity of clayey soils permeated with water - soluble organics [J]. Canadian Geotechnical Journal, 1988, 25 (3): 582 - 589.

[52] Atkinson B. K., Meredith P. G. Stress corrosion cracking of quartz: a note on the influence of chemical environment [J]. Tectonophysics, 1981, 77 (1): 1 - 11.

[53] Feucht L. J., Logan J. M. Effects of chemically active solutions on shearing behavior of a sandstone [J]. Tectonophysics, 1990, 175 (1): 159 - 176.

[54] Karfakis M. G., Akram M. Effects of chemical solutions on rock fracturing [J]. International Journal of Rock Mechanics and Mining Sciences & Geomechanics Abstracts, 1993, 30 (7): 1253 - 1259.

[55] Mallet C., Fortin J. M., Guéguen Y., et al. Role of the pore fluid in crack propagation in glass [J]. Mechanics of Time - Dependent Materials, 2015: 1 - 17.

[56] 周辉，冯夏庭. 岩石应力 - 水力 - 化学耦合过程研究进展 [J]. 岩石力学与工程学报, 2006, 25 (4): 855 - 864.

[57] 丁梧秀，冯夏庭. 渗透环境下化学腐蚀裂隙岩石破坏过程的 CT 试验研究 [J]. 岩石力学与工程学报, 2008, 27 (9): 1865 - 1873.

[58] 陈四利，冯夏庭，李邵军. 岩石单轴抗压强度与破裂特征的化学腐蚀效应 [J]. 岩石力学与工程学报, 2003, 22 (4): 547 - 551.

[59] 丁梧秀，冯夏庭. 灰岩细观结构的化学损伤效应及化学损伤定量化研究方法探讨 [J]. 岩石力学与工程学报, 2005, 24 (8): 1283 - 1288.

[60] 丁梧秀，冯夏庭. 化学腐蚀下灰岩力学效应的试验研究 [J]. 岩石力学与工程学报,

2004，23（21）：3571－3576.

[61] 丁梧秀，冯夏庭. 化学腐蚀下裂隙岩石的损伤效应及断裂准则研究［J］. 岩土工程学报，2009，31（6）：899－904.

[62] 姚华彦，冯夏庭，崔强，等. 化学侵蚀下硬脆性灰岩变形和强度特性的试验研究［J］. 岩土力学，2009，30（2）：338－344.

[63] 姚华彦，冯夏庭，崔强，等. 化学溶液及其水压作用下单裂纹灰岩破裂的细观试验［J］. 岩土力学，2009，30（1）：59－66，78.

[64] 崔强，冯夏庭，薛强，等. 化学腐蚀下砂岩孔隙结构变化的机制研究［J］. 岩石力学与工程学报，2008，27（6）：1209－1216.

[65] 王建秀，朱合华，杨立中. 石灰岩围岩渗透性演化分析［J］. 岩石力学与工程学报，2004，23（18）：3152－3156.

[66] 周翠英，邓毅梅，谭祥韶，等. 饱水软岩力学性质软化的试验研究与应用［J］. 岩石力学与工程学报，2005，24（1）：33－38.

[67] 汤连生，王思敬. 岩石水化学损伤的机理及量化方法探讨［J］. 岩石力学与工程学报，2002，21（3）：314－319.

[68] 汤连生，张鹏程，王洋. 水作用下岩体断裂强度探讨［J］. 岩石力学与工程学报，2003，22（S1）：2154－2158.

[69] 汤连生，张鹏程，王思敬. 水－岩化学作用之岩石断裂力学效应的试验研究［J］. 岩石力学与工程学报，2002，21（6）：822－827.

[70] 乔丽苹，王者超，李术才，等. 岩石内变量蠕变模型研究［J］. 岩土力学，2012，33（12）：3529－3537.

[71] 刘建，李鹏，乔丽苹，等. 砂岩蠕变特性的水物理化学作用效应试验研究［J］. 岩石力学与工程学报，2008，27（12）：2540－2550.

[72] Biot M. A.，Willis D. G. The elastic coefficients of the theory of consolidation［J］. Journal of applied Mechanics，1957：594－601.

[73] Handin J.，Hager Jr R. V. Experimental deformation of sedimentary rocks under confining pressure：tests at room temperature on dry samples［J］. AAPG Bulletin，1957，41（1）：1－50.

[74] 邢福东，朱珍德，刘汉龙，等. 高围压高水压作用下脆性岩石强度变形特性试验研究［J］. 河海大学学报（自然科学版），2004，32（2）：184－187.

[75] 郑少河，姚海林，葛修润. 渗透压力对裂隙岩体损伤破坏的研究［J］. 岩土力学，2002，23（6）：687－690.

[76] 郑少河，朱维申. 裂隙岩体渗流损伤耦合模型的理论分析［J］. 岩石力学与工程学报，2001，20（2）：156－159.

[77] 李术才，李树忱，朱维申，等. 裂隙水对节理岩体裂隙扩展影响的 CT 实时扫描实验研究［J］. 岩石力学与工程学报，2004，23（21）：3584－3590.

[78] 简浩，李术才，朱维申，等. 含裂隙水脆性材料单轴压缩 CT 分析［J］. 岩土力学，

2002，23（5）：587-591.

[79] 朱珍德，孙钧．裂隙岩体非稳态渗流场与损伤场耦合分析模型［J］．水文地质工程地质，1999（2）：37-44.

[80] 王学滨，潘一山．考虑围压及孔隙压力的岩石试件应力与应变关系解析［J］．地质力学学报，2001，7（3）：265-270.

[81] 王学滨，王玮，潘一山．孔隙压力条件下圆形巷道围岩的应变局部化数值模拟［J］．煤炭学报，2010，35（5）：723-728.

[82] 梁冰，李平．孔隙压力作用下圆形巷道围岩的蠕变分析［J］．力学与实践，2006，28（5）：69-72，27.

[83] Bruno M. S.，Nakagawa F. M. Pore pressure influence on tensile fracture propagation in sedimentary rock［J］. International Journal of Rock Mechanics and Mining Sciences & Geomechanics Abstracts，1991，28（4）：261-273.

[84] Chang C.，Haimson B. Effect of fluid pressure on rock compressive failure in a nearly impermeable crystalline rock：Implication on mechanism of borehole breakouts［J］. Engineering Geology，2007，89（3-4）：230-242.

[85] 刘雄．岩石流变学概论［M］．北京：地质出版社，1994.

[86] 孙钧．岩土材料流变及其工程应用［M］．北京：中国建筑工业出版社，1999.

[87] 朱合华，叶斌．饱水状态下隧道围岩蠕变力学性质的试验研究［J］．岩石力学与工程学报，2002，21（12）：1791-1796.

[88] 朱合华，周治国，邓涛．饱水对致密岩石声学参数影响的试验研究［J］．岩石力学与工程学报，2005，24（5）：823-828.

[89] 李铀，朱维申，白世伟，等．风干与饱水状态下花岗岩单轴流变特性试验研究［J］．岩石力学与工程学报，2003，22（10）：1673-1677.

[90] 孙钧，张德兴，李成江．渗水膨胀粘弹塑性围岩压力隧洞的耦合蠕变效应［J］．同济大学学报，1984（2）：1-13.

[91] 孙钧．岩石流变力学及其工程应用研究的若干进展［J］．岩石力学与工程学报，2007，26（6）：1081-1106.

[92] 孙钧，胡玉银．三峡工程饱水花岗岩抗拉强度时效特性研究［J］．同济大学学报（自然科学版），1997，25（2）：127-134.

[93] 叶源新，刘光廷．岩石渗流应力耦合特性研究［J］．岩石力学与工程学报，2005，24（14）：2518-2525.

[94] 刘光廷，叶源新，徐增辉．渗流-三轴应力耦合试验机的研制［J］．清华大学学报（自然科学版），2007，47（3）：323-326.

[95] 叶源新，刘光廷．三维应力作用下砂砾岩孔隙型渗流［J］．清华大学学报（自然科学版），2007，47（3）：335-339.

[96] 王芝银，艾传志，唐明明．不同应力状态下岩石蠕变全过程［J］．煤炭学报，2009，34

(2): 169 - 174.

[97] 梁冰，李平．孔隙压力作用下圆形巷道围岩的蠕变分析［J］．力学与实践，2006，28 (5): 69 - 72, 27.

[98] Snow D. T. Anisotropic Permeability of Fractured Media [J] . Water Resources Research, 1969, 5 (6): 1273 - 1289.

[99] Jones Jr F. O. A laboratory study of the effects of confining pressure on fracture flow and storage capacity in carbonate rocks [J] . Journal of Petroleum Technology, 1975, 27 (1): 21 - 27.

[100] Barton N., Bandis S., Bakhtar K. Strength, deformation and conductivity coupling of rock joints [J] . International Journal of Rock Mechanics and Mining Sciences & Geomechanics Abstracts, 1985, 22 (3): 121 - 140.

[101] Walsh J. B. Effect of pore pressure and confining pressure on fracture permeability [J] . International Journal of Rock Mechanics and Mining Sciences & Geomechanics Abstracts, 1981, 18 (5): 429 - 435.

[102] Walsh J. B., Grosenbaugh M. A. A new model for analyzing the effect of fractures on compressibility [J] . Journal of Geophysical Research: Solid Earth (1978—2012), 1979, 84 (B7): 3532 - 3536.

[103] Tsang Y. W., Witherspoon P. A. Hydromechanical behavior of a deformable rock fracture subject to normal stress [J] . Journal of Geophysical Research: Solid Earth (1978—2012), 1981, 86 (B10): 9287 - 9298.

[104] 段小宁，李鉴初，刘继山．应力场与渗流场相互作用下裂隙岩体水流运动的数值模拟［J］．大连理工大学学报，1992，32 (6): 712 - 717.

[105] 刘继山．单裂隙受正应力作用时的渗流公式［J］．水文地质工程地质，1987 (2): 32 - 33.

[106] 刘继山．结构面力学参数与水力参数耦合关系及其应用［J］．水文地质工程地质，1988 (2): 7 - 12.

[107] 仵彦卿，柴军瑞．作用在岩体裂隙网络中的渗透力分析［J］．工程地质学报，2001，9 (1): 24 - 28.

[108] 柴军瑞，仵彦卿．作用在裂隙中的渗透力分析［J］．工程地质学报，2001，9 (1): 29 - 31.

[109] 李康宏，柴军瑞．岩体单裂隙非饱和渗流毛管压力 - 饱和度关系研究［J］．岩土力学，2006，27 (8): 1253 - 1257.

[110] 柴军瑞，仵彦卿．岩体多重裂隙网络渗流模型研究［J］．煤田地质与勘探，2000，28 (2): 33 - 36.

[111] 柴军瑞，仵彦卿．考虑动水压力裂隙网络岩体渗流应力耦合分析［J］．岩土力学，2001，22 (4): 459 - 462.

[112] 张彦洪，柴军瑞．考虑渗流特性的岩体结构面分形特性研究［J］．岩石力学与工程学

报，2009，28（Z2）：3423－3429.
[113] 陈祖安，伍向阳．砂岩渗透率随静压力变化的关系研究［J］．岩石力学与工程学报，1995，14（2）：155－159.
[114] 速宝玉，詹美礼．交叉裂隙水流的模型实验研究［J］．水利学报，1997（5）：1－6.
[115] 速宝玉，詹美礼，赵坚．仿天然岩体裂隙渗流的实验研究［J］．岩土工程学报，1995，17（5）：19－24.
[116] 盛金昌，速宝玉．裂隙岩体渗流应力耦合研究综述［J］．岩土力学，1998，19（2）：92－98.
[117] 王媛．单裂隙面渗流与应力的耦合特性［J］．岩石力学与工程学报，2002，21（1）：83－87.
[118] 赵延林，曹平，汪亦显，等．裂隙岩体渗流－损伤－断裂耦合模型及其应用［J］．岩石力学与工程学报，2008，27（8）：1634－1643.
[119] 赵延林，王卫军，黄永恒，等．裂隙岩体渗流－损伤－断裂耦合分析与工程应用［J］．岩土工程学报，2010，32（1）：24－32.
[120] 姜振泉，季梁军．岩石全应力－应变过程渗透性试验研究［J］．岩土工程学报，2001，23（2）：153－156.
[121] 王环玲，徐卫亚，杨圣奇．岩石变形破坏过程中渗透率演化规律的试验研究［J］．岩土力学，2006，27（10）：1703－1708.
[122] 王金安，彭苏萍，孟召平．岩石三轴全应力应变过程中的渗透规律［J］．北京科技大学学报，2001，23（6）：489－491.
[123] 李世平，李玉寿，吴振业．岩石全应力应变过程对应的渗透率－应变方程［J］．岩土工程学报，1995，17（1）：13－19.
[124] 彭苏萍，孟召平，王虎，等．不同围压下砂岩孔渗规律试验研究［J］．岩石力学与工程学报，2003，22（5）：742－746.
[125] 姜振泉，季梁军，左如松，等．岩石在伺服条件下的渗透性与应变、应力的关联性特征［J］．岩石力学与工程学报，2002，21（10）：1442－1446.
[126] 朱珍德，刘立民．脆性岩石动态渗流特性试验研究［J］．煤炭学报，2003，28（6）：588－592.
[127] 彭苏萍，屈洪亮，罗立平，等．沉积岩石全应力应变过程的渗透性试验研究［J］．煤炭学报，2000，25（2）：113－116.
[128] 张金才，张玉卓．应力对裂隙岩体渗流影响的研究［J］．岩土工程学报，1998，20（2）：19－22.
[129] 张玉卓，张金才．裂隙岩体渗流与应力耦合的试验研究［J］．岩土力学，1997，18（4）：59－62.
[130] 贺玉龙，杨立中．围压升降过程中岩体渗透率变化特性的试验研究［J］．岩石力学与工程学报，2004，23（3）：415－419.

[131] 邓广哲．煤层裂隙应力场控制渗流特性的模拟实验研究［J］．煤炭学报，2000，25（6）：593－597.
[132] 赵阳升．煤层水渗流的固结理论研究［J］．首届全国岩土工程博士学术讨论会，1990：325－333.
[133] 王旭升，陈占清．岩石渗透试验瞬态法的水动力学分析［J］．岩石力学与工程学报，2006，25（Z1）：3098－3103.
[134] 缪协兴，陈占清，茅献彪，等．峰后岩石非 Darcy 渗流的分岔行为研究［J］．力学学报，2003，35（6）：660－667.
[135] 曹树刚，李勇，郭平，等．型煤与原煤全应力－应变过程渗流特性对比研究［J］．岩石力学与工程学报，2010，29（5）：899－906.
[136] 杨永杰，楚俊，郇冬至，等．煤岩固液耦合应变－渗透率试验［J］．煤炭学报，2008，33（7）：760－764.
[137] 杨永杰，宋扬，陈绍杰．煤岩全应力应变过程渗透性特征试验研究［J］．岩土力学，2007，28（2）：381－385.
[138] 李树刚，钱鸣高，石平五．煤样全应力应变过程中的渗透系数－应变方程［J］．煤田地质与勘探，2001，29（3）：22－24.
[139] 李树刚，徐精彩．软煤样渗透特性的电液伺服试验研究［J］．岩土工程学报，2001，23（1）：68－70.
[140] 孟召平，王保玉，谢晓彤，等．煤岩变形力学特性及其对渗透性的控制［J］．煤炭学报，2012，37（8）：1342－1347.
[141] 李玉寿，马占国，贺耀龙，等．煤系地层岩石渗透特性试验研究［J］．实验力学，2006，21（2）：129－134.
[142] 郭红玉，苏现波，夏大平，等．煤储层渗透率与地质强度指标的关系研究及意义［J］．煤炭学报，2010，35（8）：1319－1322.
[143] 中国煤炭工业协会．GB/T 23561—2009　煤和岩石物理力学性质测定方法　第 6 部分：煤和岩石含水率测定方法［S］．北京：中国标准出版社，2009.
[144] 中国煤炭工业协会．GB/T 23561.5—2009　煤和岩石物理力学性质测定方法　第 5 部分：煤和岩石吸水性测定方法［S］．北京：中国标准出版社，2009.
[145] 张永吉，李占德，秦伟翰，等．煤层注水技术［M］．北京：煤炭工业出版社，2001.
[146] 中国煤炭工业协会科技发展部．MT/T 1023—2006　煤层注水可注性鉴定方法［S］．北京：煤炭工业出版社，2006.
[147] 国家安全生产监督管理总局，国家煤矿安全监察局．煤矿安全规程［M］．北京：煤炭工业出版社，2016.
[148] 尤明庆．岩石试样的杨氏模量与围压的关系［J］．岩石力学与工程学报，2003，22（1）：53－60.
[149] 尤明庆．围压对杨氏模量的影响与裂隙摩擦的关系［J］．岩土力学，2003，24（S2）：

167 – 170.
[150] 尤明庆，苏承东．岩石的非均质性与杨氏模量的确定方法［J］．岩石力学与工程学报，2003，22（5）：757 – 761.
[151] 丁梧秀，徐桃，王鸿毅，等．水化学溶液及冻融耦合作用下灰岩力学特性试验研究［J］．岩石力学与工程学报，2015，34（5）：1 – 7.
[152] 陈四利，冯夏庭，周辉．化学腐蚀下砂岩三轴细观损伤机理及损伤变量分析［J］．岩土力学，2004，25（9）：1363 – 1367.
[153] 丁梧秀．水化学作用下岩石变形破裂全过程实验与理论分析［D］．武汉：中国科学院武汉岩土力学研究所，2005.
[154] 乔丽苹．砂岩弹塑性及蠕变特性的水物理化学作用效应试验与本构研究［D］．武汉：中国科学院武汉岩土力学研究所，2008.
[155] 汤连生，张鹏程，王思敬．水 – 岩化学作用的岩石宏观力学效应的试验研究［J］．岩石力学与工程学报，2002，21（4）：526 – 531.
[156] 王桂花，张建国，程远方，等．含水饱和度对岩石力学参数影响的实验研究［J］．石油钻探技术，2001，29（4）：59 – 61.
[157] 许江，吴慧，陆丽丰，等．不同含水状态下砂岩剪切过程中声发射特性试验研究[J]．岩石力学与工程学报，2012，31（5）：914 – 920.
[158] 秦虎，黄滚，王维忠．不同含水率煤岩受压变形破坏全过程声发射特征试验研究[J]．岩石力学与工程学报，2012，31（6）：1115 – 1120.
[159] 杨彩红，王永岩，李剑光，等．含水率对岩石蠕变规律影响的试验研究［J］．煤炭学报，2007，32（7）：695 – 699.
[160] 唐书恒，颜志丰，朱宝存，等．饱和含水煤岩单轴压缩条件下的声发射特征［J］．煤炭学报，2010，34（9）：37 – 41.
[161] 姚强岭，李学华，何利辉，等．单轴压缩下含水砂岩强度损伤及声发射特征［J］．采矿与安全工程学报，2013，30（5）：717 – 722.
[162] 魏建平，位乐，王登科．含水率对含瓦斯煤的渗流特性影响试验研究［J］．煤炭学报，2014，39（1）：97 – 103.
[163] 夏冬，杨天鸿，王培涛，等．干燥及饱和岩石循环加卸载过程中声发射特征试验研究［J］．煤炭学报，2014，39（7）：1243 – 1247.
[164] 周哲，卢义玉，葛兆龙，等．水 – 瓦斯 – 煤三相耦合作用下煤岩强度特性及实验研究［J］．煤炭学报，2014，39（12）：2418 – 2424.
[165] 杨永杰，宋扬，陈绍杰．三轴压缩煤岩强度及变形特征的试验研究［J］．煤炭学报，2006，31（2）：150 – 153.
[166] 杨永杰，王德超，王凯，等．煤岩强度及变形特征的微细观损伤机理［J］．北京科技大学学报，2011，33（6）：653 – 657.
[167] 杨圣奇，温森．不同直径煤样强度参数确定方法的探讨［J］．岩土工程学报，2010，

32 (6): 881 - 891.

[168] 关伶俐，田洪铭，陈卫忠．煤岩力学特性及其工程应用研究 [J]．岩土力学，2009，30 (12): 3715 - 3719.

[169] 孟召平，彭苏萍，傅继彤．含煤岩系岩石力学性质控制因素探讨 [J]．岩石力学与工程学报，2002，21 (1): 102 - 106.

[170] 尤明庆，苏承东，周英．不同煤块的强度变形特性及强度准则的回归方法 [J]．岩石力学与工程学报，2003，22 (12): 2081 - 2085.

[171] 薛东杰，周宏伟，唐咸力，等．采动工作面前方煤岩体积变形及瓦斯增透研究 [J]．岩土工程学报，2013，35 (2): 328 - 336.

[172] 刘恺德，刘泉声，朱元广，等．考虑层理方向效应煤岩巴西劈裂及单轴压缩试验研究 [J]．岩石力学与工程学报，2013，32 (2): 308 - 316.

[173] 尹光志，李文璞，李铭辉，等．不同加卸载条件下含瓦斯煤力学特性试验研究 [J]．岩石力学与工程学报，2013，32 (5): 891 - 901.

[174] 靳钟铭，赵阳升．含瓦斯煤层力学特性的实验研究 [J]．岩石力学与工程学报，1991，10 (3): 271 - 280.

[175] 杨永杰，宋扬，楚俊．循环载荷作用下煤岩强度及变形特征试验研究 [J]．岩石力学与工程学报，2007，26 (1): 201 - 205.

[176] 刘少虹，李凤明，蓝航，等．动静加载下煤的破坏特性及机制的试验研究 [J]．岩石力学与工程学报，2013，32 (Z2): 3749 - 3759.

[177] 刘泉声，刘恺德，朱杰兵，等．高应力下原煤三轴压缩力学特性研究 [J]．岩石力学与工程学报，2014，33 (1): 24 - 34.

[178] 孙华飞，杨永明，鞠杨，等．开挖卸荷条件下煤岩变形破坏与能量释放的数值分析 [J]．煤炭学报，2014，39 (2): 258 - 272.

[179] 彭瑞东，鞠杨，高峰，等．三轴循环加卸载下煤岩损伤的能量机制分析 [J]．煤炭学报，2014，39 (2): 245 - 252.

[180] 苏承东，熊祖强，翟新献，等．三轴循环加卸载作用下煤样变形及强度特征分析[J]．采矿与安全工程学报，2014，31 (3): 456 - 461.

[181] 熊德国，赵忠明，苏承东，等．饱水对煤系地层岩石力学性质影响的试验研究 [J]．岩石力学与工程学报，2011，30 (5): 998 - 1006.

[182] Brady B. H. G., Brown E. T. Rock mechanics for underground mining [M]. Springer Netherlands, 2006.

[183] 周维垣．高等岩石力学 [M]．北京：水利电力出版社，1990.

[184] 蔡美峰．岩石力学与工程 [M]．北京：科学出版社，2002.

[185] Hoek E., Brown E. T. Practical estimates of rock mass strength [J]. International Journal of Rock Mechanics and Mining Sciences, 1997, 34 (8): 1165 - 1186.

[186] Hoek E., Brown E. T. Empirical Strength Criterion for Rock Masses [J]. Journal of the

Geotechnical Engineering Division, 1980, 106 (9): 1013 - 1035.
[187] 尤明庆. 岩石的力学性质 [M]. 北京: 地质出版社, 2007.
[188] Mogi K. Fracture and flow of rocks under high triaxial compression [J]. Journal of Geophysical Research, 1971, 76 (5): 1255 - 1269.
[189] Murrell S. A. F. The Effect of Triaxial Stress Systems on the Strength of Rocks at Atmospheric Temperatures [J]. Geophysical Journal of the Royal Astronomical Society, 1965, 10 (3): 231 - 281.
[190] Bieniawski Z. T. Estimating the strength of rock materials [J]. Journal of the South African Institute of Mining and Metallurgy, 1974, 4 (8): 312 - 320.
[191] 刘宝琛, 崔志莲. 幂函数型岩石强度准则研究 [J]. 岩石力学与工程学报, 1997, 16 (5): 437 - 444.
[192] You M. Mechanical characteristics of the exponential strength criterion under conventional triaxial stresses [J]. International Journal of Rock Mechanics and Mining Sciences, 2010, 47 (2): 195 - 204.
[193] 尤明庆. 岩石强度准则的数学形式和参数确定的研究 [J]. 岩石力学与工程学报, 2010, 29 (11): 2172 - 2184.
[194] 昝月稳, 俞茂宏, 王思敬. 岩石的非线性统一强度准则 [J]. 岩石力学与工程学报, 2002, 21 (10): 1435 - 1441.
[195] 尤明庆, 华安增. 缺陷岩样强度及变形特性的研究 [J]. 岩土工程学报, 1998, 20 (2): 97 - 101.
[196] 尤明庆, 华安增. 岩石试样的强度准则及内摩擦系数 [J]. 地质力学学报, 2001, 7 (1): 53 - 60.
[197] 尤明庆. 单参数的正则抛物线准则 [J]. 岩石力学与工程学报, 2012, 31(8): 1580 - 1586.
[198] 尤明庆. 完整岩石的强度和强度准则 [J]. 复旦学报 (自然科学版), 2013, 52 (5): 569 - 582.
[199] 尤明庆. 岩石指数型强度准则在主应力空间的特征 [J]. 岩石力学与工程学报, 2009, 28 (8): 1541 - 1551.
[200] 赵坚, 李海波. 莫尔—库仑和霍克—布朗强度准则用于评估脆性岩石动态强度的适用性 [J]. 岩石力学与工程学报, 2003, 22 (2): 171 - 176.
[201] 于远忠, 宋建波. 经验参数 m, S 对岩体强度的影响 [J]. 岩土力学, 2005, 26 (9): 1461 - 1463.
[202] 朱合华, 张琦, 章连洋. Hoek - Brown 强度准则研究进展与应用综述 [J]. 岩石力学与工程学报, 2013, 32 (10): 1945 - 1963.
[203] 陈景涛, 冯夏庭. 高地应力下硬岩的本构模型研究 [J]. 岩土力学, 2007, 28 (11): 2271 - 2278.

[204] 吕颖慧，刘泉声，江浩．基于高应力下花岗岩卸荷试验的力学变形特性研究［J］．岩土力学，2010，31（2）：337－344.
[205] 高智伟，赵吉东，姚仰平．岩土材料的各向异性强度准则［J］．岩土力学，2011，32（S1）：15－19.
[206] 石祥超，孟英峰，李皋．几种岩石强度准则的对比分析［J］．岩土力学，2011，32（z1）：209－216.
[207] 刘新荣，郭建强，王军保，等．基于能量原理盐岩的强度与破坏准则［J］．岩土力学，2013，34（2）：305－310.
[208] 宫凤强，陆道辉，李夕兵，等．不同应变率下砂岩动态强度准则的试验研究［J］．岩土力学，2013，34（9）：2433－2441.
[209] 郭力群，蔡奇鹏，彭兴黔．条带煤柱设计的强度准则效应研究［J］．岩土力学，2014，35（3）：777－782.
[210] 郭富利，张顶立，苏洁，等．地下水和围压对软岩力学性质影响的试验研究［J］．岩石力学与工程学报，2007，26（11）：2324－2332.
[211] 邓华锋，朱敏，李建林，等．砂岩Ⅰ型断裂韧度及其与强度参数的相关性研究［J］．岩土力学，2012，33（12）：3585－3591.
[212] 孟召平，潘结南，刘亮亮，等．含水量对沉积岩力学性质及其冲击倾向性的影响［J］．岩石力学与工程学报，2009，28（1）：2637－2643.
[213] 苏承东，翟新献，李永明，等．煤样三轴压缩下变形和强度分析［J］．岩石力学与工程学报，2006，25（z1）：2963－2968.
[214] 李玉寿，杨永杰，杨圣奇，等．三轴及孔隙水作用下煤的变形和声发射特性［J］．北京科技大学学报，2011，33（6）：658－663.
[215] 李广信．关于有效应力原理的几个问题［J］．岩土工程学报，2011，33(2)：315－320.
[216] 周刚．综放工作面喷雾降尘理论及工艺技术研究［D］．青岛：山东科技大学，2009.
[217] Handin J., Hager Jr R. V., Friedman M., et al. Experimental deformation of sedimentary rocks under confining pressure: pore pressure tests [J]. Aapg Bulletin, 1963, 47 (5): 717－755.
[218] 徐献芝，李培超，李传亮．多孔介质有效应力原理研究［J］．力学与实践，2001，23（4）：42－45.
[219] 李传亮．多孔介质的有效应力及其应用研究［D］．合肥：中国科学技术大学，2000.
[220] 朱珍德，张勇，徐卫亚，等．高围压高水压条件下大理岩断口微观机理分析与试验研究［J］．岩石力学与工程学报，2005，24（1）：44－51.
[221] 许江，杨红伟，彭守建，等．孔隙水压力－围压作用下砂岩力学特性的试验研究［J］．岩石力学与工程学报，2010，29（8）：1618－1623.
[222] 陈秀铜，李璐．高围压高水压渗流条件下岩石的力学性质试验研究［J］．工程地质学报，2007，15（S1）：296－299.

[223] 陈秀铜，李璐. 高围压、高水压条件下岩石卸荷力学性质试验研究［J］. 岩石力学与工程学报，2008，27（S1）：2694－2699.

[224] 黄润秋，徐则民，许模. 地下水的致灾效应及异常地下水流诱发地质灾害［J］. 地球与环境，2005，33（3）：1－9.

[225] 岩斌，周刚，陈连军，等. 饱水煤岩基本力学性能的试验研究［J］. 矿业安全与环保，2014，41（1）：4－7.

[226] CHENG W.，YU Y.，WAN C.，et al. Study on on seepage properties of coal under the role of high pore water pressure［J］. Disaster Advances，2013，6（6）：350－357.

[227] 陈四利. 化学腐蚀下岩石细观损伤破裂机理及其本构模型［D］. 沈阳：东北大学，2003.

[228] 姚华彦. 化学溶液及其水压作用下灰岩破裂过程宏细观力学试验与理论分析［D］. 武汉：中国科学院武汉岩土力学研究所，2008.

[229] 崔强. 化学溶液流动－应力耦合作用下砂岩的孔隙结构演化与蠕变特征研究［D］. 沈阳：东北大学，2008.

[230] 孟召平，侯泉林. 高煤级煤储层渗透性与应力耦合模型及控制机理［J］. 地球物理学报，2013，56（2）：667－675.

[231] 朱珍德，张爱军，徐卫亚. 脆性岩石全应力－应变过程渗流特性试验研究［J］. 岩土力学，2002，23（5）：555－558，563.

[232] 盛金昌，许孝臣，姚德生，等. 流固化学耦合作用下裂隙岩体渗透特性研究进展[J]. 岩土工程学报，2011，33（7）：996－1006.

[233] 盛金昌，李凤滨，姚德生，等. 渗流－应力－化学耦合作用下岩石裂隙渗透特性试验研究［J］. 岩石力学与工程学报，2012，31（5）：1016－1025.

[234] 杨天鸿，徐涛，冯启言，等. 脆性岩石破裂过程渗透性演化试验［J］. 东北大学学报（自然科学版），2003，24（10）：974－977.

[235] 刘柏谦，吕太. 逾渗理论应用导论［M］. 北京：科学出版社，1997.

[236] 杨展如. 分形物理学［M］. 北京：科学出版社，1991.

[237] 孙霞. 分形原理及应用［M］. 合肥：中国科学技术大学出版社，2003.

图书在版编目（CIP）数据

煤层分区逾裂强化注水增渗机理与应用/于岩斌，程卫民著. -- 北京:应急管理出版社，2021

ISBN 978-7-5020-9057-9

Ⅰ.①煤… Ⅱ.①于… ②程… Ⅲ.①煤层注水—高压注水—水力压裂—研究 Ⅳ.①TD713

中国版本图书馆 CIP 数据核字（2021）第 234967 号

煤层分区逾裂强化注水增渗机理与应用

著　　者　于岩斌　程卫民

责任编辑　成联君　杨晓艳

责任校对　邢蕾严

封面设计　安德馨

出版发行　应急管理出版社（北京市朝阳区芍药居 35 号　100029）

电　　话　010-84657898（总编室）　010-84657880（读者服务部）

网　　址　www.cciph.com.cn

印　　刷　廊坊市印艺阁数字科技有限公司

经　　销　全国新华书店

开　　本　$710mm \times 1000mm^{1}/_{16}$　**印张**　$17^{1}/_{2}$　**字数**　322 千字

版　　次　2021 年 12 月第 1 版　2021 年 12 月第 1 次印刷

社内编号　20211354　**定价**　72.00 元
